高 等 院 校 艺 术 设 计 精 品 教 程

顾 问 杨永善 丛书主编 陈汗青

U0165988

装饰材料与施工工艺

（第二版）

王葆华 田晓 主编

华中科技大学出版社
http://www.hustp.com
中国·武汉

图书在版编目（CIP）数据

装饰材料与施工工艺/ 王葆华，田晓主编. —2 版. — 武汉：华中科技大学出版社,2015.8（2021.8 重印）
高等院校艺术设计精品教程
ISBN 978-7-5609-7937-3

Ⅰ.①装… Ⅱ.①王… ②田… Ⅲ.①建筑材料–装饰材料–高等学校–教材 ②建筑装饰–工程施工–高等学校–教材 Ⅳ.①TU56 ②TU767

中国版本图书馆 CIP 数据核字(2015)第 218018 号

装饰材料与施工工艺（第二版）　　　　　　　　　　　　　　　王葆华　田晓　主编

策划编辑：俞道凯
责任编辑：吴　晗
封面设计：潘　群
责任校对：张会军
责任监印：张正林
出版发行：华中科技大学出版社　（中国·武汉）
　　　　　武昌喻家山　　邮编：430074　　电话：（027）81321913
录　　排：龙文装帧
印　　刷：湖北新华印务有限公司
开　　本：880 mm×1 230 mm　1/16
印　　张：13
字　　数：416 千字
版　　次：2021 年 8 月第 2 版第 5 次印刷
定　　价：58.00 元

　　中国经济的持续发展，促使社会对艺术设计需求持续增长，这直接导致了艺术设计教育的超速发展。据统计，现在全国已有1 000多所高校开设了艺术设计专业，每年的毕业生超过10万人。短短几年，艺术设计专业成为中国继计算机专业后的高等院校第二大专业。经历了数量的快速发展之后，艺术设计教育的质量问题成为全社会关注的焦点。

　　正如中国科学院院士、人文素质教育的倡导者、华中科技大学教授杨叔子所说："百年大计，人才为本；人才大计，教育为本；教育大计，教师为本；教师大计，教学为本；教学大计，教材为本。"尽快完善学科建设，确立科学的、适应人才市场需求的教学体系，编写质量高、系统性强的规划教材，是提高艺术设计专业水平，使其适应社会需求的关键。华中科技大学出版社根据全国许多高等院校的要求，在精品课程建设的基础上，由国家精品课程相关负责人牵头，组织全国几十所高等院校艺术设计教育的著名专家及各校精品课程主讲教师，共同开发了"高等院校艺术设计精品教程"。专家们结合精品课程建设实践，深入研讨了艺术设计的教学理念，以及学生必须掌握的基础课与专业课的基本知识、基本技能，研究了大量已出版的艺术设计教材，就怎样形成体系完整、定位清晰、使用方便、质量上乘的艺术设计教材达成了以下共识。

　　1.艺术设计教育首先应依据设计学科特点，采用科学的方法，优化知识结构，建构良好的、符合培养目标的教育体系，以便更好地向学生传授本学科基本的问题求解方法，并通过基本理论知识的传授，达到培养基本能力(含创新能力和技能)、基本素质的目的；注重培养学生的社会责任感，强化设计服务于社会、服务于人类的思想，从而造就适应学科和社会发展需要的高级设计人才。

　　2.艺术设计基础课教学要改变传统的美术教育模式，突出鲜明的设计观念，体现艺术设计专业特色，探索适应21世纪应用型、设计型人才需求的基础教育模式。

　　3.艺术设计是一门实践性很强的学科，社会需要大批应用型设计人才，因此教材编写应力求以专业基础理论为主，突出实用性。

　　4.艺术设计是创造性劳动，在教学方法上要通过案例式教学加以分析和启发，使学生了解设计程序和艺术设计的特殊性，从而掌握其规律，在设计中发挥创造精神。

5. 艺术设计是科学技术和文化艺术的结合，是转化为生产力的核心环节，是构建和谐社会不可缺少的组成部分。艺术设计的本质是创新、致用、致美。要引导学生在实训中掌握设计原则，培养创新设计思维。

6. "高等院校艺术设计精品教程"将依托华中科技大学出版社的优势，立体化开发各类配套电子出版物，包括电子教案、教学网站、配套习题集，以增强教材在教学中的实效，体现教学改革的需要，为高等院校精品课程建设服务。

令人欣慰的是，在上述思想指导下编写的部分教材已得到艺术设计教育专家的广泛认同，其中有的已被列为普通高等教育"十一五"国家级规划教材。希望"高等院校艺术设计精品教程"在教学实践中得到不断的完善和充实，并在课程教学中发挥更好的作用。

国务院学位委员会艺术学科评议委员会委员

中国教育学会美术教育专业委员会主任

教育部艺术教育委员会常务委员

清华大学美术学院学位委员会主席

清华大学美术学院教授、博导

杨永善

2006年8月19日

近几年来，环境艺术设计在我国得到了很大的发展。随着国内环境景观设计及室内设计行业不断发展，材料、施工工艺不断推陈出新，要求我们环境艺术设计专业在教学中也要顺应其发展。

本书较全面、较系统地介绍装饰材料与施工工艺的内容。以图文并茂的方式，系统、生动地讲述材料的特性及应用。本书的内容涵盖了国内外近年来的新型材料及其发展与应用，以及装饰材料的发展趋势和不断提高的施工工艺，适用性强且易于理解，力求拓宽读者视野。

本书主要内容包括石材装饰材料、木材装饰材料、陶瓷装饰材料、玻璃装饰材料、金属装饰材料、石膏制品装饰材料、油漆装饰材料、织物装饰材料以及各类装饰材料的施工工艺。

本书系为高等学校艺术设计专业编写的专业理论及设计课程教材。亦可作为建筑学专业设计课程教材和建筑装饰专业的教学用书，以及有关装饰装修工程设计人员的自学参考书。

本书的编写参考了大量的文献资料，选用了网络上众多的材料场上所提供的材料图片，在此向上述作者表示由衷的感谢。限于编写水平，书中难免存在缺点和错误之处，望读者批评指正。

编　者

2009.7.13

目录

绪论
XULUN

绪　论

　　根据环境与建筑的空间关系，建筑空间可以分为建筑室内空间与建筑室外空间。建筑室内空间是人们工作、生活、生产的主要空间；建筑室外空间是人们休闲、放松的主要场所。这两个空间贯穿了人们的大部分生活。对于室内空间的设计而言，主要目的是创造舒适与美观的室内环境；对于室外空间的设计而言，主要目的是保证具有便捷、安全等特点的室外环境。空间的营造，需要结合设计手法、装饰材料、美学理念等，创造出优美的空间环境。

一、装饰材料与施工工艺的重要性

　　在营造室内与室外空间环境时，秉着安全坚固、美观大方、便捷舒适的设计原则，将适宜的装饰材料与正确的施工工艺方法结合起来，可以展现更好的装饰效果。装饰工程的各类装饰项目，需要在人员、机具与材料三者之间的相互协调配合中来完成。只有了解各类材料的特性，掌握其施工工艺的方法，才能更好地在各项工种的统筹配合下将设计与材料完美结合在一起，才能更好地展现装饰制品的特性。因此，装饰材料与施工工艺之间有着密不可分的关系。

　　随着装饰行业的迅猛发展，人们对装饰材料的研发、生产与应用有了更严格的要求。近些年来，人们对材料的环保与环境可持续发展的需求更加强烈，因此装饰材料与施工工艺也随之发生了一些变化。结合装饰行业的发展，本课程将介绍一些新型材料。

二、装饰材料的分类

（一）按材料性质分类

装饰材料按照性质，可以分为非金属材料与金属材料，具体分类见表0-1。

表0-1　装饰材料按性质分类

金属材料	黑色金属	铸铁、合金钢、碳钢
	有色金属	铜、铜合金、铝、铝合金
	复合材料	金属、非金属复合材料、铝塑板
非金属材料	有机材料	木材、各种人造板材（胶合板、纤维板、密度板、刨花板、细木工板等）、油漆、塑料等
	无机材料	天然石材（大理石、花岗岩）、人造石材、玻璃、石膏矿棉制品、陶瓷制品、混凝土
	复合材料	无机复合材料、有机复合材料

（二）按材料装饰部位分类

装饰材料按照装饰部位，可以分为室内装饰材料与室外装饰材料，具体分类见表0-2。

表0-2　装饰材料按装饰部位分类

类别	装饰部位	常用材料
室内装饰材料	内墙装饰材料	内墙油漆、墙纸、织物、人造板材、天然石材、人造石材、玻璃制品、金属制品、陶瓷制品
	地面装饰材料	木地板、塑料地板、天然石材、人造石材、陶瓷制品
	顶棚装饰材料	金属吊顶材料、塑料吊顶材料、石膏制品、墙纸、顶棚油漆
室外装饰材料	地面装饰材料	天然石材、陶瓷制品、防腐木地板、安全玻璃
	外墙装饰材料	天然内墙油漆、墙纸、织物、人造板材、天然石材、人造石材、玻璃制品、金属制品、外墙砖、外墙涂料
	景观构筑物	天然石材、人造石材、混凝土制品、玻璃制品、金属制品、防腐木制品

三、装饰材料的物理性质

装饰材料的物理性质是指装饰材料物理状态特征的性质，这里包括了材料的密度、体积密度、堆积密度、表观密度、孔隙率、开口孔隙率、闭口孔隙率、空隙率，这些特定的物理性质决定了装饰材料的各种性能。

（一）表示材料物理状态特征的性质

1．密度

密度是指材料在绝对密实状态下单位体积的质量。

2．体积密度

体积密度是指材料在自然状态下单位体积的质量。

3．堆积密度

堆积密度是指散粒材料在规定装填条件下单位体积的质量。

4．表观密度

表观密度是指材料的质量与表观体积之比。表观体积等于实体积加闭口孔隙体积，此体积即材料排开水的体积。

5．孔隙率

孔隙率是指材料中孔隙体积与材料在自然状态下的体积之比。

6．开口孔隙率

开口孔隙率是指材料中能被水饱和（即被水所充满）的孔隙体积与材料在自然状态下的体积之比。

7．闭口孔隙率

闭口孔隙率是指材料中闭口孔隙的体积与材料在自然状态下的体积之比，且闭口孔隙率等于孔隙率减去开口孔隙率。

8．空隙率

空隙率是指散粒材料在自然堆积状态下，其中的空隙体积与散粒材料的体积之比。

（二）与各种物理过程有关的材料性质

装饰材料的抗渗水性、耐清洗性是装饰材料十分重要的性能要求。因此，需要熟悉材料的亲水性、憎水性、吸水性、含水率。

1．材料的亲水性

当材料与水接触时，材料分子与水分子之间的作用力（吸附力）大于水分子之间的作用力（内聚力），材料表面吸附水分，即被水润湿，表现出亲水性。这种材料称为亲水材料。

2．材料的憎水性

当材料与水接触时，材料分子与水分子之间的作用力（吸附力）小于水分子之间的作用力（内聚力），材料表面不吸附水分，即不被水润湿，表现出憎水性。这种材料称为憎水材料。

3．材料的吸水性

材料吸收水分的能力称为吸水性，用吸水率表示。吸水率有两种表示方法：质量吸水率和体积吸水率。质量吸水率是材料在浸水饱和状态下所吸收的水分的质量与材料在绝对干燥状态下的质量之比。体积吸水率是材料在浸水饱和状态下所吸收的水分的体积与材料在自然状态下的体积之比。

4．含水率

材料在自然状态下所含水的质量与材料的质量之比。

四、装饰材料的作用性能

1．装饰性能

装饰材料的最大作用就是装饰环境，通过材料的质感、色彩以及线条等元素构成空间主要形态。材料装饰性能通过色彩与质感的运用可以展现空间的某种意境，弥补空间不足，满足人们对环境的需求。

2．保护性能

装饰材料的使用，使装饰面层的外部形成一层保护膜，对装饰界面起到保护作用，使之不受外界阳光、水分、氧气与酸性环境的影响，达到防潮、保温、隔热的效果。

3．调节环境

装饰材料具有很好的调节环境的功能。例如，对于室内空间来说，装饰材料中的木材可以调节室内湿度；装饰材料中的石膏制品具有吸附声音的作用。

4．使用性能

对室内、室外空间中众多界面的面层装饰，使空间有了具体的使用功能；对墙面、地面、顶面的装饰，使人们在装饰后的空间中可以学习、工作、娱乐等。这些都是材料的使用性能得到的最好体现。

5．美学性能

对各种装饰材料的应用，以及色彩美学的运用和材料特性的掌握，可以充分发挥装饰材料的美学性能，使之在众多具有特征的场合起到装饰空间、美化空间的作用。

第一章

石材装饰材料

SHICAI ZHUANGSHI CAILIAO

1

第一章　石材装饰材料

图1-1　北京首都博物馆

图1-2　上海环球金融中心

装饰石材是天然石材与人造石材的统称。天然石材是在天然岩石中开采得到的石材，是人类历史上应用最早的建筑装饰材料之一。未经研磨和抛光处理的天然石材淳朴粗犷、古拙自然；抛光后的天然石材色泽鲜亮、高雅华贵。大部分的天然石材具有强度高、耐久性好、抗冻、耐磨、蕴藏量丰富、易于开采加工的特点，因此一直为人们所青睐，被广泛应用于地面、墙面、柱面、楼梯踏步、建筑屋顶、栏杆、隔断、柜台、洗漱台等部位的饰面装饰。（图1-1、图1-2）

石材在建筑中最初主要作为结构及装饰材料出现，欧洲许多以石材为主要建筑材料的优秀建筑经受了千百年的风吹雨淋，至今仍屹立于世，是人类不朽的杰作。随着科技日新月异的发展，新型装饰石材不断涌现。人造石材的出现突破了天然石材的应用束缚，节省了矿产资源，使装饰石材有了更为广阔的发展前景。

本章主要介绍装饰石材中的天然花岗岩、天然大理石、文化石、人造石材、石材新型材料及其施工工艺等。

第一节　岩石的基础知识

一、岩石的定义与形成

1. 定义

岩石是地质作用的产物，是一种或几种矿物的集合体。它由矿物或玻璃颗粒按照一定的方式结合而成，具有一定的结构和构造特点。岩石是地壳和上地幔的物质基础，根据成因可分为岩浆岩（火成岩）、沉积岩和变质岩。

2. 形成

岩石的形成是一个循环的过程。地壳发生变动，地壳深处高温熔融的岩浆缓慢上升接近地表，形成巨大的深成岩体，以及较小的侵入岩，如岩脉、熔岩流和火山。岩浆在入侵地壳或喷出地表的冷却过程中形成岩浆岩，如花岗岩。地壳运动使岩石上升到地表，经风化侵蚀作用或火山作用使岩石成为碎屑，被冰川、河流和风力搬运，在地表及地下不太深的地方形成岩石沉积岩，因此易开采，如岩土和页岩。大多数沉积物都堆积在大陆架上，有些则被高密度水流通过海底峡谷搬运沉积到更深的海底。在大规模的造山运动中，在高温高压作用下，沉积岩和岩浆岩在固体状态下发生再结晶作用变成变质岩，如片岩和片麻岩。在地表常温、常压条件下，岩浆岩和变质岩又可以通过母岩的风化侵蚀作用和一系列沉积作用而形成沉积岩。变质岩和沉积岩进入地下深处后，温度、压力进一步升高促使岩石发生熔融而形成岩浆，经结晶作用而变成岩浆岩，从而形成新的造岩循环。（图1-3）

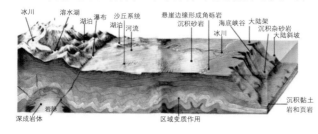

图1-3　岩石的形成

二、天然石材中的造岩矿物及其特性

天然石材是从岩石中开采出来，未经加工或加工成块状或板状材料石材的统称。岩石由矿物组成，矿物是指在地质作用中所形成的具有一定化学成分和一定结构构造的单质化合物。组成岩石的矿物就称为造岩矿物，主要的造岩矿物见表1-1。

表1-1　主要的造岩矿物列表

名称	图片	晶形	颜色	分布情况	特性
石英		常呈他形粒状	无色透明、白色、乳白色、灰白半透明，常含少量杂质成分	常在浅色、红色花岗石(除碱性岩外)中。如厦门白、西丽红、石棉红等板材中常见；而黑色花岗石，如济南青、福鼎黑中则无。大理石中也偶有	强度高、材质坚硬耐久，呈现玻璃光泽，化学稳定性良好。但受热至573℃以上时，晶体发生转变会产生开裂现象。石英含量多少是岩浆岩分类的重要依据之一，对饰面石材加工难易程度和光泽度都有很大影响
斜长石		板状、柱状	白或灰白色	广泛分布在岩浆岩和变质岩中，花岗岩中几乎都有它的成分，且多数含量较高	坚硬、强度高，耐久性不如石英，在大气中长期风化后成为高岭土、绢云母和方解石。斜长石是岩浆岩中最主要的造岩矿物
正长石		常呈短柱、厚板状	肉红色、浅黄红色、浅黄白色或白色	是酸性和碱性岩浆岩的主要成分，常见于花岗岩、正长岩和某些片麻岩中，浅色、红色花岗岩中含量高。如庐山红、石棉红、天全红、岑溪红、五莲红、杜鹃红中都有较多分布	红色花岗岩之所以呈红色，与钾长石关系密切，钾长石微氧化后析出带红色的三价铁，故岩石呈红色
方解石		板状、柱状、各种菱面体，集合体为粒状	无色或白色，含杂质时，有灰、黄、浅红、绿、蓝等色	为石灰岩、大理岩中主要矿物，也是所有大理石中的基本成分	强度高，但硬度不大，开光性好，耐久性仅次于石英、长石。易被酸分解，易溶于含二氧化碳的水，遇冷稀盐酸起泡
云石		菱面体、集合体多呈粒状、块状	纯者为白色；含铁时呈灰色；风化后呈褐色，含锰时略带淡红色	是组成白云岩的主要矿物，在灰岩、大理岩中仅次于方解石，因此也是大理石中的基本成分。在板岩中有时也较多	通常硬度稍大，在冷稀盐酸中反应缓慢，可与相似的方解石相区别
普通辉石		呈短柱状，集合体常呈粒状或放射状	从白色、灰色或浅绿色到绿黑、褐黑以至黑色，随含铁量的增高而变深	济南青、珍珠黑、竹潭绿等花岗岩中都有广泛而多量分布，而浅色花岗岩中则少或无	—
普通角闪石		呈长柱状，集合体呈粒状、纤维状、放射状等	绿色到黑色	在中性岩浆岩中有较多分布，是其中的最主要暗色矿物。在区域变质层中也有大量产出。如福建大白黑点花岗岩中的黑点	—
橄榄石		呈短柱状，粒状集合体或呈散粒状分布于其他矿物颗粒间	黄绿色或灰黄绿色，随铁含量的增加，颜色可达深绿色至黑色	是组成上地幔的主要矿物，也是陨石和月岩的主要矿物成分	—

续表

名称	图片	晶形	颜色	分布情况	特性
黄铁矿		常呈立方体、八面体、五角十二面体。集合体呈致密块状、粒状或结核状	浅铜黄色，条痕绿黑色，强金属光泽	地壳中分布较广，常在浅色花岗石和大理石中，氧化后生成褐铁矿，产生锈斑，污染岩石，是饰面石材中的有害矿物。风化后留下空洞或黄斑	耐久性差，半导体；是提取硫和制造硫酸的主要原料，古时它还被当作宝石
菱镁矿		通常是柱状集合体，菱面体少见	白色或浅黄、灰白色，有时带淡红色调，含铁者呈黄至褐色、棕色	常在白云岩、白云灰质岩中，因此在白云石较多的大理石中易出现	—
菱铁矿		菱面体，集合体呈粒状、块状或结核状	一般呈灰白或黄白色，风化后呈褐色、褐黑色	散布在灰岩、白云岩或大理岩中，因此大理石中也常出现，但含量不多，在氧化带易水解成褐铁矿，形成铁帽	—

三、岩石的分类以及岩石的结构与构造

（一）岩石的分类

造岩矿物在不同的地质条件下形成不同的岩石，按照地质成因可分为岩浆岩、沉积岩和变质岩三大类。它们具有不同的结构与构造特点。

1．岩浆岩

岩浆岩又称火成岩，是组成地壳的主要岩石，占地壳总体积的65％。按岩浆冷却条件的不同，岩浆岩可分为深成岩、喷出岩和火山岩三种。

（1）深成岩是岩浆在地壳深处形成的，其特性是：表观密度大、抗压强度高、吸水率小、抗冻性好、耐磨性及导热性好。由于孔隙率小，因此可以磨光，但坚硬，难以加工。建筑上常用的深成岩有花岗岩、辉长岩、闪长岩、正长岩等。

（2）喷出岩是熔融的岩浆喷出地表后，在急剧降压和快速冷却的条件下形成的。

（3）火山岩是火山爆发时，岩浆被喷到空中，急速冷却后落下而形成的碎屑岩石。其特性是轻质多孔，表观密度小，强度、硬度和耐久性指标都比较低，保温性好，如火山灰、浮石等。其中，火山灰被大量用作水泥的混合材料，浮石可配制轻质集料混凝土，用作墙体材料。

2．沉积岩

沉积岩又称水成岩，仅占地壳质量的5%，但其分布极广。沉积岩常含有生物化石，与岩浆岩相比，其结构致密性较差，表观密度小，孔隙率和吸水率较大，强度和耐久性较低。根据沉积的方式不同，沉积岩可分为机械沉积岩、化学沉积岩和生物沉积岩三种。

（1）机械沉积岩矿物成分复杂，颗粒粗大，散状的有黏土、砂、砾石等，它们经过自然胶结后形成相应的页岩、砂岩、砾岩等。

（2）化学沉积岩颗粒细，矿物成分单一，主要有菱镁矿、白云石、石膏及部分石灰岩等。建筑工程中常用石灰岩（俗称青石）砌筑墙身、桥墩、基础、阶石、路面及用作石灰、粉刷材料的原料等。石灰岩除用作建筑石材外，也是生产水泥的主要原料，其碎石常用作混凝土骨料。

（3）生物沉积岩由海水或淡水生物死亡后的残骸沉积而成，如花粉、孢子、贝壳、珊瑚等的大量堆积。这类岩石大多都质轻松软，强度极低。主要的生物沉积岩有石灰岩、石灰贝壳岩、硅藻土等。

3. 变质岩

由岩浆岩变成的正变质岩，变质后性质变差，如花岗岩变质成片麻岩，易产生分层脱落，耐久性变差；由沉积岩变成的副变质岩，变质后性质变好，结构变得致密，坚实耐久，如石灰岩变质成大理岩。变质岩占地壳质量的65%。建筑中常用的变质岩有大理岩、石英岩和片麻岩等。

（二）岩石的结构与构造

岩石的结构是指岩石中矿物的结晶程度、颗粒大小、晶体形态、自形程度以及矿物之间的相互关系所呈现的特点等。岩石的构造是指岩石中不同矿物集合体之间或矿物集合体与其他组成部分之间的排列方式和充填方式所体现的特征等。

岩石的结构与构造对岩石的鉴定、分类，饰面石材的加工、装饰效果等起着重要的作用，可使岩石表现出不同的肌理或质地，还可反映出岩石的形成条件。例如，有些岩石的矿物成分相同，但由于结构不同，就属于不同的岩类或种属。

第二节　　装饰石材的基础知识

一、装饰石材的分类

装饰石材主要分为天然石材和人造石材两大类。

天然石材根据岩石类型、成因及石材硬度高低不同，可分为花岗岩、大理石、砂岩、板岩和青石五类。其中，砂岩、板岩和青石因其独特的肌理和质地，能够增强空间界面的装饰效果，又可被统一归类为天然文化石。

人造石材根据生产材料和制造工艺不同，可分为聚酯型人造石材、水泥型人造石材、复合型人造石材、烧结型人造石材和微晶玻璃型人造石材等；根据骨料不同，又可分为人造花岗岩、人造大理石和人造文化石等。

二、装饰石材的技术性质

装饰石材的技术性质包括物理性质、力学性质和工艺性质。

1. 物理性质

（1）表观密度。天然石材根据表观密度大小可分为：轻质石材，表观密度≤1 800 kg/m³；重质石材，表观密度＞1 800 kg/m³。表观密度的大小反映了石材的致密程度与孔隙多少。在通常情况下，同种石材的表观密度愈大，则抗压强度愈高，吸水率愈小，耐久性愈好，导热性愈好。

（2）吸水性。通常用吸水率表示石材吸水性的大小。石材的孔隙率越大，吸水率越大；孔隙率相同时，开口孔数越多，吸水率越大。例如，花岗岩的吸水率通常小于0.5%，致密的石灰岩吸水率可小于1%，而多孔的贝壳石灰岩吸水率可高达15%。

（3）耐水性。通常用软化系数表示石材的耐水性。岩石中含的黏土或易溶物质越多，岩石的吸水性越强，则其耐水性越差。

（4）抗冻性。石材抵抗冻融破坏的能力，通常用冻融循环次数F表示，一般有F10、F15、F25、F100、F200。能经受的冻融循环次数越多，抗冻性越好。石材的抗冻性与吸水性有密切的关系，吸水率大的石材其抗冻性差。通常吸水率小于0.5%的石材是抗冻的。

（5）耐热性。与石材的化学成分及矿物组成有关。石材经高温后，由于热胀冷缩导致体积变化而产生内应力，或因组成矿物发生分解和变异等导致结构破坏，如含有石膏的石材，在100℃以上时，结构就开始破坏。

2. 力学性质

（1）抗压强度。通常用100 mm×100 mm×100 mm的立方体试件的抗压破坏强度的平均值表示。根据《砌体结构设计规范》(GB 50003—2001)的规定，石材共分九个强度等级：MU100、MU80、MU60、MU50、MU40、MU30、MU20、MU15和MU10。

（2）冲击韧度。取决于岩石的矿物组成与构造。石英岩、硅质砂岩脆性较大，冲击韧度较高。含暗色矿物较多的辉长岩、辉绿岩等具有较高的冲击韧度。通常晶体结构的岩石比非晶体结构的岩石冲击韧度高。

（3）硬度。取决于造岩矿物的硬度与构造。凡由致密、坚硬的矿物组成的石材，其硬度就高。石材的硬度以莫氏硬度表示。

（4）耐磨性。石材在使用条件下抵抗摩擦、边缘剪切以及冲击等复杂作用的能力。石材的耐磨性包括耐磨损与耐磨耗两方面。凡是用于可能遭受磨损作用的场所，如台阶、人行道、地面、楼梯踏步等，和可能遭受磨耗作用的场所，如道路路面的碎石等，应采用具有高耐磨性的石材。

3．工艺性质

石材的工艺性质是指石材便于开采、加工、施工安装的性质。

（1）加工性。对岩石进行开采、锯解、切割、凿琢、磨光和抛光等加工的难易程度。凡强度高、硬度大、韧性强的石材，不易加工；凡质脆而粗糙，有颗粒交错结构，含有层状或片状构造，以及已风化的岩石，都难以满足加工要求。

（2）磨光性。石材能否磨成平整光滑表面的性质。致密、均匀、细粒的岩石，一般都有良好的磨光性，可以磨成光滑亮洁的表面；疏松多孔、有鳞片状构造的岩石，磨光性不好。

（3）抗钻性。石材钻孔时的难易程度。影响抗钻性的因素很复杂，一般石材强度越高、硬度越大，越不易钻孔。

三、饰面石材的开采与加工

从矿山开采出来的石材荒料（荒料是指符合一定规格要求的正方形或矩形六面体石料块材）运到石材加工厂后，经一系列加工过程才能得到各种饰面的石材制品。根据石材荒料锯切出毛板材的数量是反映饰面石材加工的经济指标。这一指标可用石材的出材率表示，即1 m³的石材荒料可获板材的平方米数。如板材厚度按20 mm计算，一般石材的出材率为12～21 m²/m³。因此，受锯片厚度和荒料质量的影响，饰面板材的出材率通常较低。（图1-4）

石材矿山　　石材开采　　石材荒料

机器加工规格板　　板材码放　　荒料锯切加工成毛板

板材的人工加工　　石材包装

图1-4　石材的开采与加工

1．饰面石材开采方法的分类

石材的开采方法分为孔内刻槽爆破劈裂、液压劈裂、凿岩爆裂、火焰切割、爆裂管控制爆破、金刚石串珠锯和圆盘锯切割等，不同的方法在开采工艺不同阶段有不同的作用，产生不同的效果。

2．饰面石材的加工方法

根据加工工具及工艺的不同特点，饰面石材的加工有磨切加工和凿切加工两种基本的方法。

磨切加工是最具现代化，也是目前最常采用的一种加工方法。它根据石材的硬度特点，采用不同的锯、磨、切割的刀具及机械完成饰面石材的加工。其特点是自动化、机械化程度高，生产效率高，材料利用率高。

凿切加工也是广泛采用的一种石材加工方法。它采用人工或半人工的凿切工具，如凿子、剁斧、钢錾、气锤等对石材进行加工。其特点是可形成凹凸不平、明暗对比强烈的表面，突出石材的粗犷质感。但劳动强度较大，需要工人较多，虽然可采用气动或电动式机具，但很难实现完全的机械化和自动化。

每种加工方法又分两个阶段：①锯切加工，使饰面石材具有初步的形状、厚度或满足一定要求的幅面；②表面加工，石材处于荒料和毛板阶段时，并不能清楚地显示其颜色、花纹，通过表面加工使饰面石材充分显示出自身的质感和色泽，展示其装饰性和观赏性。表面加工可分为研磨、刨切、烧毛、凿毛等几种。（图1-5）

镜面板　　机刨板　　火烧板　　荔枝板　　剁斧板

图1-5　石材的表面加工

（1）研磨一般有粗磨、细磨、半细磨、精磨、抛光等五道工序。抛光是研磨的最后一道工序，它可使石材表面具有最大反射光线的能力及良好的光滑度，同时使石材最大限度地显示固有的色泽花纹，最终使饰面板成为平整且具有镜面反射的镜面板。

（2）刨切是使用刨床式的刨石机对毛板表面进行往复式的刨切，使表面平整，同时形成有规律的平行沟槽或刨纹。这是一种粗面板材的加工方式，最终使饰面板成为平整且具有规则条纹的机刨板。

（3）烧毛是将锯切后的石材毛板，用火焰进行表面喷烧，利用某些矿物在高温下开裂的特性进行表面烧毛，使石材恢复天然粗糙的表面，以达到独特的色彩和质感，最后加工成平整且具有粗糙肌理的火烧板。

（4）凿毛是利用专用凿切手工工具，如剁斧、钢錾或花锤（一种带有25齿、36齿或64齿的钢锤），在石材表面剁切，形成凹凸深度不同的表面，最后加工成剁斧板或荔枝板。这种表面加工主要适用于中等硬度以上的各种火成岩和变质岩。

四、天然石材的选用原则

在建筑设计和施工中，应根据材料的适用性和经济性等原则来选择石材，既要发挥天然石材的优良性能，体现设计风格，又要经济合理。一般来说，天然石材的选用应该考虑以下几个方面。

（1）材料的适用性。同类岩石，品种不同、产地不同，性能上往往也相差很大。可根据石材在装饰工程中的用途和装饰部位及所处环境，选定其主要技术性质（包括物理性质、力学性质和工艺性质）能满足要求的石材。例如，用于地面的材料，首先应考虑其耐磨性和防滑性；用于室外的饰面石材，应选择耐风雨侵蚀能力强、经久耐用的材料；而用于室内的饰面石材，主要考虑其工艺性质，如光泽、颜色、花纹等的美观。而且，同一装饰工程部位上应尽可能选用同一矿山的同一种岩石，避免存在明显的色差和花纹不一。

（2）材料的经济性。天然石材的密度大，运输不便、运费高，应综合考虑当地资源，尽可能做到就地取材。等级越高的石材，装饰效果越好，但价格越高。消费者和设计者应根据实际情况选购需要的等级，使之既能体现装饰风格，又与工程投资相适宜，不要一味追求高档次的石材，以免增加不必要的成本。

（3）材料的安全性。由于天然石材含有放射性物质，石材中的镭、钍等放射性元素，在衰变过程中会产生对人体有害的放射性气体氡。氡无色、无味，五官不能察觉，特别是易在通风不良的地方聚集，可导致肺、血液、呼吸道发生病变。在选择天然石材时，必须按国家标准规定正确使用。研究表明，一般红色品种的花岗岩放射性指标都偏高，并且颜色越红紫，放射性比活度越高。花岗岩放射性比活度大小的一般规律依次为：红色＞肉红色＞灰白色＞白色＞黑色。

《天然石材产品放射防护分类控制标准》（JC 518—1993）中规定，天然石材产品（花岗岩和部分大理岩），根据镭当量浓度和放射性比活度限制分为三类：A类产品不受使用限制；B类产品不可用于I类民用建筑物的内饰面；C类产品可用于一切建筑物的外饰面。

因此，装饰工程中应选用经放射性测试，且发放了放射性产品合格证的产品。此外，在使用过程中，还应经常打开居室门窗，促进室内空气流通，使氡气稀释，达到减少污染、保护人体健康的目的。

第三节　天然花岗岩

花岗岩（granite）的语源是拉丁文的granum，意思是谷粒或颗粒。因为花岗岩是深成岩，常能形成发育良好、肉眼可辨的矿物颗粒，因而得名。汉字花岗岩则由日文翻译而来，"花"形容这种岩石有美丽的斑纹，"岗"则表示这种岩石很坚硬，也就是有着似花斑纹的刚硬岩石的意思。花岗岩硬度仅次于钻石列居第二，不易风化，颜色美观，外观色泽可保持百年以上。由于其硬度高、耐磨损，除了是高级建筑装饰工程墙、地面的理想材料外，还是露天雕刻材料的首选之一。（图1-6～图1-10）

花岗岩在地表分布很广泛，是人类最早发现和利用的天然岩石之一。在世界各地有许多古代开发利用花岗岩的遗迹，如4000多年前古埃及人建造的金字塔、古希腊的神庙、古印度的寺庙圣窟、古罗马的斗兽场等。

图1-6　天然花岗岩在建筑外立面的应用　　图1-7　天然花岗岩在室外环境中的应用

图1-8　花岗岩排水沟　　　　图1-9　花岗岩盲道　　　　图1-10　花岗岩柱头

一、花岗岩的组成和外观特征

（1）化学成分。主要是二氧化硅，含量占65%～85%，化学性质呈弱酸性。

（2）矿物成分。主要为长石、石英及少量云母和微量矿物质（如锆石、磷灰石、磁铁矿、钛铁矿和榍石等）。其中长石含量为40%～60%，石英含量为20%～40%，暗色矿物以黑云母为主，含少量角闪石。

（3）外观特征。常呈均匀粒状结构，具有深浅不同的斑点或呈纯色，无彩色条纹，这也是从外观上区别花岗岩和大理石的主要特征。花岗岩的颜色主要取决于长石、云母及暗色矿物的含量，常呈黑色、灰色、黄色、绿色、红色、红黑色、棕色、金色、蓝色和白色等，以深色花岗岩较为名贵。优质花岗岩晶粒细而均匀，构造紧密，石英含量多，云母含量少，不含黄铁矿等杂质，长石光泽明亮，无风化迹象。

二、花岗岩的技术特性

（1）石质坚硬致密，表观密度为2700～2800 kg/m³；抗压强度高，为100～230 MPa；吸水率小，仅为0.1%～0.3%；组织结构排列均匀规整，孔隙率小。

（2）化学性质稳定，不易风化，耐酸、耐腐、耐磨、抗冻、耐久。

（3）硬度大，开采困难。质脆，但受损后只是局部脱落，不影响整体的平直性。耐火性较差，由于花岗岩中含有石英类矿物成分，当燃烧温度达到573～870℃时，石英发生晶型转变，导致石材爆裂，强度下降。因此，花岗岩的石英含量越高，耐火性能越差。

三、花岗岩板材的分类、规格、质量等级及技术要求

（一）分类

（1）按形状可分为普通型板材和异型板材。普通型板材是指正方形或长方形的板材。异型板材是指其他形状的板材。

（2）按表面加工工艺可分为粗面板材、亚光板材和镜面板材。粗面板材是经机械或手工加工，将平整的表面加工出具有不同形式的凹凸纹路的板材，如机刨板、剁斧板、火烧板和锤击板等。亚光板材是经粗磨、细磨加工而成的，表面平整、细腻，但无镜面光泽。镜面板材是经粗磨、细磨、抛光加工而成的，表面平整光亮、色泽花纹明显。

（二）规格

天然花岗岩板材的规格很多。标准板材的规格见表1-2。大板材及其他特殊板材规格由设计和施工部门与生产厂家商订。（图1-11）

表1-2　天然花岗岩标准板材规格

mm

室 内 地 面			室 外 地 面		
长	宽	厚	长	宽	厚
300	150	20	300	150	30
300	300	20	300	300	30
600	300	20	600	300	30
600	600	20	600	600	30
900	600	20	900	600	30
900	900	20	—	—	—
800	800	20	—	—	—

（三）质量等级与命名标记

1．质量等级

根据国家标准《天然花岗石建筑板材》（GB/T 18601—2001），按照尺寸允许偏差、平面度允许极限公差、角度允许极限公差、外观质量来划分，天然花岗岩分为优等品(A)、一等品(B)和合格品(C)。

2．命名标记

我国天然石材的命名与标记方法，除国家标准外，各专业石材进口公司和中国石材工业协会也对部分出口石材作了编号（如花岗岩是JG，大理石是JM）。随着石材新产品的不断开发，各产地对其产品也有不同的标记方法，各生产厂家也往往有企业编号。国家标准GB/T 18601 — 2001对花岗岩板材的命名和标记方法所做的规定如下。

图1-11　规格尺寸为600 mm × 600 mm×10 mm的四川红花岗岩普型火烧面板

板材命名顺序为：荒料产地地名、花纹色调特征描述、花岗石（G）。

板材标记顺序为：编号、类别（普型板PX，圆弧板HM，异型板YX；亚光板YG，镜面板JM，粗面板CM）、规格尺寸（单位：mm）、等级、标准号。

例如，标记为：济南青花岗石G 3701 PX JM 600×600×20 A GB/T 18601的板材，表示该板是用山东济南黑色花岗石荒料加工的普型、镜面板材，规格尺寸为600 mm×600 mm×20 mm，等级为优等品，GB/T 18601为标准号。

（四）技术要求

1．规格尺寸允许偏差

规格尺寸的长、宽是测量板材两边的长、宽及中间各三个数值后得到的平均值，而厚度是测量各边中间厚度的四个数值的平均值。

普通板材的规格尺寸允许偏差应符合表1-3的规定。异型板材规格尺寸允许偏差由供需双方商定。板材厚度小于或等于15 mm时，同一块板材上的厚度允许极差为1.5 mm；板材厚度大于15 mm时，同一块板材上的厚度允许极差为3 mm。所谓厚度极差，是指同一块板材上的厚度偏差的最大值和最小值之间的差值。

2．平面度允许极限公差

平面度是指板材表面的平整程度，它影响着石材铺贴后整个饰面的平面度。测量时将符合测量要求的钢平尺贴放在被检测板材平面的两对角线上，以测量平尺和板材间偏差的缝隙尺寸（单位：mm）表示。平面度允许极限公差应符合表1-3的规定。

表1-3　天然花岗岩普型板材的规格尺寸允许偏差、平面度允许极限公差、角度允许极限公差

mm

类　别	等　级	规　格　尺　寸			平　面　度			角　度	
		长度、宽度	厚度		板材长度 ≤400	400<板材 长度<1 000	板材长度 ≥1 000	≤400	>400
			≤15	>15					
亚光面和 镜面板材	优等品	0~1.0	±0.5	±1.0	0.20	0.50	0.80	0.40	
	一等品	0~1.0	±1.0	±2.0	0.40	0.70	1.00	0.60	
	合格品	0~1.5	1.0~-2.0	1.0~-3.0	0.60	0.90	1.20	0.80	1.00
粗面板材	优等品	0~1.0	—	1.0~-2.0	0.80	1.50	2.00	0.60	
	一等品	0~1.0		2.0~-3.0	1.00	2.00	2.50	0.80	1.00
	合格品	0~1.5		2.0~-4.0	1.20	2.20	2.80	1.00	1.20

3. 角度允许极限公差

角度偏差是指板材正面各角与直角偏差的大小。用板材角部与标准钢角尺间缝隙的尺寸（单位：mm）表示。测量时采用规定的90°钢角尺，将角尺的长短边分别与板材的长短边靠紧，用塞尺测量板材与角尺短边的间隙尺寸。当被检角大于90°时，测量点在角尺根部；当角尺长边大于板材长边时，测量板材的两对角；当角尺的长边小于板材长边时，测量板材的四个角。以最大间隙的塞尺片读数表示板材的角度极限公差。角度允许极限公差应符合表1-3的规定。拼缝板材，正面与侧面的夹角不得大于90°。异型板材角度允许极限公差由供需双方商定。

4. 外观质量要求

（1）花斑色调。同一批板材的花斑色调应基本调和。测定时将所选定的协议样板与被检板材同时平放在地面上，距1.5 m处目测。

（2）缺陷。板材正面的外观缺陷应符合表1-4的规定。测定时，在光线充足的条件下，将板材放在地面上，距板材1.5 m处，明显可见的缺陷视为缺陷；如距板材1.5 m处不明显，但在1 m处可见的缺陷视为无缺陷。用平尺紧靠有缺陷的部位，用钢直尺测量缺陷的长度、宽度。坑窝在距离板材1.5 m处目测。

表1-4　天然花岗岩板材外观质量要求

mm

缺 陷 名 称	规　定　内　容	优等品	一等品	合 格 品
缺棱	长度≤10 mm，宽度≤1.2 mm（长度<5 mm，宽度<1 mm的不计），周边每米长允许个数/个	0	1	2
缺角	面积≤5 mm×2 mm（面积<2 mm×2 mm的不计），每块允许个数/个		1	2
裂纹	长度不超过两端顺延至板边总长度的1/10（长度<20 mm的不计），每块允许条数/条		1	2
色斑	面积≤15 mm×30mm（面积<10 mm×10 mm的不计），每块允许个数/个		2	3
色线	长度不超过两端顺延至板边总长度的1/10（长度<40 mm的不计），每块允许条数/条		2	3
坑窝	粗面板的正面出现的坑窝		不明显	有，但不影响使用

（3）黏结和修补。石材饰面板在搬运、加工和施工过程中不免会发生破裂损坏现象，在损坏程度不严重的情况下，允许黏结或修补，通过采用专业的胶黏剂使其得以恢复。黏结修补后的板材不能影响其物理性能和装饰效果。

5. 性质要求

（1）力学性质。为了保证天然花岗岩板材的质量，要求表观密度不小于2.56 g/cm³，吸水率不大于0.6％，干燥状态下的抗压强度不小于60 MPa，弯曲强度不小于8 MPa。

（2）镜面光泽度。光泽度是在指定的几何条件下（一定距离、角度），将石材式样放置于标准光泽度测定仪上，其镜面反射光通量与相同条件下标准黑玻璃镜面反射光通量的比值乘以100。GB/T 18601 — 2001规定，天然花岗岩石板的镜面光泽度指标不应低于75光泽单位。含云母较少的天然花岗岩具有良好的开光性，但含云母（特别是黑云母）较多的天然花岗岩，因云母较软，抛光研磨时，云母容易脱落，形成凹面，不易得到镜面光泽。

四、天然花岗岩常见品种

花岗岩岩体在我国约占国土面积的9％，达80多万平方公里，尤其是在东南地区，大面积裸露着各类花岗岩岩体，可见其储量之大。据不完全统计，花岗岩约有300多种。花色比较好的花岗岩列举如下。（图1-12）

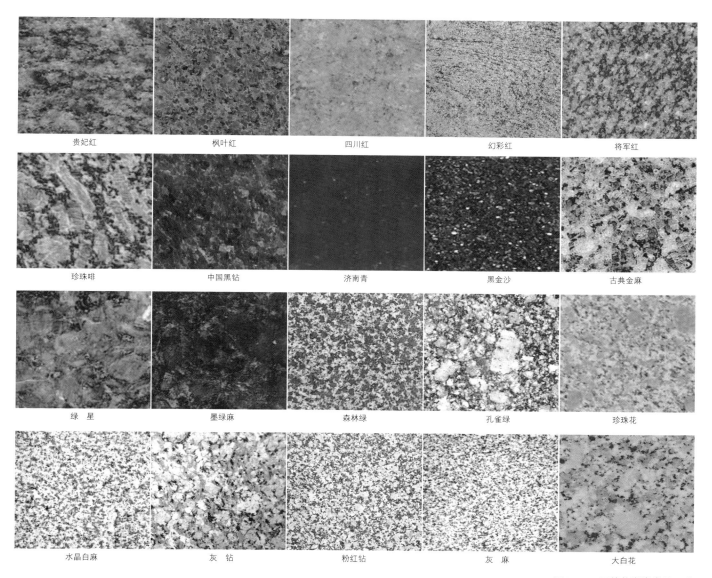

贵妃红	枫叶红	四川红	幻彩红	将军红
珍珠啡	中国黑钻	济南青	黑金沙	古典金麻
绿星	墨绿麻	森林绿	孔雀绿	珍珠花
水晶白麻	灰钻	粉红钻	灰麻	大白花

图1-12 天然花岗岩常见品种

红色系：四川的四川红、中国红；山西灵邱的贵妃红、橘红；山东的乳山红、将军红等。

图1-13　灰、白麻花岗岩在室内墙面、地面上的应用

黑色系：内蒙古的蒙古黑、中国黑；山东的济南青；黑钻、黑金沙等。

绿色系：河北的承德绿；孔雀绿、绿钻等。

灰色系：灰钻、灰麻等。（图1-13）

花色系：河南的菊花青；山东琥珀花、珍珠花；大白花等。

五、天然花岗岩常见装饰制品

天然花岗岩常见装饰制品有花岗岩脚线、柱础、浮雕、景观家具、雕塑等。（图1-14～图1-18）

图1-14　花岗岩桌椅　　　图1-15　花岗岩花钵　　　图1-16　花岗岩与大理石脚线　　图1-17　花岗岩柱头　　图1-18　花岗岩柱础

第四节　天然大理石

大理石是石灰岩或白云岩在高温、高压的地质作用下重新结晶变质而成的一种变质岩，常呈层状结构，属于中硬石材。大理石色泽鲜艳、花纹美丽，有较高的抗压强度和良好的物理化学性能，资源分布广泛，易于加工。

由于大理石一般都含有杂质，而且其中的碳酸钙在大气中受二氧化碳、碳化物和水汽的作用，容易风化和溶蚀，使表面很快失去光泽。因此只有少数的，如汉白玉、艾叶青等质纯、杂质少的比较稳定耐久的品种可用于室外，其他品种不宜用于室外，一般只用于室内装饰面。

随着大理石开采加工技术的发展、国际性贸易的加强，大理石装饰板材大批量地进入建筑装饰行业，不仅用于豪华的公共建筑物，也进入了家庭装修，是理想的室内高级装饰材料。大理石还大量用于制造精美的家居用品，如大理石壁画、家具、灯具、烟具及艺术雕刻等。在大理石开采、加工过程中产生的碎石、边角余料也常用于人造石、水磨石、石米、石粉的生产。（图1-19）

图1-19　天然大理石在室内的运用

一、大理石的组成和外观特征

（1）化学成分。主要有氧化钙、氧化镁，占总量的50%以上，及少量二氧化硅等，化学性质呈碱性。

（2）矿物成分。主要为方解石、白云石，有少量石英、长石等。由白云岩变质成的大理石，其性能比由石灰岩变质成的大理石优良。

（3）外观特征。天然大理石分纯色和花纹两大类，纯色大理石为白色，如汉白玉。当变质过程中含有氧化铁、石墨等矿物杂质时，可呈玫瑰红、浅绿、米黄、灰、黑等色彩。磨光后，光泽柔润，花纹、结晶粒的粗细千变万化，有山水型、云雾型、图案型(螺纹、柳叶、古生物等)、雪花型等，装饰效果好。

二、大理石的技术特性

（1）表观密度为2 600～2 700 kg/m³，抗压强度为70～300 MPa，吸水率低，不易变形，耐久、耐磨。

（2）硬度中等，较花岗岩低，莫氏硬度为3~4，易加工，磨光性好。但在地面使用时，尽量不要选择大理石，因为其硬度较低，磨光面易受损。

（3）抗风化性能差，除了极少数杂质含量少、性能稳定的大理石（如汉白玉、艾叶青等）以外，磨光大理石板材一般不适宜用于室外装饰。由于大理石中所含的白云石和方解石均为碱性石材，空气中的二氧化碳、硫化物、水汽等对大理石具有腐蚀作用，会使其表面失去光泽，变得粗糙多孔或崩裂。

三、大理石板材的分类、规格、质量等级及技术要求

（一）分类

大理石板材的分类与花岗岩板材的分类相同。但大理石板材多为镜面板材。

（二）规格

天然大理石标准板材的规格见表1-5。大板材及其他特殊板材规格由设计或施工部门与生产厂家商定。国际和国内板材的通用厚度为20 mm，称为厚板。厚板的厚度较大，可钻孔、锯槽，适用于传统湿作业法和干挂法等施工工艺，但施工较复杂，进度也较慢。随着石材加工工艺的不断改进，厚度较小的板材也开始应用于装饰工程，常见的有10 mm、8 mm、7 mm等，也称为薄板。薄板可采用水泥砂浆或专用胶黏剂直接粘贴，石材利用率高，便于运输和施工。但幅面不宜过大，以免加工、安装过程中发生碎裂或脱落，造成安全隐患。（图1-20）

表1-5　天然大理石标准板材规格

mm

室　内　地　面			室　内　墙　面		
长	宽	厚	长	宽	厚
300	150	20	300	150	25
300	300	20	300	300	25
600	300	20	600	300	25
600	600	20	600	600	25
900	600	20	900	600	25
900	900	20	900	900	25
800	800	20	800	800	25

（三）质量等级与命名标记

1．质量等级

根据国家标准《天然大理石建筑板材》（GB/T 19766 — 2005），天然大理石分为优等品(A)、一等品(B)和合格品(C)三个等级。

2．命名标记

GB/T 19766 — 2005对大理石板材的命名和标记方法所作的规定如下。

板材命名顺序为：荒料产地地名、花纹色调特征描述、大理石代号（M）。

板材标记顺序为：编号、分类(普型板PX，圆弧板HM)、规格尺寸（单位: mm）、等级、标准号。

例如，标记为房山汉白玉大理石：M1101 PX 600 ×600 ×20 A GB/T 19766的板材，表示该板材是用房山汉白玉大理石荒料加工的普型板材，规格尺寸为600 mm ×1 500 mm ×20 mm，等级为一等品，GB/T 19766为标准号。

（四）技术要求

1．规格尺寸允许偏差、平面度允许极限公差、角度允许极限公差

规格尺寸允许偏差、平面度允许极限公差、角度允许极限公差应符合表1-6的规定。其测量方法同花岗岩板材。异型板材的规格尺寸偏差由供需双方商定。

图1-20　规格尺寸为600 mm × 1500 mm ×20 mm 的广西白大理石普型镜面板

表1-6　天然大理石普型板材的规格尺寸允许偏差、平面度允许极限公差、角度允许极限公差

mm

等　　级	规　格　尺　寸			平　面　度				角　　度	
	长度、宽度	厚度		板材长度				板材长度	板材长度
		≤15	>15	≤400	400~800	800~1 000	≥1 000	≤400	>400
优等品	0~1.0	±0.5	+0.5~1.0	0.20	0.50	0.70	0.80	0.30	0.50
一等品	0~1.0	±0.8	+1.0~2.0	0.30	0.60	0.80	1.00	0.40	0.60
合格品	0~1.5	±1.0	±2.0	0.50	0.80	1.00	1.20	0.60	0.80

　　板材厚度小于或等于15 mm时，同一块板材上的厚度允许极差为1 mm；板材厚度大于15 mm时，同一块板材上的厚度允许极差为2 mm。拼缝板材，正面与侧面的夹角不得大于90°。

　　2. 外观质量要求

　　（1）花纹色调。同一批板材的花纹色调应基本一致。测定方法同花岗岩板材。

　　（2）缺陷。板材正面的外观缺陷应符合表1-7的规定。测定方法同花岗岩板材。

表1-7　天然大理石板材外观质量要求

缺陷名称	规　定　内　容	优等品	一等品	合格品
缺棱	长度≤8 mm，宽度≤1.5 mm（长度<4 mm，宽度<1 mm的不计）周边每米长允许个数/个	0	1	2
缺角	面积≤3 mm×3 mm（面积<2 mm×2 mm的不计），每块允许个数/个		1	2
裂纹	长度>10 mm，每块允许条数/条		0	0
色斑	面积≤6 mm²（面积<2 mm²的不计），每块允许个数/个		1	2
砂眼	直径≤2 mm	不明显	有，但不影响使用	

　　3. 性质要求

　　（1）力学性质。为了保证天然大理石板材的质量，要求表观密度不小于2.6 g/cm³，吸水率不大于0.75%，干燥状态下的抗压强度不小于20 MPa，弯曲强度不小于7 MPa。

　　（2）镜面光泽度。大理石板材需要经过抛光处理,抛光面应具有镜面光泽，能清晰地反映出景物，镜面光泽度不应低于70光泽单位。

四、天然大理石常见品种

　　我国大理石矿产资源极其丰富，储量大、品种多，总储量居世界前列。据不完全统计，初步查明国产大理石有近400余个品种。（图1-21、图1-22）

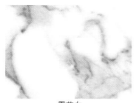
雪花白

爵士白

雅士白

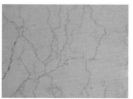
银线米黄

金线米黄

图1-21　天然大理石常见品种

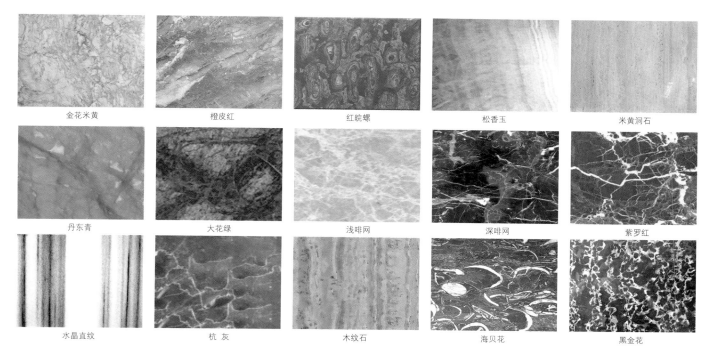

金花米黄	橙皮红	红皖螺	松香玉	米黄洞石
丹东青	大花绿	浅啡网	深啡网	紫罗红
水晶直纹	杭 灰	木纹石	海贝花	黑金花

图1-21　续图

花色品种比较名贵的大理石有如下几种。

白色系：北京房山汉白玉；安徽怀宁和贵池白大理石；河北曲阳和涞源白大理石；四川宝兴蜀白玉；江苏赣榆白大理石；云南大理苍山白大理石；山东平度和莱州雪花白等。

红色系：安徽灵璧红皖螺、橙皮红等。

黄色系：河南淅川的松香黄、松香玉、金线米黄、金花米黄等。

灰色系：浙江杭州的杭灰、云南大理的云灰等。

黑色系：广西桂林的桂林黑，湖南邵阳黑大理石、黑金花、海贝花等。（图1-23）

绿色系：辽宁丹东的丹东青等。

彩色系：大花白、大花绿等。

五、天然大理石装饰制品

天然大理石常见装饰制品有大理石脚线、柱头、浮雕、家具、灯具及艺术雕刻等。（图1-24～图1-29）

图1-22　镜面木纹石在室内铺装中的应用

图1-23　黑金花装饰电梯门脸

图1-24　宙斯神庙的大理石柱头

图1-25　大理石浮雕

图1-26　大理石艺术雕塑

图1-27　大理石浴缸

图1-28　大理石壁炉

图1-29　大理石家具

第五节　文化石

　　文化石不是专指一种岩石，而是对一类能够体现独特建筑装饰风格的饰面石材的统称。这类石材本身也不包含任何文化含义，而是利用其自然原始的色泽纹路展示出石材的内涵与艺术魅力，与人们崇尚自然、回归自然的文化理念相吻合，因此被人们统称为文化石或艺术石。（图1-30）

图1-30　天然文化石材在建筑中的应用

砂岩幕墙　　　　木纹砂岩　　　粉红砂岩

　　　　　　　　黄砂岩　　　　白砂岩

图1-31　天然砂岩

黑板岩　　　金秀岩　　　瓦板岩　　　锈板岩

图1-32　板岩1　　　　　图1-33　板岩2

　　文化石可分为天然文化石和人造艺术石两大类。

一、天然文化石

（一）天然文化石根据材质分类

　　天然文化石根据材质不同，主要可分为砂岩、板岩和青石板。

　　1.砂岩

　　砂岩是一种碎屑成分占50%以上的机械沉积岩，由碎屑和填充物两部分组成。按其沉积环境可分为：石英砂岩、长石砂岩和岩屑砂岩。（图1-31）

　　（1）化学成分。主要是二氧化硅和三氧化二铝。砂岩的化学成分变化很大，主要取决于碎屑和填充物的成分。

　　（2）矿物成分。主要以石英为主，其次是长石、岩屑、白云母、绿泥石、重矿物等。

　　（3）外观特征。结构致密、质地细腻，是一种亚光饰面石材，具有天然的漫反射性和防滑性，有的则具有原始的沉积纹理，天然装饰效果理想。常呈白色、灰色、淡红色和黄色等。

　　（4）技术特性。表观密度为2 200～2 500 kg/m³，抗压强度为45～140 MPa。吸湿性能良好，不易风化，不长青苔，易清理；但脆性较大，孔隙率和吸水率大，耐久性差。

　　2.板岩

　　板岩是一种变质岩，由黏土岩、粉砂岩或中酸性凝灰岩变质而成。（图1-32、图1-33）

　　（1）化学成分。主要是二氧化硅、三氧化二铝和三氧化二铁。

　　（2）矿物成分。主要为矿物颗粒极细的石英、长石、云母和黏土等，其中绿泥石呈片状，平行定向排列；黄铁矿及电气石呈星散状分布。

　　（3）外观特征。结构致密，具有变余结构和板理构造，易于劈成薄片，获得板材。常呈黑、蓝黑、灰、蓝灰、红及杂色斑点等不同色调。板岩饰面在欧美大多用于覆盖斜屋顶以代替其他屋面材料。近些年也常用于做非光面的外墙饰面，常被用于做外墙面，也常用于室内局部墙面装饰，通过其特有的色调和质感，营造一种欧美乡村风情。

　　（4）技术特性。硬度较大，耐火、耐水、耐久、耐寒；但脆性大，不易磨光。

　　板岩还包括瓦板岩、锈板岩。瓦板岩属于粘连板岩，由于与晶体状岩石最接近，与它们有很多共同点，是板岩层状片里最极致的表现和运用。天然石瓦仅有几个毫米的厚度，轻薄而坚韧，所以被称为是最非凡的粘连岩石。瓦板岩主要用于安装屋顶，多种规格和形式与多变的排列和叠加，使屋面更富立体感。瓦板岩一直是欧洲的一种传统建筑用材，近年来欧美诸国，亚洲的日本、新加坡、韩国，澳大利亚及新西兰对瓦板岩的年需求量都逐年增加。

天然锈板岩的形成主要是由于板岩中含有一定比例的铁质成分，当这些铁质成分与水和氧充分接触后，就会引起氧化反应，生成锈斑。这些锈斑形成天然的纹理，色彩绚丽，图案多变，每一块都绝无仅有。锈板岩有粉锈、水锈、玉锈、紫锈等类型。

3. 青石板

青石板是沉积岩中分布最广的一种岩石。（图1-34）

（1）化学成分。主要是碳酸钙、二氧化硅、氧化镁等。

（2）矿物成分。主要是方解石。

（3）外观特征。具有鲕状结构，块状及条状构造，易撬裂成片状青石板，可直接应用于建筑。表面一般不经打磨，纹理清晰，用于室内可获得天然粗犷的质感，用于地面不但能够起到防滑的作用，还能有硬中带"软"的装饰效果。常成灰色，新鲜面为深灰。

图1-34 青石板

（4）技术特性。表观密度为 1 000 ~ 2 600 kg/m^3，抗压强度为22 ~ 140 MPa，材质软，吸水率较大，易风化，耐久性差。

（二）天然文化石根据加工形式分类

天然文化石根据加工形式不同，可分为平石板、蘑菇石板、乱形石板、鹅卵石、条石、彩石砖、石材马赛克等种类。

（1）平石板可分为粗面、细面、波浪面等平石板和仿形砖，形状大多为规格一致的规则状。主要用于内外墙面的装饰，形态也较为规整。

（2）蘑菇石板一般是长方形厚板，其装饰面的周边应打凿成宽细一致的边框，中间是凸起的散乱的蘑菇状，因此蘑菇石板的装饰一般是采用大小一致、形态规整的石材，大多用于内外墙面的装饰。品种主要有花岗岩蘑菇石板、石英岩蘑菇石板、粉砂岩蘑菇石板、板岩蘑菇石板。（图1-35）

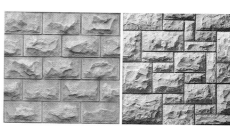

图1-35 蘑菇石板

（3）乱形石板分为规则乱形石板和非规则的平面乱形石板。前者为大小不一的规则形状，如三角形、长方形、正方形、菱形等，用于地面装饰的也有六边形等多边形；后者多为规格不一的直边乱形(如任意三角形、任意四边形及任意多边形)和随意边乱形(如自然边、曲边、齿边等)。乱形石板的色彩可以是单色，也可以为多色。乱形石板的表面可以是粗面或自然面，也可以是磨光面。多用于墙面、地面、广场路面等的装饰。（图1-36）

图1-36 天然板岩乱形石板与人造乱形石板

（4）鹅卵石包括各种色彩、大小的鹅卵石，又称海岸石，主要为海、河及山前冲积卵石、山谷沟溪卵石，有一定的天然磨圆度。它们的岩性通常不限，主要以装饰性能为指标。有的进行打磨抛光处理后，形成类似雨花石的品种，有助于产品价值的提升。鹅卵石色彩斑斓，不仅可用于外墙面、地面等，也可用于室内的地、墙、柱面。可以铺贴，也可随意洒落起到装饰的效果。（图1-37）

图1-37 天然雨花石与人造鹅卵石

（5）条石为形状、厚度、大小不一的条状石板，主要用堆砌的方法，层层交错叠垒，叠垒方向可水平、竖直或倾斜，可组合成各种粗犷、简单的图案和线条。其断面可平整，也可参差不齐。其特点就是随意层叠而不拘一格。（图1-38）

图1-38 天然板岩条石与人造条石

（6）彩石砖是仿砖类石材，是利用各种天然石质材料制成的规格条形砖。有丰富的自然质地和色彩的天然石材薄砖能使建筑的最小单元在表现上依然魅力无穷。100 mm×100 mm的规格广泛用于广场、庭院地面的铺设。材质坚实，不会因气候变化或低温影响而变质。彩石砖在安全地面的要求下有最佳的防滑效果。

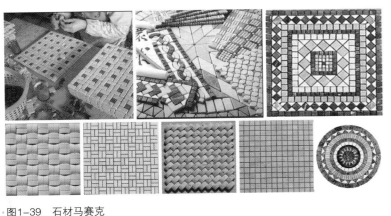

图1-39　石材马赛克

（7）石材马赛克是将天然石材开解、切割、打磨成各种规格、形态的马赛克块拼贴而成的，是最古老和传统的马赛克品种。最早的马赛克就是用小石子镶嵌、拼贴而成的。石材马赛克具有纯天然的质感和天然石材的纹理，风格古朴、高雅，是马赛克家族中档次最高的种类。根据其处理工艺的不同，有亚光面和亮光面两种形态，规格有方形、条形、圆角形、圆形和不规则平面、粗糙面等。（图1-39）

二、人造艺术石

人造艺术石是以无机材料（如耐碱玻璃纤维、低碱水泥和各种改性材料及外加剂等）配制并经过挤压、铸制、烧烤等工艺而形成的。其表面风格参照天然文化石。粗犷凝重的砂质表面和参差不齐的层状排列，造就逼真的自然外观和丰富的层理韵律，更能赋予表现对象光与影的变化。

人造艺术石有仿蘑菇石、剁斧石、条石、鹅卵石等多个品种。具有质轻、坚韧、耐候性强、防水、防火、安装简单等特点。人造艺术石应无毒、无味、无辐射，符合环保要求。（图1-40）

三、文化石板材的储存和选用

文化石在室内不适宜大面积使用。一般来说，其墙面使用面积不宜超过其所在空间墙面的1/3，且居室中不宜多次出现文化石墙面。室外使用的文化石尽量不要选用砂岩类石材，此类石材易渗水，即使石材表面做了防水处理，也容易受日晒雨淋致防水层老化。

图1-40　人造艺术石

第六节　人造石材

人造石材是采用胶凝材料黏结，以天然砂、碎石、石粉或工业渣等为填充料，经成型、固化、表面处理而合成的一种材料，能够模仿天然石材的花纹和质感。

一、外观特征

人造石材色泽鲜艳、花色繁多、装饰性好。人造石材的色彩和花纹均可根据设计意图制作，如仿花岗岩、仿大理石或仿玉石等，所达到的效果可以以假乱真。人造石材还可以被加工成各种曲面、弧形等天然石材难以加工成的形状，表面光泽度高，某些产品的光泽度指标可大于100，甚至超过天然石材。人造石材质量轻、厚度小，厚度一般小于10 mm，最薄的可达8 mm。通常不需要专用锯切设备锯割，可一次成型为板材。

二、分类

按材质可分为水泥型人造石材、聚酯型人造石材、复合型人造石材、烧结型人造石材、微晶玻璃型人造石材等。

按仿天然石材类型可分为人造花岗岩、人造大理石（含人造玉石）、水磨石制品、人造艺术石等。

（1）水泥型人造石材是以各种水泥（白色或彩色的硅酸盐水泥、普通硅酸盐水泥、铝酸盐水泥）为胶结材料，以天然砂为细骨料，以天然花岗岩碎石、天然大理石碎石等为粗骨料，加颜料与水按一定比例混合，经成型、加压蒸养、磨光和抛光等主要工序而制成的材料。水泥型人造石材主要有水磨石、花阶砖、人造艺术石等。这类石材中，以硅酸盐水泥作为胶结材料的性能最为优良。铝酸盐水泥的主要成分铝酸钙，水化反应后产生氢氧化铝凝胶层，这种胶状的凝胶层在硬化过程中不断地填塞着骨料间的孔隙而形成致密结构，表面光亮并呈半透明状。如果使用其他品种水泥，则不能形成具有光泽的面层。其特性是表面光泽度高，花色、纹理耐久性好，抗风化，防潮、耐冻和耐火的性能优良。但耐腐蚀能力较差，不好养护，易产生龟裂。（图1-41）

水磨石　　　　　　花阶砖

图1-41　水泥型人造石材

水磨石普型板的规格尺寸允许偏差、平面度允许偏差及水磨石的外观缺陷规定见表1-8、表1-9。

表1-8　水磨石普型板的规格尺寸允许偏差、平面度允许偏差

mm

类　别	等　级	长度、宽度	厚　度	平　面　度	角　度
Q	优等品	0~1	±1	0.60	0.60
	一等品	0~1	±1~±2	0.80	0.80
	合格品	0~2	±1~±3	1.00	1.00
D	优等品	0~1	±1~±2	0.60	0.60
	一等品	0~1	±2	0.80	0.80
	合格品	0~2	±3	1.00	1.00
T	优等品	±1	±1~±2	1.00	0.80
	一等品	±2	±2	1.50	1.00
	合格品	±3	±3	2.00	1.50
G	优等品	±2	±1~±2	1.50	1.00
	一等品	±3	±2	2.00	1.50
	合格品	±4	±3	3.00	2.00

表1-9　水磨石的外观缺陷规定

mm

缺　陷　名　称	优等品	一等品	合　格　品
返浆、杂质	不允许		长×宽≤10×10不超过两处
色差划痕、漏砂、杂石、气孔	不允许		不明显
缺口	不允许		长×宽>5×3的缺口不应该有
			长×宽≤5×3的缺口周边上不超过4处，但同一条棱上不超过2处

（2）聚酯型人造石材是以有机树脂为胶结剂，与天然碎石、石粉、颜料及少量助剂等原料配制搅拌成混合料，经固化、脱模、烘干、抛光等主要工艺制成的材料，俗称聚酯合成石。这种石材的颜色、花纹和光泽都可以仿制天然大理石的装饰效果，所以，近年来在高级室内装饰工程中得到广泛应用。主要包括人造大理石、人造花岗岩、人造玉石、人造玛瑙等，多用于卫生洁具、工艺品及浮雕线条等的制作。聚酯型人造卫生洁具包括浴缸、马桶、水斗、脸盆、淋浴房等。聚酯型人造石材可以用于室内墙面、地面、柱面、台面的镶贴。其特性是质量轻、强度大，表观密度比天然石材小，但抗压强度高（可达110 MPa）；不易碎，可制成大幅面薄板；耐磨、耐酸碱腐蚀，具有较强的耐污力；可钻、可锯、可黏结，

加工性能良好；但耐热、耐候性较差，易发生翘曲。（图1-42）

（3）复合型人造石材是指用既含水泥又含有机树脂的胶结材料制成的人造石材。以水泥（普通硅酸盐水泥、白色硅酸盐水泥、快硬硅酸盐水泥或铝酸盐水泥）和树脂（苯乙烯、醋酸乙烯、甲基丙烯酸甲酯或二氯乙烯）做胶结材料，用水泥将填料胶结成型后，再将胚体浸渍在有机单体中，使其产生聚合反应而成。也可用水泥型人造石材作基材，然后在表面敷树脂和天然石粉颜料，添加要求的色彩或图案制作罩光层。其特性是表面光泽度高，花纹美丽，抗污染和耐候性都较好。（图1-43）

（4）烧结型人造石材的制作工艺类似于陶瓷等烧土制品的生产工艺。是将长石、石英、辉石、方解石粉、赤铁矿粉以及部分高岭土按比例混合（一般配比为黏土40%，石粉60%），采用泥浆法制胚，半干压法成型，经窑炉1 000 ℃左右的高温焙烧而成。这种人造石材因采用高温焙烧，所以能耗大，造价较高，实际应用得较少。

（5）微晶玻璃型人造石材又称微晶板或微晶石，是指由适当组成的玻璃颗粒经焙烧和晶化，制成由玻璃相和结晶相组成的复相材料。微晶玻璃型人造石材色泽多样，有白色、米色、灰色、蓝色、绿色、红色、黑色、花色等，且色差小，光泽柔和，装饰效果好，是一种较理想的高档装饰材料。主要用于建筑物内、外墙面及柱面、地面和台面等部位装饰。其特性是抗压强度高、硬度高、耐磨；抗冻、耐污、吸水率低、耐酸、耐碱、耐腐蚀、耐风化，无放射性；可制成平板和曲板，热稳定性能和电绝缘性能良好。（图1-44）

图1-42　聚酯型人造石材的透光效果　图1-43　复合型人造石材在厨房等的运用　　　　　　　　　　　　　　　　图1-44　微晶石

微晶石的外观缺陷规定见表1-10。

表1-10　微晶石的外观缺陷规定

缺 陷 名 称	规 定 内 容	优 等 品	合 格 品
缺棱	长度、宽度≤10 mm×1 mm（长度<5 mm不计），周边允许/个	不允许	2
缺角	面积不超过5 mm×2 mm（面积<5 mm×2 mm不计），周边允许/个		
气孔	ϕ10 mm，ϕ>2.5，2.5≥ϕ≥1	不允许，5个/m²	不允许，10个/m²
杂质	在距离板面2 m处目视观察≥3 mm	不大于3个/m²	不大于5个/m²

第七节　石材新型材料

　　天然石材复合板是一种将天然石材超薄板与陶瓷、铝塑板、铝蜂窝板等基材复合而成的高档建筑装饰新产品，属于石材新型材料，因与其复合的基材不同而具有不同的性能特点。可根据不同的使用要求和使用部位采用不同基材的复合板。（图1-45）

图1-45　天然大理石复合板

石材复合板的技术诞生在西班牙，中国最早开始技术研制是在1997年。随着技术设备的进一步成熟，市场也逐渐得到拓展。目前石材复合板的销售市场主要集中在国际市场，国外对石材复合板的认知度和认可度都较国内要高，使用量也要远远大于国内，主要集中在西欧几个国家（如西班牙、意大利、德国等）及美国、澳大利亚、日本、韩国。

一、适用范围

基材采用瓷砖的复合板几乎与通体板的使用范围相同，但更加适合有特殊的承重限制的楼体。这种复合板不但重量轻，而且强度也提高了许多。基材选用铝塑板的复合板因其超薄超轻的性能，非常适用于墙面与天花板的装饰，并且在装饰天花板时，具有其他石材无可代替的优势；石材铝蜂窝复合板在内、外墙的干挂材料中备受青睐，一般用于大型、高档的建筑，如机场、展览馆、五星级酒店等；基材采用玻璃的复合板，具备透光的装饰效果，一般使用干挂和镶嵌方式安装，里面也可安装不同颜色的彩灯。（图1-46～图1-50）

图1-46 大理石瓷砖复合板

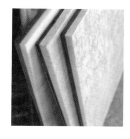 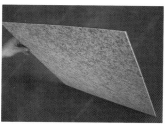    

图1-47 大理石铝塑板   图1-48 超薄花岗岩铝塑板复合板   图1-49 石材铝蜂窝复合板   图1-50 用石材铝蜂窝复合板包立柱
复合板

二、特性

（1）重量轻。石材复合板最薄可达5 mm（铝塑板基材），常用的瓷砖复合板厚度也只有12 mm左右，成为对楼体有承重限制的建筑装饰的最佳选择。

（2）强度高。天然石材与瓷砖、铝蜂窝板等复合后，其抗弯、抗折、抗剪切的强度明显得到提高，大大降低了运输、安装、使用过程中的破损率。

（3）抗污染能力提高。湿贴安装容易使天然石材表面泛碱，出现各种不同的变色和污渍，难以去除；而复合板因其底板更加坚硬致密，同时具有胶层，就避免了这种情况。

（4）更易控制色差。天然石材复合板通常是用1 m²的原板（通体板）切割成3～4片，这样它们的花纹与颜色几乎100％相同，因而更易保证大面积使用时，其颜色与花纹的一致性。

（5）安装方便。因具备以上特点，在安装过程中，大大提高了安装效率和安全性，同时也降低了安装成本。

（6）装饰部位的突破。无论内外墙、地面、窗台、门廊、桌面等，普通的天然石材原板都不存在问题，唯独对天花板的装饰，不管是大理石还是花岗岩都存在安全隐患。而花岗岩和大理石铝塑板、铝蜂窝黏合后的复合板就突破了这个石材装饰的禁区。它非常轻盈，重量只有通体板的1／10～1／5，隔音、防潮。石材铝蜂窝复合板采用等边六边形做成中空的铝蜂芯，拥有隔音、防潮、隔热、防寒的性能。

（7）节能、降耗。石材铝蜂窝复合板因其有隔音、防潮、保温的性能，在室内外安装后可较大降低电能和热能的消耗。

（8）降低成本。因石材复合板材质较轻薄，在运输安装上节省了成本，而且对于较贵的石材品种，做成复合板后都不同程度地降低了原板成品板的成本价格。

第八节　装饰石材的施工工艺

一、施工工具

手动切割器、打眼器、电热切割机、台式切割机、电动切割机、手电钻、电锤（冲击钻）等。（图1-51）

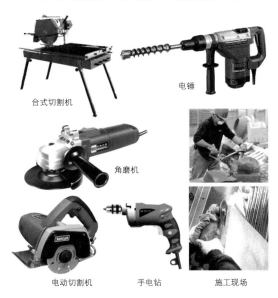

台式切割机

电锤

角磨机

电动切割机　手电钻　施工现场

图1-51　装饰石材施工工具

二、施工准备

（一）材料

天然花岗岩，主要用于室内外墙面、地面装饰；天然大理石，由于含有一定的杂质，且硬度、强度和耐久性均不如花岗岩，因此多用于室内的墙面、地面装饰（除汉白玉、艾叶青外）。

（二）材料的包装、储存与验收

（1）包装。采用轻钢架、仿木筐包装，板材的磨光面相对，立放于筐中，筐内空隙用弹性柔软填物填紧。当需远距离运输时，常用泡沫塑料作缓冲垫，以防止石材撞击筐箱，造成缺棱断角。装饰石材也可以用草绳捆扎，但应采取防潮、防雨措施，以避免草绳遇水形成黄色污染斑块，影响使用和美观。各种包装均应挂板写清编号、名称、规格、数量。

（2）储存。应室内储存。在室外储存时，必须遮盖，不得露天堆放。堆放地点应放置垫木与垫板，必要时应干铺一层油毡，使箱底离地100～200 mm，保证有良好的通风，防止受潮。板材面积≥0.25 m²时，一律直立堆放。

（3）验收。外观与内在质量的验收，包括清点数量，对比样品的外观、颜色与内在质量。

三、施工工艺

（一）挂贴法

挂贴法是用于室内外墙面石材镶贴的施工技术。挂贴法分为湿贴与干挂两种。湿贴法又分为传统湿贴法和改进湿贴法，多用在多层或高层建筑的首层施工中，适用于砖基层和混凝土基层。干挂法多用于30 m以下的钢筋混凝土结构，砖墙和加气混凝土墙体在建造时需作加固处理，否则不宜选用。

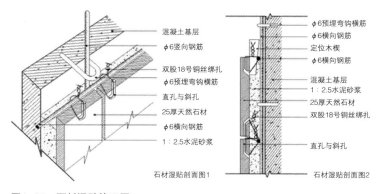

混凝土基层
φ6竖向钢筋
双股18号铜丝绑扎
φ6预埋弯钩横筋
直孔与斜孔
25厚天然石材
φ6横向钢筋
1：2.5水泥砂浆

φ6预埋弯钩横筋
φ6横向钢筋
定位木楔
φ6横向钢筋
混凝土基层
1：2.5水泥砂浆
25厚天然石材
双股18号铜丝绑扎

直孔与斜孔

石材湿贴剖面图1　　石材湿贴剖面图2

图1-52　石材湿贴施工图

1．传统湿贴法

1）构造原理

传统湿贴法是在主体结构上用膨胀螺栓固定水平钢筋或在主体结构上预埋钢筋固定钢筋网片，再将石材通过铜丝固定在钢筋或钢筋网上，随后灌浆粘贴，这种方法称为传统湿贴安装法。（图1-52）

2）工艺流程

安装穿墙拉杆及预埋件→焊接饰面石材背立面双向钢筋网→安装石板→水泥砂浆灌浆→清理打耐候密封胶→清洗打蜡→成品保护→竣工验收。

3）施工方法

（1）基层处理。清扫混凝土墙面的灰尘，若有油污，使用10%碱水进行刷洗，再用清水将碱液冲净；平整墙面后，对其表面进行5～15 mm的凿毛处理，然后浇水冲洗。等墙面干燥后，将掺水泥重量20%建筑胶的1：1水泥细砂浆抹于墙面，终凝后洒水养护，使水泥砂浆与混凝土墙面牢固黏结。石材板背面应清除浮尘，用清水洗净，以提高其黏结性；并在安装前刮一道掺水泥重量5%建筑胶的素水泥浆，形成一道防水层，防止雨水渗入板内。

（2）饰面板背面钻孔、挂丝方法。方法1：安装前先将饰面板用台钻钻眼。背面钻孔径φ5 mm，深15～20 mm的孔，孔位一般定位在距离板材两端1/4～1/3处。直孔应钻在板厚中心，如板宽≥600 mm，应在中间加钻一孔。方法2：打直孔，挂丝后孔内填充环氧树脂或用铅笔卷好挂丝挤紧，再灌入胶黏剂将挂丝嵌固于孔内。方法3：在板材端面上与背面的边长1/4～1/3处退槽，在槽内挂丝。挂丝宜用铜丝或不锈钢丝或镀锌铁丝。

（3）按施工图尺寸要求弹线、焊接和绑扎钢筋骨架。先剔出预埋在墙内的钢筋头，然后焊接或绑扎ϕ6～8 mm竖向钢筋，然后点焊或绑扎ϕ6 mm横向钢筋。如果板材高度为600 mm时，第一道横筋在地面以上100 mm处与竖筋绑扎牢固，第二道绑扎在饰面石材上口下方20～30 mm处，再往上每600 mm绑扎一道横筋即可。

（4）安装固定。将埋好铜丝的石板就位，将石板上口略向外仰，单手伸入石板背后把石板下口铜丝绑扎在横筋上，然后将板材扶正，将上口铜丝扎紧，用木楔垫稳，石板与基层间的间隙一般为30～50mm（灌浆厚度）。随后用靠尺与水平尺检查表面平整度与上口水平度。

柱面按顺时针方向逐层安装，一般从正面开始。第一层安装固定完，应用靠尺调整垂直度，用水平尺调整平整度和阴阳角方正。

如发现石板规格不准确或石板之间间隙不符，应在石板上口用木楔调整，下沿加垫铁皮或铁丝进行找平，完成第一块板后，其他依此进行。经垂直、平整、方正度校正后，调制熟石膏，调制时应掺入20%水泥加水搅拌成粥状，并贴于石板上下之间，将两层石板黏结成一体，再用靠尺检查水平度，等石膏硬化后方可灌浆。

（5）灌浆。空鼓是石材墙面需要预防的关键问题。施工时应充分湿润基层，砂浆按1：2.5配制，高度控制在80～150 mm，应边灌边用橡皮锤轻轻敲击石板面，使灌入砂浆排气。灌浆应分层分批进行，第一层浇注高度应≤1/3板材高，1～2 h以后再灌第二层，高度为200～300 mm，等初凝后再灌第三层至距板材上口50～100 mm处。值得注意的是，必须防止临时固定石板的石膏块掉入砂浆内，因为石膏膨胀会导致外墙面泛白、泛浆。柱面灌浆前应用木方钉成槽形木卡子，双面卡住石板，以防灌浆时石板外胀。

（6）清理。一层石板灌浆完毕凝固后，方可清理上口余浆，并将表面清理干净。隔日再拔除上口木楔和有碍上层安装板材的石膏饼。

（7）嵌缝。全部板材安装完毕后，清洁表面，然后用与板材相同颜色调制的纯水泥浆嵌缝，边嵌边擦，使缝隙嵌浆密实，颜色一致。

（8）上光打蜡。板材安装完毕后，应进行擦拭或用高速旋转帆布擦磨，抛光上蜡。

2．改进湿贴法

1）构造原理

改进湿贴法省去了钢筋网片连接件，采用镀锌或不锈钢锚固件与主体结构锚固，然后向缝中分层灌入1：2水泥砂浆进行黏结，也称楔固安装法。

2）施工工艺

改进湿贴法与传统湿贴法有如下几点不同。

（1）石板钻孔。用固定木夹具，配合手电钻，使钻头直对板材端面，距板宽两端1/4处，板厚中心钻孔。孔径ϕ6 mm，深35～40 mm。板宽≤500 mm钻两个孔，大板可酌情加1～2个孔，然后在板两侧各打直孔1个。直孔距板下端约100 mm处，孔径ϕ6 mm、深35～40 mm，直孔上下侧均用金属錾凿深7～8 mm的槽，以安装U形钉。

（2）基层钻斜孔。用冲击钻按分块弹线位置，对应于板材上下直孔位置打45°斜孔，孔径ϕ6 mm、深40～50 mm。

（3）板安装就位固定。板钻孔后将大理石安放就位，依板与基层相距的孔距，用加工好的ϕ5 mm不锈钢U形钉钩进大理石的直孔内，另一端钩入斜孔内，并用硬木小楔楔紧U形钉锚具。达到标准平整度后，检查各拼缝是否紧密，最后敲紧小木楔，用大木楔固定板材基体间孔隙，进行临时固定。

（4）灌浆。上述步骤完成后，即可分层灌注胶结砂浆，随后清理，擦缝。

3．干挂法

1）构造原理

在主体结构上设主要受力点，在受力点处用连接件与结构连接；在建筑物外围设竖向主龙骨和水平次龙骨，石材

图1-53　石材幕墙效果图

图1-54　石材内墙干挂施工现场

图1-55　石材干挂件及膨胀螺栓

图1-56　石材外墙干挂施工现场

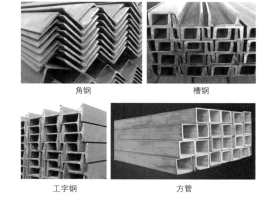

角钢　　　　　　槽钢

工字钢　　　　　方管

图1-57　石材干挂龙骨

通过连接件和龙骨挂在建筑物上。（图1-53）

2）工艺流程

施工准备→找平放线→结构基层处理→焊接龙骨；

板材进现场→板材钻孔打眼开槽→石材基础处理→板材就位；

石板与连接件连接与紧固→检查验收→勾缝打蜡→成品验收。

3）施工方法

（1）外墙基层处理。将外墙表面的灰尘、污垢、油渍等清理干净并洒水湿润，满涂一层防水涂料。

（2）墙体钻孔。根据施工图具体要求在墙体上按不锈钢膨胀螺栓的位置钻孔打洞。孔径 ϕ14.5 mm，洞深65 mm（以用10 mm ×110 mm膨胀螺栓为准），将不锈钢膨胀螺栓涂满大力胶，安入孔内，拧紧胀牢。

（3）石板钻孔及安装挂件。直孔用台钻打眼，使钻头直对板材的端面，在每块石材的上、下端面，距离板端1/4处，居板厚中心打孔，孔径 ϕ5 mm，深18 mm，板宽≤600 mm时，上下各打2个；板宽≥900 mm时，可共打8个孔。将角钢挂件临时安装在M10 mm×110 mm膨胀螺栓上（螺帽不要拧紧），再将平板挂件用 ϕ8 mm螺栓临时固定在不锈钢角钢挂件上（螺帽不要拧紧）。（图1-54、图1-55）

（4）安装龙骨。主龙骨采用槽钢，次龙骨采用角钢，在安装前进行除锈处理，并刷防锈漆。主次龙骨采用焊接连接。按确定的中心线将主龙骨就位，点焊固定，再将主龙骨与预埋件双边满焊。主龙骨安装完毕后按墙面分块线安装次龙骨。主次龙骨满焊，把焊缝处清理干净，并补刷防锈漆。（图1-56）

（5）安装石板。根据已选定的饰面石板编号，将石板临时就位，并将钢销钉插入石板孔内。利用角钢挂件对石板的位置（高低、上下、前后、左右）、垂直度、平整度等进行调整。板缝间隙为8 mm，待符合要求后将不锈钢角钢挂件、平板挂件上的螺帽拧紧，在开槽部位填抹环氧树脂。

（6）清理、嵌缝与打蜡上光。安装完毕后，将接缝中的污垢、粉尘清理干净。板缝中填塞耐候密封胶进行嵌缝封口。彻底清除板材表面的污垢、浮尘后，打蜡并抛光。

4）施工工艺

（1）干挂法适用的石材厚度为30 mm左右，其长宽尺寸为(500～800) mm×(500～1 000) mm。干挂法对板材尺寸、规格要求十分严格，因而必须在加工厂生产。板材的连接件，采用5 mm厚不锈钢板专用挂件或 ϕ5～ϕ6 mm的不锈钢螺栓，与石材挂孔连接。

干挂法构造根据饰面材料的重量和离开墙面的距离，决定是否用主支撑龙骨。主支撑龙骨一般根据建筑饰面高度和饰面荷载的不同选择使用L50～100镀锌角钢、口径80～150方钢管或C8～12型槽钢垂直放置，次龙骨一般选用L40～50角钢或C5型槽钢水平放置，然后烧焊连接。（图1-57）

（2）干挂石材的金属龙骨按主支撑受力方式的不同可分为点支撑和线支撑两种方式。点支撑方式是以墙体为主要受力面，原理是在水平支撑面下45°斜支撑转移主受力方向。线支撑方式的主龙骨落点在钢筋网连接法基础基面厚10~12mm的钢板垫块上,主受力点在落地点上,因此,这种方法要求基础必须坚实。

(3)外墙与挂件有两种固定方式,一种是无保温层的混凝土墙面,可用主龙骨通过膨胀螺栓将石材固定在混凝土外墙上;另一种若外墙是砖或轻质砌体,因墙体不能直接埋膨胀螺栓,所以在砌墙前应根据石材的规格确定龙骨的位置,而后根据其位置,在砌墙前综合考虑设置混凝土构造梁、柱,以便固定骨架。需做外保温层的外墙面,一般把保温材料填充在主次龙骨之间,以防止保温材料下滑。(图1-58)

(二)粘贴法

墙面石材饰面板的安装施工方法除了有挂贴法以外,还有粘贴法。粘贴法主要是用工程胶粘贴,根据施工高度、施工基层条件的不同,工程胶粘贴法的施工工艺也不同,又分为直接粘贴法、加厚粘贴法、锚固粘贴法和钢架粘贴法。

1.施工工艺流程及适用范围

(1)直接粘贴法工艺流程为:基层处理→基层放线→石材粘贴→石材嵌缝→产品保护。适用于建筑物墙面高度≤9 m,垂直度及平整度≤10 mm,结构强度较好的墙体,石板与墙面净空距离小于1 cm时挂装。

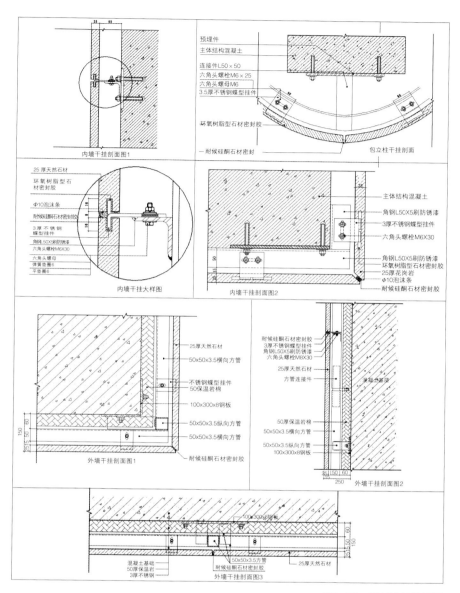

图1-58 石材干挂施工图

(2)加厚粘贴法工艺流程与直接粘贴法基本相同,只是在涂胶工艺及石材粘贴工序上稍有差别。适用于建筑物墙面高度≤9 m的墙面,结构强度较好的墙体,墙体不平整,并且石板与墙面净空距离大于1 cm时挂装。

(3)锚固粘贴法施工工艺与直接粘贴法基本相同,只是在粘贴前要对墙面进行钻孔剔槽,安装不锈钢锚固件,利用不锈钢锚固件和石材互相黏结。适用于建筑物墙体高度>9 m,且结构强度较低的墙体;旧墙体装修改造或超薄型石板(一般要求厚度≤8 mm)的大规格人造石材安装。

(4)钢架粘贴法施工工艺与锚固粘贴法施工工艺基本相同,只是钻孔剔槽锚件安装等工艺变为钢架安装焊接工艺,利用钢架和石材互相黏结。适用于石材直接粘贴于钢架之上的墙(柱)体,适合于墙体材质松散、基础强度较低的立面及特殊立面造型或柱体改形。

2.施工方法

由于以上四种粘贴法的施工方法都有共通之处,因此,在这里只着重介绍直接粘贴法和钢架粘贴法的施工方法。

1)直接粘贴法

(1)基层清理。基层应有足够的强度、平整度,不空鼓,表面的残砂、浮尘、污垢、油渍等应冲洗干净。对于光滑的基层表面应进行凿毛处理；对于垂直度、平整度偏差较大的基层表面，应进行剔凿或修补处理。

（2）基层放线。根据图样要求及石材规格，在基层弹出水平线和垂直线，注意接缝的宽度。弹线前检查墙身的垂直及平整度，垂直及平整度差距小于10 mm者可不予处理，但对该片要做好标记，以便在该处加厚工程胶厚度和粘贴用量。差距大于10 mm者，要进行适当处理（如用工程胶石屑补平）。然后，弹出第一排标高线，并将第一层的下沿线弹到墙上（如有踢脚板，则先将踢脚板的标高线弹好）。最后，根据板面的实际尺寸和缝隙，在墙面弹出分块线。

（3）石材粘贴。在石材背面及墙面上胶处用砂纸磨干净，磨粗糙，这样有利于工程胶粘牢固；按比例严格调制工程胶，在石材背面作点涂胶，点涂直径不小于40 mm，每块石材点涂面积总和不少于120 cm²/50 kg石板。慢干型工程胶一般点涂在石材背面的四角（方形板材）或上下边角（矩形板材），快干型工程胶点涂在中间。依照水平线，先粘贴底层两端的两块饰面板，然后接通线，按编号依次粘贴。第一层贴完，进行第二层粘贴。依此类推，直至贴完，每贴三层，垂直方向用靠尺靠平。

（4）石材嵌缝。初步固定石板后，对个别点用快干胶进行补胶加固。全部石板安装完毕后，将石板表面用抹布清理干净，用透明型工程胶调入颜料进行嵌缝，边嵌缝边擦干净，以防污染石材，同时使缝隙密实干净，颜色一致。

（5）成品保护。

2）钢架粘贴法

（1）基层处理。与直接粘贴法相同。

（2）施工钢骨架通常采用8#槽钢为立柱，∠40×4为横梁，立柱间距按墙面竖缝分布，间距宜小于1.2 m。要求钢立柱垂直偏差≤2 mm，钢横梁水平误差≤1.0 mm，钢骨架用单面焊缝满焊。

（3）按施工详图在横梁上石材粘贴点位处加焊小角钢（∠40×4，L=40 mm）。

（4）将粘贴点处材料表面擦干净，钢骨架上的防锈漆要用电动磨切机磨去。

（5）按选用品牌胶的使用说明比例将胶均匀拌和，最好在石材背面粘贴点位铲拌三次以上，使石材表面少量的石粉拌入胶体内。分别在石材和钢骨架上抹上一层胶体，使胶体厚度满足设计厚度要求。

（6）按施工顺序由下往上分层逐块安装石材，石材安装时可用卡具和小木楔随时固定并调平调直，用3 m铝方通吊锤和水平靠尺校验。

（三）铺贴法

铺贴法用于室内楼道、地面石材铺装及室外环境中广场道路、园林硬质景观等地面石材的铺装。室内楼道、地面的基层构造一般分为找平层、结合层、面层等三个层次；室外环境中地面基层一般分为垫层、找平层、隔离层、填充层、结合层、面层等六个层次。

1．基土的构造和施工

1）工艺流程

现场勘测→平整（开挖）→分层压（夯）实。

2）施工方法

（1）根据设计要求，对现场基土进行勘测，对土质和土壤状况进行分析判断，并确定基土标高，及是否填土或开挖。

（2）在淤泥或淤泥土质及杂填土、冲填土等软弱土层上施工时，应按设计要求对基土进行更换或加固（淤泥、腐殖土、冻土、耕植土和有机物含量大于8%的土，均不得用作填土）。膨胀土作为填土时，应进行技术处理。

（3）填土前宜取土样用击实试验确定最优含水量与相应的最大干密度，过干的土在压实前应加以湿润，过湿的土应晾干。

（4）在做墙、柱基础处填土时，应重叠夯填密实，在填土与墙柱相连处，也可以采取设缝方式进行技术处理。

（5）采用碎石、卵石等作为基土表层加强时，应均匀铺成一层，粒径宜为40 mm，并应压（夯）入湿润的土层中。

3）相关标准及规范

分层压（夯）实的每层虚铺厚度要求：机械压实大于300 mm；蛙式打夯机夯实不大于250 mm；人工夯实不大于200 mm；

当基土下非湿陷性土层用砂土为填土时，可边浇水边压（夯）实，每层虚铺厚度不大于200 mm。

2. 灰土垫层构造和施工

1）工艺流程

备料→拌料→铺设夯实。

2）施工方法

（1）根据设计要求，进行熟化石灰与黏土的备料，放在不受地下水侵蚀湿的基土上即可。

（2）采用灰土垫层时，垫层厚度不小于100 mm，拌和料的体积比宜为3：7（熟化石灰：黏土），每层虚铺厚度宜为150~250 mm 。若采用粉煤灰或电石渣代替熟化石灰作垫层时，其粒径不得大于5 mm。

（3）对灰土进行铺设，应分层边铺边夯，不得隔日夯实，亦不得受雨淋。夯实后表面要平整，经晾干后方可进行下道工序。

3. 砂垫层和砂石垫层构造和施工

1）工艺流程

备料→拌料→铺设压（夯）实。

2）施工方法

（1）根据设计要求进行备料，砂或砂石中不得含有草根等有机杂质。砂宜选用坚硬的中砂或中粗砂。

（2）对砂石进行拌料，以防摊铺不均匀，不得有粗细颗粒分离现象，压前应洒水使砂石表面保持湿润。

（3）采用砂垫层时厚度一般不小于60 mm，砂石垫层厚度要求不宜小于100 mm，石子的最大粒径不得大于垫层的2/3。机械碾压或人工夯实均不小于三遍，并压（夯）至不松动为止。

4. 水泥混凝土垫层构造和施工

采用水泥混凝土垫层时，垫层厚度不小于60 mm；其强度等级不小于C10。浇筑时应结合变形缝位置、不同材料的建筑地面连接处和设备基础的位置进行，并按设计要求，施工埋设锚栓或木砖等所要求预留的孔洞。

5. 找平层的构造和施工

1）工艺流程

备料→清理面层→铺设找平层。

2）施工方法

（1）根据要求进行备料，一般找平层采用水泥砂浆、水泥混凝土和沥青混凝土等几种物料铺设，具体条件应符合同类面层的要求。

（2）在铺设找平层前，应将下一层表面清理干净。当找平层下有松散填充料时应予铺平夯实。下一层为水泥混凝土垫层时，应予湿润。当表面光滑时，应划（凿）毛，铺设时先刷一遍水泥浆，其水灰比宜为1：5~1：4并边刷边铺。

（3）根据垫层要求，铺设找平层，保持表面平整，并做好养护工作。

3）注意事项

（1）水泥砂浆体积比不宜小于1：3；水泥混凝土强度等级不应小于C15。

（2）在预制钢筋混凝土板上铺设找平层前，应进行板缝填嵌施工，要求板缝内清理干净，保持湿润。填缝采用细石混凝土，其强度等级不应小于C20，其嵌缝高度应小于板面10~20 mm，表面不宜压光。

（3）在预制钢筋混凝土板上铺设找平层时，其板端间应按设计要求采取防裂构造措施。

（4）在有防水要求的地面或楼面上铺设找平层时，应对立管、套管、地漏与地面（楼面）节点之间进行密封处理，并在管四周留出三条8~10 mm的沟槽，采用防水卷材或防水涂料裹住管口和地漏。

6. 隔离层和填充层的构造和施工

1）工艺流程

表面清理→放线定标高→铺设→检测。

2）施工工艺

（1）检查所用的材料是否符合现行的产品标准的规定，并应经国家法定的检测单位检测。

图1-59 室内石材地面铺贴效果图

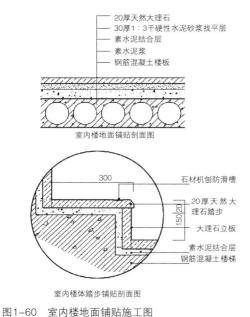

图1-60 室内楼地面铺贴施工图

（2）铺设隔离层和填充层时其下一层的表面应平整、洁净和干燥，并不得有空鼓、裂缝和起砂现象。

（3）根据设计要求放线定标高，控制铺设层厚度和区域。

（4）当采用松散材料做填充层时，应分层铺平拍实；当采用板、块状材料做填充层时，应分层错缝铺设，每层应选用同一厚度的板、块料。

（5）当采用沥青胶结料粘贴板、块状填充层材料时，应边刷、边贴、边压实，防止板、块材料翘曲。

（6）厕浴间和有防水要求的建筑地面应铺设隔离层，其楼面结构层应用现浇水泥混凝土或整块预制钢筋混凝土板，其混凝土强度等级不应小于C20。

（7）防水隔离层铺设完后，应进行蓄水检查。蓄水深度宜为20～30 mm。24小时内无渗漏为合格，并做好记录。

3）注意事项

（1）当隔离层采用水泥砂浆或水泥混凝土找平层作为地面与楼面防水时，应在水泥砂浆或水泥混凝土中掺防水剂。

（2）涂刷沥青胶结料的温度不应低于160 ℃并应随即将预热的绿豆砂均匀撒入沥青胶结料内，压入1～1.5 mm，绿豆砂的粒径宜为2.5～5 mm，预热温度宜为50～60 ℃。

（3）防水卷材铺设应粘实、平整，不得有皱折、起鼓、翘边和封口不严等缺陷，被挤出的沥青胶结料应及时刮去。

7. 室内石材地面铺贴（图1-59、图1-60）

1）工艺流程

基层处理→弹线→试拼、编号→涂刷水泥砂浆→铺水泥砂浆结合层→镶铺石材板块→灌浆、擦缝→打蜡。

2）施工方法

（1）基层处理。用钢丝刷刷掉黏结在垫层上的砂浆并清扫地面垫层上的杂物。

（2）弹线。依据墙面+50线，找出面层标高在墙上弹好水平线，在房间的主要部位弹垂直和水平尺寸控制线，用以检查和控制大理石（或花岗岩）板块的位置，线可以弹在混凝土垫层上，贯穿墙面。注意控制整体楼道层面标高的一致性。

（3）试拼、编号。正式铺设前，对每一房间的大理石（或花岗岩）板块，对图案、颜色、纹理进行试拼，并按两个方向编号排列，然后按编号码放整齐。在房间内的两个相互垂直的方向，铺两条厚度不小于3 cm、宽度大于板块的干砂带，用于试排。根据试拼石板的编号及施工大样图，结合房间实际尺寸，把大理石（或花岗岩）板块排好，检查板块之间的缝隙，核对板块与墙面、柱、洞口等部位的相对位置。

（4）涂刷水泥砂浆。在铺砂浆之前再次将混凝土垫层清扫干净（包括试排用的石材板块及干砂），然后用喷壶洒水湿润，刷一层水灰比为0.5左右的素水泥浆边刷边铺。

（5）铺水泥砂浆结合层。根据水平线，定出地面找平层厚度，拉十字控制线，从室内向门口处摊铺找平层水泥砂浆，铺好后用大杠刮平，用抹子拍实找平。找平层厚度宜高出大理石（或花岗岩）底面标高水平线3~4 mm。

（6）镶铺石材板块。一般先从远离门口的一边开始，按照试拼编号依次铺砌，逐步铺砌至门口。铺前应将板块预先浸湿阴干备用，先进行试铺，对好纵横缝，用橡皮锤敲击木垫（不得用橡皮锤或木槌直接敲击石材板块），夯实砂浆至铺设高度后，将大理石（或花岗岩）掀起移至一旁，检查砂浆上表面与板块之间是否相吻合，如发现有空虚之处，应用砂浆填满。

铺前先在水泥砂浆找平层上满浇一层水灰比为0.5的素水泥浆结合层,再铺大理石（或花岗岩），安放时四角同时往下落，根据水平线用铁水平尺找平，铺完第一块向两侧和后退方向顺序镶贴。大理石或花岗岩板块之间，接缝要严，一般不留缝隙。

（7）灌浆、擦缝。在铺砌后1～2个昼夜进行灌浆、擦缝。根据大理石（或花岗岩）的颜色，选择同色矿物颜料和水泥拌和均匀，调成1∶1稀水泥浆，用浆壶灌浆，用长把刮板将流出的水泥浆刮向缝隙内，直至基本灌满为止。灌浆1～2 h后，用棉丝团蘸原稀水泥擦缝，与板面擦平，同时将板面上的水泥浆擦净，然后在面层覆盖保护层。

（8）打蜡。当各个工序完工不再上人时方可打蜡，使之光滑洁净。打蜡方法同水磨石地面。

3）施工注意事项

（1）冬季施工原料和操作环境温度不低于5 ℃。

（2）不得使用有冻块的砂子，板块表面不得有结冰现象，如室内无取暖和保温措施不得施工。

8. 室外石材地面铺贴（图1-61～图1-64）

1）工艺流程

基层处理→试拼→弹线分格→拉线→排砖→刷水泥素砂浆→铺水泥砂浆结合层→铺砌板块→灌浆、擦缝→养护。

2）施工方法

（1）基层处理。将基层处理干净，剔除砂浆落地灰，提前一天用清水冲洗干净，并保持湿润。

（2）试拼。正式铺设前，应按图案、颜色、纹理试拼，试拼后按编号排列，堆放整齐。碎拼面层可按设计图形或要求先对板材边角进行切割加工，

图1-61　室外石材地面铺贴效果图

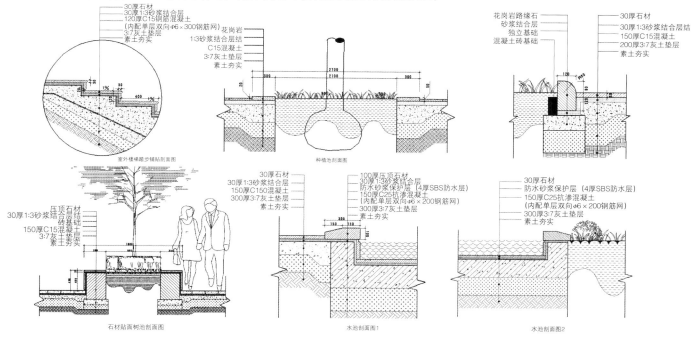

图1-62　室外石材地面铺贴施工图

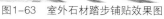

图1-63　室外石材踏步铺贴效果图

图1-64　石材饰面树池效果图

保证拼缝符合设计要求。

（3）弹线分格。为了检查和控制板块位置，在垫层上弹上十字控制线（适用于矩形铺装）或定出圆心点，并分格弹线，碎拼不用弹线。

（4）拉线。根据垫层上弹好的十字控制线用细尼龙线拉好铺装面层十字控制线或根据圆心拉好半径控制线，根据设计标高拉好水平控制线。

（5）排砖。根据大样图进行横竖排砖，以保证砖缝均匀符合设计图纸要求，如设计无要求时，缝宽不得大于1 mm，非整砖行应排在次要部位，但应注意对称。

（6）刷水泥素浆及铺水泥砂浆结合层。将基层清洗干净，用喷壶洒水湿润，刷一层素水泥浆（水灰比为0.4～0.5，但面积不要刷得过大，应边铺砂浆边刷）。再铺设厚干硬性水泥砂浆结合层（砂浆比例符合设计要求，干硬程度以手捏成团，落地即散为宜，面洒素水泥浆），厚度控制在放上板块时，宜高出面层水平线3～4 mm。铺好用大杠压平，再用抹子拍实找平。

（7）铺砌板块。板块应先用水浸湿，待擦干表面晾干后方可铺设。根据十字控制线，纵横各铺一行，作为大面积铺砌表筋用，依据编号图案及试排时的缝隙，在十字控制线交点开始铺砌，向两侧或后退方向顺序铺砌。铺砌时，先试铺，即搬起板块对好控制线，铺落在已铺好的干硬性砂浆结合层上，用橡皮锤敲击垫板，振实砂浆至铺设高度后，将板块掀起检查砂浆表面与板块之间是否相吻合。如发现有空虚处，应用砂浆填补。安放时，四周同时着落，再用橡皮锤用力敲击至平整。

（8）灌浆、擦缝。在板块铺砌后1～2天后经检查石板块表面无断裂、空鼓后，进行灌浆、擦缝，根据设计要求采用清水拼缝（无设计要求的可采用板块颜色选择相同颜色矿物拌和均匀，调成1∶1稀水泥浆）用浆壶徐徐灌入板块缝隙中，并用刮板将流出的水泥浆刮向缝隙内，灌满为止。1～2 h后，用棉纱团沿稀水泥浆擦缝与板面，同时将板面擦净。

（9）养护。铺好板块两天内禁止行人和堆放物品，擦缝完后面层加以覆盖，养护时间应不少于7天。

（四）石材二次加工

1. 基本概念

石材二次加工一般是指对经过加工后的规格板材进行再次加工，常指异形加工或手工加工。

2. 石材二次加工的主要设备与工具

线条机、磨边机、仿型机、水刀机、NC机、PC机、背栓孔机、定厚机、异形磨边机、钻孔机、挖孔机、手扶磨、角磨机、水磨机、手切机、雕刻机、焊枪（火烧枪）等均可用于石材的二次加工。

3. 石材二次加工的常见方法

定厚、磨边（小口磨）、切角、切欠、开槽、黏结、倒系面、倒角、R面、钻孔、喷砂、火烧、挖孔、小段加工（小段欠切）、拼花、转角等。（图1-65～图1-67）

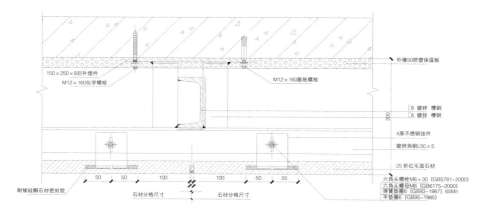

图1-65　石材横剖节点

（1）定厚。是指对板材的一边或几条边的背面定厚，使其达到指定的厚度,也有的需要全面定厚。

（2）小段加工（小段欠切）。是指板材的正面定厚一定的尺寸或是说板材的小口按加工尺寸切掉一部分（小段加工一般要磨光或加工成与大面一样的表面）。

（3）磨边（小口磨）。对板材的小口进行磨光处理等。一般直边用大磨拼磨（避免水波纹），不能拼磨的则用水磨磨（如棋子边、法国边等）。

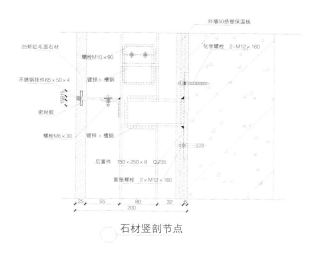

石材竖剖节点

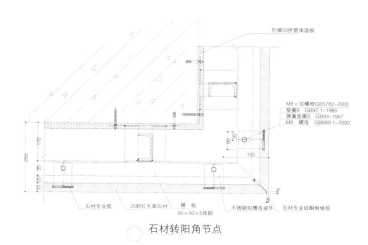

石材转阳角节点

图1-66 石材竖剖节点 ·················· 图1-67 石材转阳角节点 ··············

大理石磨料：60#——400#——800#——1200#——抛光

花岗岩磨料：50#——200#——400#——500#——800#——1500#——抛光

(4) 切角：按指定的角度切斜，有正切（撇面）与背切（撇底），还有八角。

(5) 切欠：按加工单要求根据图样或模板将板材的一部分切掉，使其成为需要的形状（如一般平面切欠与R切欠）。

(6) 开槽：根据一定的深度在指定的位置拉沟。有正面开槽（如楼梯板的防滑槽）与背面开槽（如滴水槽），还有小口开槽（如干挂槽）。（图1-68、图1-69）

(7) 黏结：就是将两片或以上的板用胶水黏结在一起。有切角黏结与定厚粘接，还有平面黏结。（一般黏结的背面要加力石，有的还要钻孔加钉，以便更牢固）1/2圆边（台面较多），定厚黏结（工程板较多用法）。

(8) 钻孔：根据所给孔的大小在相应的位置用钻头钻孔。有水管孔（如台面板的水管安装孔）、PC孔（日本常用的一种干挂孔）、背栓孔（一种干挂孔）、边孔（干挂孔）和螺栓孔（如台面板背面用于固定台盆的螺栓孔）等。

(9) 挖孔：用挖孔机、角磨机或手切机等按图样或模板来进行孔加工（一般加工孔较大或不规则或钻头无法直接钻出的孔，如台面板的盆孔、正方形或长方形的开关盒等）。

(10) 倒角：就是倒斜边，一般在没有特殊要求情况下为45°倒角。

(11) R面：弧板（内弧与外弧）、圆边。根据所给出的R（一般为半径）来加工的弧板或圆边。

(12) 倒系面：俗称倒毛刺，即1mm以内的倒角，使板材的四周不刺手。

(13) 喷砂。将钢砂（成本高，比较深）、海砂（最深1mm）利用高压气体经喷枪喷射出来，敲打在被喷物体上，使其表面变得粗糙（喷砂可以用来喷字、喷花、喷防滑条等）。

(4) 火烧。利用氧气与可燃气体经过焊枪（火烧枪）共同燃烧的火焰来对石材进行火烧，火烧板的表面粗糙。

4. 加工流程

因石材二次加工流程相对较为复杂，不同的加工，其工艺流程均不相同，并且有的加工顺序可以调换（一般加工时应

图1-68 石材施工（1）··········

图1-69 石材施工（2）··········

选择工艺比较顺畅，加工比较安全，用时较少的方法），下面举例来说明。

例1：加工棋子边台面板，黏结台下盆与水管孔。

其工艺流程如下：大磨压黏结边→黏结→（等胶干后）用磨边机磨棋子边→手工粗磨棋子边，挖盆孔→异形磨边机磨盆孔→钻水管孔→手工粗磨盆孔→水磨磨边与盆孔（修补）→（检验完成）包装。

以上的工艺流程还有一些细节的地方，黏结前需要进行调胶，水磨磨边要换用很多的磨料（150#、300#、500#、1000#、2000#、3000#、抛光）等。

例2：加工拼大面为火烧的空心柱，要求钻PC孔。

其工艺流程如下：用圆筒锯或绳锯根据R（半径）开料，或用仿形机根据模板进行仿形或用NC机根据R仿形（后者要按规格下料）。

（1）手工按模板进行粗磨，或用NC机、圆弧磨机进行粗磨。

（2）手工火烧大面，然后加刷（弧形板火烧只能用手工火烧）。

（3）用双刀切机或电子桥切或切边机等修高度与角度。

（4）用PC机钻孔（弧形板背面钻）。

（5）按图拼接编号，按层数需一层一层拼上去。

（6）拼装验货，进行必要的修补，完成后包装。

四、常见施工缺陷及预防措施

1．接缝不平、色差大、版面纹理不顺

（1）原因。① 饰面板翘曲不平，角度不正。② 安装时，无固定措施或因钢丝绑扎不牢使灌浆走偏。③ 未用靠尺检查调平。④ 大理石（或花岗岩）板等未试拼、编号和选配颜色。

（2）预防措施。① 安装前应对每块石材作套方检查，并将缺棱缺角和翘曲板材剔出。② 铜丝绑扎牢固后，依施工工艺制作石膏水泥饼或夹具固定后灌浆。③ 每道工序都用靠尺检查调整，使表面平整。④ 正式施工前必须预拼，使板与板之间纹理结晶通顺、颜色协调，并编号备用。

2．板材开裂

（1）原因。① 板材有色纹、暗缝、隐伤等缺陷，受开槽、凿洞等外力影响，引起开裂。② 结构沉降或地基不扎实引起下沉。③ 灌浆不严，气体侵蚀或潮气透入板缝，使挂网锈蚀造成外陷塌落。

（2）预防措施。① 选料时应剔除有色纹、暗缝、隐伤等缺陷的板材。② 镶贴块料应待结构沉降稳定后进行。在顶部、底部安装块料时，应留出一定缝隙，以防结构压缩变形，导致破坏开裂。③ 应使块料接缝缝隙不大于0.5～1 mm，灌浆应饱满，嵌缝应严密，避免腐蚀性气体侵入锈蚀挂网、损坏板面。

3．空鼓、脱落

（1）原因。① 结合层砂浆不饱满。② 安装饰面板时灌浆不严实。

（2）预防措施。① 结合层水泥砂浆应厚薄均匀、满抹满刮。② 为提高砂浆的胶结性，可在水泥砂浆中掺入水泥质量为5%的107胶。③ 应分层灌浆，插捣密实。结合部位应留出50 mm不灌浆，使上下板结合紧密。

4．板面碰损、污染

（1）原因。① 运输中搬运不当。② 包装和施工中受污染。③ 贴面后未加保护。

（2）预防措施。① 石材移动时应直立搬运和堆放，避免一角着地损坏棱角。大尺寸块料应平运。② 浅色石材应避免板面被包裹湿绳污染，施工中板面应用塑料膜遮盖。如粘上土、砂浆，应及时抹净。③ 贴面完成后，对所有的阳角部位，应用2 m高的木板进行保护。

2

第二章
木材装饰材料
MUCAI ZHUANGSHI CAILIAO

第二章 木材装饰材料

图2-1 红松

图2-2 云杉

图2-3 冷杉

建筑装饰工程中所用的木材主要取自树木的树干部分。木材自古以来便是一种重要的建筑材料，如建筑物的屋架、梁柱、门窗、地板、家具等，都需要大量的木材。许多经典的木结构古建筑、木制品等历经千百年不朽，依然能显现当年的雄姿。时至今日，木材由于其独特的性质和用途，仍被广泛应用于室内外装饰，并为我们创造了一个个自然美的生活空间。

作为建筑装饰材料，木材具有质轻、易加工、弹性好和韧度高，耐冲击和振动性高等优良性能。它热容量大、导热性能低、保温性能好；纹理美观且装饰性强，给人以淳朴亲切感。但木材也有不可避免的缺点，如受自然环境和自身生长条件影响，木材内部纹理结构不均匀，导致各向异性；它对电、热的传导性能差，且易随周围环境湿度变化而改变其含水量，引起木材膨胀或收缩；易腐朽和遭虫蛀；易燃烧；天然疵点较多等。

本章主要介绍木材的分类和构造的基础知识、物理力学基本性质、装饰应用，常用木质装饰品、人造板材和木材的防腐防火等基础知识，以及木材装饰材料的施工工艺。

第一节 木材的基础知识

一、木材的分类

1. 按树木种类分类

木材的树种很多，按树叶的不同，可分为针叶树和阔叶树两大类。

（1）针叶树多为常绿树，树叶细长如针，树干通直高大，纹理平顺，木质均匀且较软，易于加工，故又称"软木材"。针叶树木木质较硬，强度较高，体积密度大，胀缩形变较小，含树脂多，耐腐蚀性较强。针叶木材广泛用于各种构件、装修和装饰部件，常用的树种有红松、云杉、冷杉、柏木等。（图2-1～图2-3）

（2）阔叶树大多为落叶树，树叶宽大，叶脉成网状，树干通直部分一般较短。大部分树种体积密度大，质地较坚硬，难加工，故又称"硬木材"。这种木材胀缩和翘曲变形大，易开裂。建筑上常用于尺寸较小的构件，一些硬木经加工后出现美丽的纹理，适用于室内装修、制作家具和胶合板等。常用的阔叶树树种有樟树、榉树、水曲柳、榆

树以及少数质地稍软的桦树、椴树等。（图2-4～图2-6）

2. 按加工程度和用途分类

为了合理利用木材，按加工程度和用途的不同，木材可以分为原条、原木、板方材等。（图2-7～图2-9）

（1）原条指生长的树木被伐倒后，经修枝（除去皮、根、树梢）没有加工造材的木料。

（2）原木是指只经过修枝、剥皮，并截成规定长度的木材。

（3）板方材是指按一定尺寸锯解、加工成的板材和方材。截面宽度为厚度的3倍或3倍以上的称为板材；截面宽度不足厚度3倍的称为方材。

图2-4 樟树　　　　　　　图2-5 榆树　　　　图2-6 白桦树

图2-7 原木　　　　　　　图2-8 方材　　　　图2-9 板材

二、木材的构造

木材属于天然建筑材料，由于树种和生长环境的不同，各种木材的构造特征有显著差别。木材的性质与其构造有关，木材的构造决定着木材的实用性和装饰性。因针叶树和阔叶树的构造不完全相同，所以它们的性质有很大差异。通常可以从宏观和微观两个方面进行木材的构造研究。

1. 木材的宏观构造

用肉眼所能看到的木材组织称为木材的宏观构造或粗视构造。它包括生长轮或年轮、边材和心材、早材和晚材（春材和夏材）、髓心、髓线等，这些也可以作为识别时的辅助依据。

为便于了解木材的构造，将木材横切（垂直于树轴的切面）。从宏观上看，树木可分为树皮、木质部和髓心三个部分，其中木质部分是建筑材料使用的主要部分。在实际使用过程中，木材分料方式除依据所需木料尺寸外，木材结构也是一个很重要的依据。

许多树种的木质部接近树干中心颜色较深的部分，水分较少，称为"心材"；靠近横切面外部颜色较浅的部分，水分较多，称为"边材"。在树木横切面上深浅相同的同心环，称为"年轮"。年轮由春材（早材）和夏材（晚材）两部分组成。春材颜色较浅，组织疏松，材质较软；夏材颜色较深，组织致密，材质较硬。相同的树种，夏材所占比例越多，木材的强度越高，年轮密而均匀，木材质量就越好。

树干中心的部分称为髓心，髓心的质地松软、强度低、易腐朽、易开裂。对材质要求高的用材不得带有髓心。从髓心向外的呈放射状横穿过年轮的辐射线，称为"髓线"，髓线与周围的连接较差，木材干燥时易沿髓线开裂。（图2-10、图2-11）

2. 木材的微观构造

木材的微观构造是指用显微镜所能观察到的木材组织。在显微镜下，可以看到木材是由无数管状细胞结合而成的，绝大多数为纵向

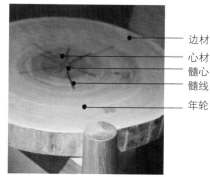

边材
心材
髓心
髓线
年轮

图2-10 木材结构

图2-11 木材切割方式

排列，少数为横向排列，每个细胞都有细胞壁和细胞腔两个部分。细胞壁由若干层纤维组成，细胞之间纵向连接比横向连接牢固，造成细胞纵向强度高，横向强度低，纤维之间有微小的空隙能渗透和吸附水分。木材的细胞壁愈厚，其空隙愈小，木材愈密实，表观密度和强度也愈大，同时胀缩性也愈大。

树种不同，木材的微观构造也不相同。针叶树木材的结构较为简单而且规则，主要由管胞、髓线、树脂道等组成，且髓线很小，也不明显；而阔叶树木材的结构较为复杂，主要由导管、木纤维及髓线等组成，其髓线很发达，粗大而且明显。因此，导管和髓线等微观结构，是鉴别针叶树种和阔叶树种的主要标志。

三、树种识别

树种不同，其木材的色泽、纹理和气味也不尽相同，体现了其宏观构造的特征；而其微观构造如髓线、树脂道、管孔分布等也不一样。人们识别木材，主要是从宏观方面如表皮、纹理、切面、重量、气味、颜色、构造等来区别的。如马尾松有树脂道，樟木具有独特的气味，作为环境景观和室内设计专业人员，识别木材树种是一种必要的技能。以下是常用木材的性质。

（1）银杏（公孙树、鸭脚树、白果树）。年轮较明显，纹理直而均匀，材质轻，容易干燥，不易翘曲，不耐久，容易加工，表面光滑。

（2）落叶松（兴安落叶松、意气松）。木材有松脂气味，纹理直但不均匀。结构粗糙，年轮较明显，不均匀。材质重且硬，不易干燥，容易开裂。耐水耐腐蚀，不易加工。

（3）红松（果松、海松、朝鲜松、东北松）。纹理直而且均匀，有明显松脂气味。材质较柔软，容易干燥，干缩比较小，不易变形，耐水耐腐蚀。

（4）杉木（杉树、江木、杉条）。纹理直，结构有粗有细，有杉木香气。年轮明显，木材轻软，耐久易加工。油漆性差。

（5）白松（鱼鳞松、鱼鳞云杉）。有松脂气味，木材轻软，有弹性，易于干燥，有轻微开裂和翘曲。耐久性尚好，加工容易。

（6）水曲柳（水木秋、曲柳）。纹理直，花纹美，结构粗糙。年轮明显，木材重，较硬，不易干燥，坚韧性好，抗弯性能佳。

四、木材的物理力学性质

木材的物理力学性质是科学利用木材的重要技术参数，主要包括含水率、湿胀干缩性、表观密度、强度等。

（一）含水率

1．含水率及木材中水的存在状态

木材含水率，是指木材中水重占烘干木材的百分比。木材中的水分可分为三部分：存在于木材细胞壁内纤维之间的水分，称为吸附水；存在于细胞腔和细胞间隙之间的，称为自由水(游离水)；木材中的化合水，称为结合水，在木材中含量极少。

木材的含水率受很多因素的影响，如树种、采伐时间及保存方式等。树种不同，含水率也不同，一般含水率约在40%～60%，多的可达200%以上。一般来说，边材含水率高于心材含水率；而且含水率在树干呈垂直分布，一般梢端含水较多。

2．按含水率分类

根据含水率不同，木材分为生材、湿材、气干材、炉干材和绝干材。

（1）生材。是指刚伐倒的木材，一般含水率为70%～140%。

（2）湿材。是指长期处于水中的木材，含水率一般都很高，高过了生材，通常超过100%。

（3）气干材。是指放置于大气中的生材或者湿材，水分逐渐蒸发，最后同大气湿度达到平衡，此种木材，称为气干材。它的含水率在12%～18%之间，平均约为15%。

（4）炉干材。是指经人工干燥处理（一般用蒸汽、真空、太阳能、微波进行干燥）后的木材，含水率为4%～

12%，是装饰时使用最多的木材。

(5) 绝干材。是指在100～105 ℃的温度下干燥而成的木材，含水率最低，接近于零，多用于试验。

3. 平衡含水率及纤维饱和点

(1) 平衡含水率。是指木材在大气中能吸收或蒸发水分，与周围空气的相对湿度和温度相适应而达到恒定的含水率。如果木材的含水率小于平衡含水率，就会发生吸湿作用；大于平衡含水率，就会发生蒸发作用。木材平衡含水率随树种、地区、季节及气候等因素而变化，在10%～18%之间。北方地区约为12%，南方地区约为18%，长江流域则约为15%。含水率是木材进行干燥时的重要指标，直接影响着木材的物理力学性质。因此，要采取适当的措施阻止木材的吸湿。

(2) 纤维饱和点。木材在大气中蒸发水分时，首先蒸发的是自由水，当吸附水达到饱和而尚无自由水时的含水率称为纤维饱和点。木材的纤维饱和点因树种而有差异，在25%～35%之间，平均为30%。纤维饱和点是指木材物理力学性质发生变化的点，即影响强度和胀缩性能的临界点。当含水率大于纤维饱和点时，水分的变化对细胞壁没有影响，在这种情况下，含水率只对木材的质量有影响，对木材性质的影响很小，木材的强度不变，而导电性也为常量。当含水率自纤维饱和点开始降低时，木材的含水量降低，此时细胞壁发生变化，木材的物理力学性质随之变化，随着含水率的降低，木材的强度增加，木材发生收缩，导电性也随之减弱。

(二) 收缩和膨胀

木材具有显著的湿胀干缩性。当木材从潮湿状态干燥至纤维饱和点时，其尺寸并不改变；继续干燥，当干燥至纤维饱和点以下时，细胞壁中的吸附水开始蒸发，木材发生收缩。反之，当木材的含水率在纤维饱和点以下时，如果细胞壁吸收空气中的水分，随着含水率的增加，木材体积产生膨胀，直到含水率达到纤维饱和点为止。此后木材含水率即使增长，体积也不会再膨胀。

木材的湿胀干缩对木材的使用有严重影响，干缩会使木材产生裂缝或翘曲变形以至引起木结构的结合松弛，装修部件破坏等；湿胀则会造成凸起。因此，木材在使用前应进行干燥处理，将其干燥至平衡含水率，使其含水率与使用时所处环境的湿度相适应。理论上，湿胀率和干缩率相等，但实际干缩率大于湿胀率。

由于木材本身构造的不均匀性，木材不同方向的干缩湿胀变形程度也明显不同。同一木材中，纵向即纤维方向的干缩率最小，为0.1%～0.35%，其次为径向干缩率，为3%～6%，弦向干缩率最大，为6%～12%。

(三) 密度

密度指天然木材单位体积的质量，单位为g/cm³。木材的密度与木材的孔隙率、含水率和树种等有关。孔隙率小，则密度大；反之，则密度小。木材的含水率大，则密度大；反之，则密度小。树种不同，其密度也不同。根据木材的密度，可以将其分为轻、中、重三种材质。一般来说，密度低于0.4 g/cm³者为轻木材，高于0.8 g/cm³者为重木材，密度在0.4～0.8 g/cm³之间的为中等材。常用的木材中，密度较大的为0.98 g/cm³，较小的为0.28 g/cm³。例如，台湾的二色轻木是最轻的木材，密度仅为0.186 g/cm³；广西的舰木是最重的木材，密度为1.128 g/cm³。但即使是同一树种，因产地、生长条件、树龄的不同，木材的密度也会随之不同。家具用材一般要求密度适中，而雕刻工艺用材则要求密度大为好。

木材的质量还可以用相对密度来表示。相对密度是指木材的质量与同体积的4℃的水的质量之比，不同树种木材的相对密度几乎是相等的，为1.49～1.57 g/cm³，平均值为1.54 g/cm³。

(四) 强度

建筑装饰工程中所用的木材强度，主要有抗压强度、抗拉强度、抗弯强度和抗剪强度，并且有顺纹强度与横纹强度之分。作用力方向与纤维方向平行时，称为"顺纹强度"；作用力方向与纤维方向垂直时，称为"横纹强度"。每一种强度在不同的纹理方向上均不相同，木材的顺纹强度与横纹强度差别很大。建筑上常用树种的主要物理力学性质详见表2-1。

表2-1　常用树种的主要物理力学性质

类别	树种名称	产地	气干容量/(g/cm³)	干缩系数		顺纹抗压强度/MPa	顺纹抗拉强度/MPa	抗弯强度/MPa	顺纹抗剪强度/MPa	
				径向	弦向				径面	弦面
针叶树	杉木	湖南	0.371	0.123	0.277	38.8	77.2	63.8	4.2	4.9
		四川	0.416	0.136	0.286	39.1	93.5	68.4	5.0	5.9
	红松	东北	0.440	0.122	0.321	32.8	98.1	65.3	6.3	6.9
	马尾松	安徽	0.533	0.140	0.270	41.9	99.0	80.7	7.3	7.1
	落叶松	东北	0.641	0.168	0.398	55.7	129.9	109.4	8.5	6.8
	鱼鳞云杉	东北	0.451	0.171	0.349	42.4	100.9	75.1	6.2	6.5
	冷杉	四川	0.433	0.174	0.341	38.8	97.3	70.0	5.0	5.5
阔叶树	柞栎	东北	0.766	0.190	0.316	55.6	155.4	124.0	11.8	12.9
	麻栎	安徽	0.930	0.210	0.389	52.1	—	128.6	15.9	18.0
	水曲柳	东北	0.686	0.197	0.353	52.5	138.1	118.6	11.3	10.5
	椰榆	浙江	0.818	—	—	49.1	149.4	103.8	16.4	18.4

注：表内数据摘自《中国主要树种的木材物理力学性质》，中国林业科学研究院木材工业研究所主编，1982。

　　木材有很好的力学性质，但木材是有机各向异性材料，顺纹方向与横纹方向的力学性质有很大差别。在理论上，顺纹抗拉强度最大，顺纹抗弯强度和顺纹抗压强度次之，横纹抗拉强度最小。但实际上顺纹抗压强度最高。这是因为木材在自然生长期间受到不利环境因素的影响，产生木节、斜纹、夹皮、虫蛀、腐朽等缺陷，从而很大程度上影响了抗拉强度，使得抗拉强度反低于抗压强度。木材强度还因树种而异，在实际应用中，应根据木材的生长及相关特征，合理安排布局，充分利用其强度。当木材的顺纹抗压强度为1时，理论上木材各种强度的关系详见表2-2。

表2-2　木材各种强度的关系

抗　压		抗　拉		抗　弯	抗　剪	
顺　纹	横　纹	顺　纹	横　纹		顺　纹	横　纹
1	1/10～1/3	2～3	1/20～1/3	3/2～2	1/7～1/3	1/2～1

　　另外，木材的强度除了与木材的构造、受力方向有关外，还受含水率、荷载持续时间及木材的缺陷等因素的影响。当木材在纤维饱和点以上时，含水率发生变化，但木材的强度不变。当木材在纤维饱和点之下时，随着含水率的降低，细胞内的吸附水减少，细胞壁趋于紧密，木材的强度就增大；反之，强度就减小。木材的含水率对各种强度的影响程度也不一样，对抗拉强度影响最小，对顺纹抗剪强度影响次之，对顺纹抗压和抗弯强度的影响最大。

　　木材在长期荷载下不至于引起破坏的最大强度，称为木材的持久强度。木材的持久强度是木结构设计的重要指标和计算依据。它要比木材的极限强度小得多，一般为极限强度的50%～60%。木材受热后，纤维中的胶结物质处于软化状态，因此强度下降。如环境温度长期超过50℃时，不宜采用木结构。

第二节　木质装饰制品

　　木质装饰制品是指利用各种天然木材及人造板材，进行艺术创造，并经过加工成为建筑装饰中常用的且具有一定规格的成品或半成品。木质特有的质感、光泽、色彩、纹理等是其他材料无法比拟的，特别是木制品还具有天然的芳香和调节空气湿度、吸声调光的功能。因此，木质装饰制品在建筑装饰领域中始终保持着重要的地位，历来被广泛应用于室内、外装饰中。

目前，应用较多的木质装饰制品包括木地板、防腐木、木装饰线条、薄木饰面板、装饰木门、木花格、竹质装饰品、藤质装饰品等。

一、木地板

木地板是由软木材料（如松、杉等）或硬木材料（如水曲柳、柞木、榆木、樱桃木及柚木等）经加工处理而成的木板面层。木地板是高级的室内地面装饰材料，具有自重轻、弹性好、脚感舒适、导热性小、冬暖夏凉等特点。木地板从原始的实木地板发展至今，已由单一的实木地板衍生为众多的木地板品种。目前，常用的木地板主要有实木地板、复合木地板、软木地板和竹地板。

（一）实木地板

实木地板取自天然原木心材及部分边材，不作任何黏结处理，通过锯切、刨光等机械加工成型，再经过干燥、防腐、防蛀、阻燃、涂装等工艺处理而成。按成品材质的等级分类，可分为特级、A级和B级。特级：全用心材，纹理一致，色泽相近，无任何瑕疵，大小规格一致。A级：全用心材，纹理、色泽和大小规格基本一致。B级：略用边材。（图2-12）

（1）条木地板是室内装饰中使用最普遍的木质地板。它通常采用直径级较大的优良树种，如松木、杉木、水曲柳、樱桃木、柞木、柚木、桦木及榉木等。条木地板有双层和单层两种。双层板下层为毛板，面层为硬木板；单层的板材一般为软木材料。条木地板的宽度一般不大于120 mm，厚度不大于25 mm。按照地板铺设要求，条木地板接缝可做成平头、企口或错口。企口实木地板应用最为普遍，一般规格有：长450 mm、600 mm、800 mm、900 mm，宽60 mm、80 mm、90 mm、100 mm，厚18 mm、20 mm。（图2-13）

（2）拼花木地板是采用阔叶树种的硬木材，经干燥处理并加工成一定几何尺寸的小木条，可拼成一定图案的地板材料。拼花木地板风靡于17世纪欧洲的宫殿、城堡、议会大厦、修道院等处。早期的拼花木地板颜色丰富，图案精美，制作工艺复杂。而现在普遍使用的拼花木地板是通过小木条不同方向的组合，拼出多种图案花纹，常见的有正芦席纹、斜芦席纹、人字纹和清水砖墙纹等。拼接时，应根据个人的喜好和室内面积的大小决定地面的图案和花纹，以达到最佳的装饰效果。（图2-14、图2-15）

（3）实木马赛克选用天然木材为原料，以马赛克的形式展示木材独特的质感。实木马赛克是新型的装饰材料，由于其价格昂贵，还未得到广泛的应用。（图2-16）

（二）复合木地板

随着木材出口国环保意识的加强和对木材出口的控制，木材资源的开采受到一定程度地限制，因此，复合木地板作为节约天然资源的良好途径得到广泛地开发和应用。复合木地板分为实木复合地板和强化复合地板两大类。（图2-17）

图2-12　实木地板在室内的应用

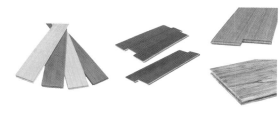

图2-13　企口条木地板

图2-14　传统拼花木地板效果图

图2-15　现代拼花木地板效果图

图2-16　实木马赛克

图2-17　复合木地板在室内的应用

1．实木复合地板

实木复合地板分为三层实木复合地板和多层实木复合地板。

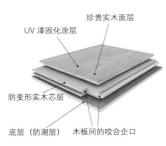

珍贵实木面层
UV 漆固化涂层
防变形实木芯层
底层（防潮层）　木板间的咬合企口

图2-18　三层实木复合地板的结构

（1）三层实木复合地板是由面层、芯层、底层三层实木板相互垂直层压，通过合成树脂胶热压而成。面层为耐磨层，厚度为4～7 mm，应选择质地坚硬、纹理美观的珍贵树种，如柚木、榉木、橡木、樱桃木、水曲柳等锯切板；芯层厚7～12 mm，可采用软质速生木，如松木、杉木、杨木等；底层（防潮层）厚2～4 mm，采用速生杨木或中硬杂木悬切单片。由于三层实木复合地板各层纹理相互垂直胶结，减少了木材的膨胀率，因而不易变形和开裂，并保留了实木地板的自然纹路和舒适脚感。三层实木复合地板的常用规格一般为2200 mm×（180～200）mm×（14～15）mm。（图2-18）

（2）多层实木复合地板是以多层实木胶合板为基材，在基材上覆贴一定厚度的珍贵硬木薄片或刨切薄木，通过合成树脂胶热压而成。硬木薄片厚度通常为1.2 mm，刨切薄木为0.2～0.8 mm，总厚度通常不超过12 mm。

2．强化复合木地板

强化复合木地板又称强化木地板或浸渍纸压木地板，由耐磨层、装饰层、芯层、防潮层通过合成树脂胶热压而成。耐磨层是指在强化地板表层上均匀压制的一层三氧化二铝耐磨剂。三氧化二铝的含量和薄膜的厚度决定了耐磨的转数，含量和薄膜厚度越大，转数越高，也就越耐磨。装饰层是三聚氰胺树脂浸渍的木纹图案装饰纸。芯层为高密度纤维板。防潮层为浸渍酚醛树脂的平衡纸。强化木地板的常用规格一般是：宽180 mm、200 mm，长1200 mm、1800 mm，厚6 mm、7 mm、8 mm、12 mm等。

（三）软木地板

软木最初是葡萄牙人用于制作葡萄酒瓶塞的材料，进行处理后也被用作保温材料，并制作成装饰墙板等用于各个领域，直至应用到今天的装饰地板中。软木实际上并非木材，其原料是阔叶树种的树皮上采割获得的"栓皮"。该类栓皮质地柔软、皮厚、纤维细、成片状剥落。

软木地板以优质天然软木为原料，经过粉碎、热压而成板材，再通过机械设备加工成地板。软木地板弹性好、耐磨、防滑、脚感舒适、抗静电、阻燃、防潮、隔热性好，其独特的吸音效果和保温性能非常适用于卧室、会议室、图书馆、录音棚等场所。（图2-19）

图2-19　软木在室内墙、地面中的应用

软木地板可分为纯软木地板、软木夹层地板、软木（静音）复合地板三类。

（1）纯软木地板是用纯软木制成的，质地纯净，环保性能好。其厚度通常在4～5 mm，花色原始粗犷，虽然有数十种，但区分并不十分明显。这种软木地板采用粘贴式安装，即用专用胶直接粘在地板上，对地面平整度要求较高。

（2）软木夹层地板由软木表层、软木底层和带有企口的中密度板夹层构成。这种软木地板的安装方法与强化地板相似，对地面要求也不太高。

（3）软木（静音）复合地板是由软木底层与复合地板表层结合而成的。底层的软木可起到降低噪声的作用。

（四）竹地板

竹地板是以天然优质竹子为原料，经过制材、漂白、硫化、脱水、防蛀、防腐等二十几道工序，脱去竹子原浆汁，再经高温、高压，热固胶合而成的。竹地板有竹子的天然纹理，清新文雅，给人以回归自然、高雅脱俗的感觉。

竹地板的硬度高，密度大，质感好，热传导性能、热稳定性能、环保性能、抗变形性能均优于其他木制地板。另外，竹地板冬暖夏凉、防潮防水的特性使其尤为适宜用作热采暖的地板。竹地板与多层实木复合地板一样，易受到空气湿度的影响。优质竹地板应充分考虑北方气候干燥的特点，为避免收缩变形，运往北方销售的竹地板的含水率应控制在10%左右。（图2-20）

竹地板按表面不同可分为径面竹地板（侧压竹地板）和弦面竹地板（平压竹地板）两大类。按竹地板加工处理方式不同又可分为本色竹地板和炭化竹地板。本色竹地板保持竹子原有的色泽，而炭化竹地板的竹条经过高温高压炭化处理后颜色加深，并且色泽均匀一致。竹地板的常用规格是：长460~2200 mm、宽6~15 mm、厚9~30 mm，也可以根据需要定做。

图2-20　竹地板

二、防腐木

防腐木是经过防腐工艺处理的天然木材，经常被运用在建筑与景观环境设施中，体现了现代人亲近自然、绿色环保的理念。根据防腐处理工艺的不同可分为防腐剂处理的防腐木、热处理的炭化木和不经任何处理的红崖柏。（图2-21）

图2-21　防腐木栈道

（1）经过防腐剂处理的防腐木选用世界各地的优质木材，经过传统的CCA（铬化砷酸铜）或当今环保的ACQ（烷基铜铵化合物）防腐剂对木材进行真空加压浸渍处理。经过此法处理的防腐木材在室外条件下，正常使用的寿命可达到20~40年之久。经过防腐处理的木料不会受到真菌、昆虫和微生物的侵蚀，性能稳定、密度高、强度大、握钉力好、纹理清晰，极具装饰效果。而且由于防腐剂与细胞之间具有极强的结合性，能够抑制木料含水率的变化，降低木料变形开裂的程度，如芬兰木。（图2-22）

图2-22　防腐木板墙面

（2）炭化木是将天然木材放入一个相对封闭的环境中，对其进行高温（180~230 ℃）处理，而得到的一种拥有部分炭特性的木材，而被称之为炭化木。炭化木是将木材的有效营养成分炭化，通过切断腐朽菌生存的营养链来达到防腐的目的。木材在整个被处理的过程中，只与水蒸气和热空气接触，不添加任何化学试剂，保持了木材的天然本质。同时，木材在炭化过程中，内外受热均匀一致，在高温的作用下颜色加深，炭化后效果可与一些热带、亚热带的珍贵木材相比，可以提高整体环境的品位。（图2-23、图2-24）

图2-23　炭化木景观家具

（3）红崖柏是一种纯天然的加拿大红雪松，未经过任何处理，主要是靠木材内部含有的一种酶，散发特殊的香味来达到防腐的目的。

防腐木适用于建筑外墙、景观小品、亲水平台、凉亭、护栏、花架、屏风、秋千、花坛、栈桥、雨棚、垃圾箱、木梁等的室外装饰。外墙木板常用的厚度为12~20 mm，为防止木板太宽导致开裂，宽度

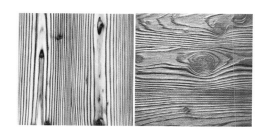

图2-24　炭化木

一般控制在200 mm以下，长度一般控制在5 m以下。用于室外地板时，木板的厚度一般为20~40 mm。

三、木装饰线条

木装饰线条是选用质硬、木质较细、耐磨、耐腐蚀、不劈裂、切面光滑、加工性良好、油漆上色性好、黏结好、握钉力强的木材，经过干燥处理后，用机械或手工加工而成。它在室内装饰中起着固定、连接、加强装饰饰面的作用，可作为装饰工程中各平面相接处、分界处、层次处、对接面的衔接口及交接条等的收边封口材料。

木装饰线条按材质不同可分为水曲柳木线、泡桐木线、樟木线、柚木线、胡桃木线等；按功能不同可分为压边线、压角线、墙腰线、收口线、挂镜线等；按断面不同可分为平线条、半圆线条、麻花线条、半圆饰、齿形饰、浮饰、S形饰、十字花饰、梅花饰、雕饰、叶形饰等。

木装饰线条主要用作建筑物室内墙面的墙腰饰线、墙面洞口装饰线、护墙板和踢脚的压条装饰线、门套装饰线、天花板装饰角线、栏杆扶手镶边、家具及门窗的镶边等。建筑物室内采用木线条装饰，可增加古朴、高雅的美感。（图2-25）

图2-25　各类木装饰线条

四、薄木饰面板

薄木饰面板是由各种名贵木材经一定的处理或加工后，再经精密刨切或旋切，厚度一般为0.8 mm的表面装饰材料，常以胶合板、刨花板、密度板等为基材。它的特点是既具有名贵木材的天然纹理或仿天然纹理，又节省原木资源、降低造价，并且可方便地裁切和拼花。装饰薄木有很好的黏结性质，可以在大多数材料上进行粘贴装饰，是室内装饰中广泛应用的饰面装饰材料。

图2-26　实木贴皮

薄木饰面板按照厚度不同可分为普通薄木和微薄木。微薄木是用色木、桦木、多瘤根或水曲柳、柳桉木为原料，经水煮软化后，刨切成0.1~0.5 mm厚的薄片，再用先进的粘贴工艺，将其粘贴在坚硬的纸上制成卷材，或粘贴在胶合板基层上，制成微薄木贴面板，以直纹为主，装饰感强。厚度为0.1 mm的微薄木俗称实木贴皮或木皮，常用于高级家具表面的制作。（图2-26）

薄木饰面板按制造方法不同可分为旋切薄木、半圆旋切薄木、刨切薄木；按花纹不同可分为径向薄木和弦向薄木；按结构形式不同可分为天然薄木、集成薄木和人造薄木。

（1）天然薄木是采用珍贵树种，经过水热处理后刨切或半圆旋切而成，是纯天然材料，未经分离、重组和胶结处理。因此，天然薄木的市场价格一般高于其他两种薄木。（图2-27）

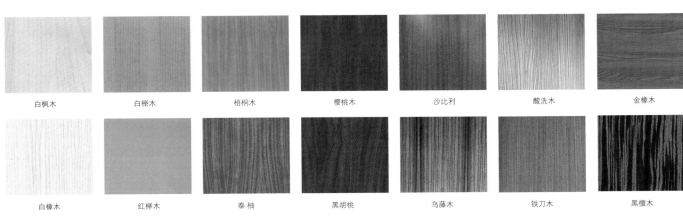

| 白枫木 | 白榉木 | 梧桐木 | 樱桃木 | 沙比利 | 酸洗木 | 金橡木 |
| 白橡木 | 红榉木 | 泰柚 | 黑胡桃 | 乌藤木 | 铁刀木 | 黑檀木 |

图2-27　常见天然薄木饰面板

（2）集成薄木是将木材按一定花纹要求先加工成规格几何体，然后将这些需要胶合的几何体表面涂胶，按设计要求组合，胶结成集成木方，再经刨切成集成薄木。集成薄木实际上是一种薄木拼花，对木材的质地有一定要求，制作精细，图案花色繁多，色泽与花纹的变化依赖天然木材，自然真实。一般幅面不大，多用于家具部件、木门等局部的装饰。

（3）人造薄木是使用电脑设计花纹并制作模具，采用普通树种的木材单板经染色、层压和模压后制成木方，再经刨切而成。人造薄木可仿制各种珍贵树种的天然花纹，甚至可以假乱真，也可制作出天然木材没有的花纹图案。

五、木门

木门根据材料不同可分为原木门、实木门、实木复合门、免漆门、模压门等。

（1）原木门是用原木大料制成的，直接采用木头破开的板子，选料考究，价格较高。

（2）实木门是以天然原木做门芯，干燥处理后，再经刨光、开榫、打眼、高速铣形等工序加工而成的。实木门所选用的多是名贵木材，如樱桃木、胡桃木、柚木、红梨木、花梨木等，经加工后的成品门具有不变形、耐腐蚀、无裂纹及隔热保温、吸音良好等特点。

（3）实木复合门的门芯多以松木、杉木或进口填充材料等黏合而成，外贴密度板和实木木皮，经高温热压后制成，并用实木线条封边。（图2-28、图2-29）

（4）免漆门和实木复合门较相似，主要是用低档木料做龙骨框架，外用中、低密板表面和免漆PVC贴膜，价格便宜。

图2-28　木门在居室中的应用

图2-29　实木门

（5）模压门是采用人造林的木材，经去皮、切片、筛选、研磨成干纤维，拌入酚醛胶作为黏合剂和石蜡后，在高温高压下一次模压成型。

六、木花格

木花格是用木板和仿木制作成具有若干个分格的木架，这些分格的尺寸或形状一般都各不相同。由于木花格加工制作比较简单，饰件轻巧纤细，加之选用材质木色好、木节少、无虫蛀、无腐朽的硬木或杉木制作，表面纹理清晰，整体造型别致，多用于室内的花窗、隔断、博古架等，能起到调节室内设计风格，改进室内空间功能，提高室内艺术效果的作用。（图2-30）

图2-30　木花格在室内的应用

七、竹制装饰品

竹材有很高的力学性能，抗拉、抗压、抗弯能力优于木材，韧度高、弹性好、不易折断，但缺乏刚性，易变形。竹材除了制作地板外，在南方常用于家具的制作。由于竹材富有独特的质感和易弯性，可制作出花格、屏风等。（图2-31、图2-32）

竹制家具还具备以下几个特性：一是冬暖夏凉，由于竹子的天然特性，其吸湿、吸热性能高于其他木材，炎热的夏季坐在竹制椅子上面，清凉吸汗，冬天则能使人感到温暖；二是有利于环保，竹子3~4年就可成材，且砍伐后还可再生，对于环境恶化、天然林存量甚低的我国来说，不失为一种优质的木材替代材料；三是返璞归真，竹制家具保持了竹子原有的天然纹路，带给人一种质朴、典雅的感觉。

图2-31　竹制家具

图2-32　竹制家居用品

竹料由于生长周期短原料充足、价格低廉，在全球木材资源缺乏、环保呼声愈来愈高的今天，竹材由于生长周期短、被崇尚环保的人们视为时尚家居的新选择。

八、藤制装饰品

藤是一种密实坚固又轻巧坚韧的天然材料，具有不怕挤压、柔韧有弹性的特点。藤材常被用于制作藤制家具及具有民间风格的室内装饰用品，其特点是淳朴自然、清新爽快，同时又充满了现代气息和时尚韵味。（图2-33～图2-35）

图2-33 藤制屏风　　　　　图2-34 藤制储物盒　　　　　图2-35 藤制家具

第三节 人造板材

人造板材是指利用木材加工过程中剩下的废料，如边皮、碎料、刨花、木屑等，对其进行加工处理而制成的板材。人造板材可以提高木材的利用率，又能达到与天然木材相同的功能。木质人造板材既能保持天然木材的优点，又能克服木材自身的缺点，因此在现代建筑和家居装饰及家具工业中得到了广泛的应用。人造板材主要包括细木工板、胶合板、宝丽板、刨花板、纤维板、澳松板、木丝板等几种。（图2-36）

图2-36 各类人造板材

一、细木工板

细木工板是特种胶合板的一种，又称大芯板，是用长短不一的芯板木条拼接而成，两个表面为胶贴木质单板的实心板材。细木工板的表面平整光滑，不易变形，且绝热吸音。按表面加工状况不同，可分为一面砂光、两面砂光和不砂光三种；按所使用的胶合剂不同，可分为I类胶细木工板、II类胶细木工板两种；按面板的材质和加工工艺质量不同，可分为一等、二等、三等三个等级。（图2-37）

细木工板的尺寸规格和技术性能，适用于家具、各类车厢和建筑物内装修等。细木工板的尺寸规格及各项技术性能见表2-3。

图2-37 细木工板

表2-3　细木工板的尺寸规格及各项技术性能

mm

宽　度	厚　度	长　度　（允许公差+5）					
（允许公差+5）	（误差±0.6）	915	1 220	1 520	1 830	2 135	2 440
915	16、19、22、25	915	—	—	1 830	2 135	—
1 220		—	1 220	1 830	2 135	2 440

二、胶合板

胶合板是用原木旋切成单板薄片，经干燥、涂胶，再用胶黏剂按奇数层数黏结，以各层纤维互相垂直的方向，使纹理纵横交错，胶合热压而成的人造板材。常用的胶合板为三夹板、五夹板、七夹板和九夹板等，胶合板的最高层数为15层，建筑装饰工程常用的是三夹板和五夹板。生产胶合板的木材通常用杨木、马尾松、桦木、水曲柳及部分进口原木，这些材料是我国目前生产胶合板的主要原料。（图2-38）

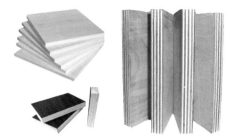

图2-38 胶合板

1. 分类

（1）Ⅰ类（NQF）。耐气候、耐沸水胶合板，常用A表示。该类胶合板是以酚醛树脂胶或其他性能相当的胶黏剂胶合制成的。该类胶合板具有耐久、耐煮沸或耐蒸汽处理和抗菌等性能，能在室外使用。

（2）Ⅱ类（NS)。耐水胶合板，常用B表示。这类胶黏板能在冷水中浸渍。能经受短时间热水浸渍，并具有抗菌性能，但不耐煮沸。该类胶合板的胶黏剂同上。

（3）Ⅲ类（NC）。耐潮胶合板，常用C表示。这类胶黏板能耐短期冷水浸渍，适于室内常态下使用。这类胶合板是以低树脂含量的脲醛树脂胶、血胶或其他性能相当的胶黏剂胶合制成的。

（4）Ⅳ类（BNC）。不耐潮胶合板，常用D表示。这类胶合板只能在室内常态下使用，具有一定的胶合强度。这类胶合板是以豆胶或其他性能相当的胶合剂胶合制成的。

胶合板按材质和加工工艺质量不同，可分为特等、一等、二等和三等四个等级。其中"一等、二等、三等"为普通胶合板的主要等级，同样亦用A、B、C、D表示，故有所谓"三A"板之说。

2. 规格及物理力学性质

胶合板的厚度为2.7 mm、3.0 mm、3.5 mm、4.0 mm、5.0 mm、5.5 mm、6.0 mm等。自6.0 mm起，厚度按1 mm递增。各个胶合板的规格见表2-4，其物理力学性质见表2-5。

表2-4　胶合板的规格

种　类	规格 /mm	面积 /m²	厚度/mm
柞木板、柳桉木板、核桃楸木板、杨木板、水曲柳木板、柚木板、白元木板、椴木板、桦木板、荷木板、松木板、印尼板	915×915	0.837	2.5、2.7、3.0、3.5、4.0、4.5、5.5、6.0、7.0、9.0、11.0、12.0、15.0
	915×1220	1.116	
	915×1830	1.675	
	915×2135	1.953	
	1220×1830	2.233	
	1220×2135	2.605	
	1220×2440	2.977	
	1525×2440	3.721	

表2-5　胶合板的物理力学性质

胶合板树种	单个试件的胶合强度/MPa		含水率/（%）	
	Ⅰ、Ⅱ类	Ⅲ、Ⅳ类	Ⅰ、Ⅱ类	Ⅲ、Ⅳ类
椴木、杨木、拟赤杨	≥0.70	≥0.70	6~14	8~16
槭木、榆木、柞木、水曲柳、荷木、枫香	≥0.80			
桦木	≥1.00			
马尾松、云南松、落叶松、云杉	≥0.80			

3. 特点及用途

胶合板具有幅面较大、不翘不裂、花纹美丽、表面平整、容易加工、材质均匀、强度较高、收缩性小、装饰性好等优点，适用于建筑室内的墙面装饰，是建筑装饰工程应用量最大的人造板材。设计和施工时采取一定手法可获得线条明朗，凹凸有致的效果。亦可用作家具的旁板、门板、背板等。胶合板表面可油漆成各种类型的漆面，还可以进行涂料的喷涂处理。

三、宝丽板

宝丽板属装饰胶合板的一种，也称为华丽板或者不饱和聚酯树脂装饰胶合板，是以II类胶合板为基材，贴以特种

图2-39　不同饰面宝丽板 ········ 图2-40　宝丽板

花纹装饰纸，再在纸面涂饰一层不饱和聚酯树脂，经加压固化而成。如果不加塑料薄膜保护层则称为富丽板。(图2-39)

宝丽板的规格与普通胶合板相同。

宝丽板表面硬度中等，耐热耐烫性能优于油漆面，色泽稳定性好、耐污染性高、耐水性较高，易擦洗。板面光亮、平直、色调丰富且有花纹图案，但一般多使用如白色等素色，这种板材多用于室内墙面、墙裙等的装饰以及隔断、家具等。　(图2-40)

四、刨花板

刨花板是以刨花、木渣为原料，利用胶料和辅料在一定温度和压力下压制而成的人造板材。具有隔音吸声、隔热保温、防虫蛀、经济实惠等特点，适用于室内墙壁、地板、家具、车厢和建筑物装修等。(图2-41)

图2-41　刨花板

刨花板按制造方法可分为平压、辊压、挤压等三种；按密度可分为高密度、中密度、低密度等三类；按结构可分为单层、三层、渐变、多层、定向、模压等几种；按表面装饰处理可分为磨光、不磨光、浸渍纸饰面、单板贴面、表面涂饰、PVC、印刷饰面等几种。在装饰工程中常使用A类刨花板，按外观质量和物理力学性能分为优等品、一等品、二等品，各类刨花板的规格见表2-6。

表2-6　刨花板规格

mm

宽　度	长　度					备　注
915	—	1220	1830	2135	—	特殊规格有1000 ×2000
1220	915	1220	1830	2135	2440	

五、纤维板

纤维板是以植物纤维（木材加工剩余的板皮、刨花、树枝等废料，稻草，麦秸，玉米秆，竹材等）为主要原料，经破碎浸泡、研磨成木浆，再加入一定的胶料，再经过热压成型、干燥等工序制成的一种人造板材。按照生产过程中浆料含水率的不同，纤维板的生产方式分为湿法、半干法和干法三种。纤维板的材质、强度都较为均匀，抗弯强度高，胀缩性小，平整性好，不易开裂腐朽，较耐磨，有一定的绝热和吸声功能，可以代替木板用于室内装饰等。根据纤维板的体积密度不同，可分为硬质纤维板、中密度纤维板和软质纤维板三种。

1. 硬质纤维板

密度大于0.88 g/cm³的纤维板称为硬质纤维板。其强度高、不易变形，是木材的优良替代品。按照物理力学性能和外观质量可分为特级、一级、二级、三级、四级。（图2-42）

2. 中密度纤维板

密度在0.55～0.88 g/cm³之间的纤维板称为中密度纤维板。和硬质纤维板有所不同的是，中密度纤维板只分为特级、一级、二级三个等级。将其制成带有一定孔型的盲孔板，施以白色涂料，兼有吸声和装饰作用，可作为室内的顶棚材料。（图2-43）

3. 软质纤维板

密度小于0.55 g/cm³的纤维板称为软质纤维板。因其结构松软，故强度较低，保温性能和吸音效果较好，常用作顶棚和隔热材料。（图2-44）

六、澳松板

澳松板（又称定向结构刨花板）是一种进口的中密度板，板材是用辐射松原木制作而成。这种板材是大芯板和欧松板的替代升级产品，这种升级产品在很大程度上提升了材料的安全环保作用。（图2-45）

澳松板的板材表面经过高精度的砂光处理，具有很高的光洁度，并且板材的内部强度也很大，而且具有良好的传热性能，内部黏结等物理性能优良。澳松板的含水率在6%～9%之间，生产规格允许厚度有0.2 mm的误差。

澳松板规格有3 mm、5 mm、9 mm、12 mm、15 mm、18 mm等。3 mm用量最多、最广，主要代替三夹板用于门、门套、窗套等部位。5 mm通常用作夹板，这种材料不易变形。9 mm、12 mm的澳松板通常用来做门套、门档和踢脚线。15 mm、18 mm的澳松板可代替大芯板直接用于做门套、窗套或雕刻、镂铣造型，也可直接用来做衣柜门，用此类材料生产出的产品环保且不易变形。

澳松板一般被广泛用于装饰、家具、建筑、包装等行业。澳松板硬度大，适合做衣柜、书柜，不会变形，其最大的特点是制作的家具无环境污染，具有很好的环保效应。

七、木丝板、木屑板

木丝板、木屑板与刨花板的制造工艺较为相似，分别是以短小废料创制的木丝、木屑等为原料，经干燥后拌入胶料，再经热压制成的人造板材。所用胶料为合成树脂、水泥或菱苦土等无机胶结料。这类板材质量较轻、强度较低、价格较为便宜，主要用作绝热和吸声材料。其中经热压合成的木屑板，其表面可粘贴塑料贴面或胶合板作为饰面层，这样既增加了板材的强度，又使板材具有装饰性，可用作吊顶等材料。（图2-46～图2-48）

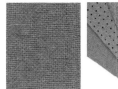

图2-42　硬质纤维板

图2-43　中密度纤维板

图2-44　软质纤维板

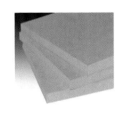

图2-45　澳松板　　　　图2-46　木丝板

图2-47　木屑板

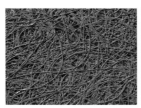 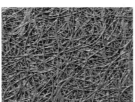 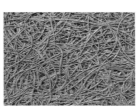 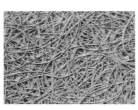 

图2-48　木丝板的各类样式

图2-49　软木

图2-50　软木装饰板

图2-51　软木装饰板应用于室内墙面

图2-52　软木装饰板应用于电视背景墙

八、软木装饰板

（一）软木装饰板的基本知识

软木是栓皮栎树皮的外表支。这种树25年才能剥第一次皮，此后树继续生长，每隔10年再剥一次。世界上软木产地主要分布在陕西秦巴山区及其同纬度上的少数几个省。目前软木世界年产量35万吨，葡萄牙占世界产量的50%以上，中国年产量5万吨，陕西秦巴地区及邻省占全国产量的65%以上，且比较集中。（图2-49）

（二）软木装饰板的特点

软木的微观细胞结构由许多横断面为六棱柱体的木栓细胞呈蜂窝状排列组成，密度可达每立方米四千万个。其细胞腔内的静止空气占单位体积的70%，比重为0.24，所以软木为轻质材料，相邻细胞间由树脂填缝，使每个细胞成为不透气、不透液的密封单元。正是由于软木有着特殊的细胞结构和化学成分，使其具有良好的天然气垫弹性、减振功能，以及优良的吸音、隔热、耐腐蚀、防潮、防磨、防火等性能。

（三）软木装饰板的应用

软木制成的墙体材料维持了室内的恒温和内静。软木制成的装饰板隔垫效果、保温性能是原木的5倍，砖混结构的20倍。同时软木是具有"B2"级的耐火性、自熄性的木质材料，已得到美国、日本、马来西亚等诸多国家及欧洲技术认证，使之在木质防火类材料中成为佼佼者。（图2-50）

软木装饰板良好的伸缩性，使其与原木叠合后保持二者的同步变化，解决了单板上墙开裂的难题，解除了木质饰面材料变形的后顾之忧。经加工使之成为一块块软木片，表层用树脂作保护层，可仿造出类似大理石、樱桃木、花岗石、红橡木色款，用胶水涂刷，帖于墙和地，使原来一幅冷冰的硬体墙、地面变得温暖柔和，变得富有弹性，使人与空间的距离越加贴近了。（图 2-51）用软木板贴饰的墙，无论与哪种家具、哪类摆设、哪样色调似乎都显得极为融合，协调统一。

用软木装饰板装饰的室内空间给人体生理、心理都会带来宁静。一般在私家别墅、城市花园的建筑所选用的内墙、地面装饰可分为三大类，乳胶漆、地毯和木地板，而软木装饰板又是新崛起的一类，主要原因是软木装饰板装饰功能多，款式丰富，且不会对人体的健康产生危害，因此受到大众的喜爱。（图2-52）

软木装饰板的品种、规格较多，可根据设计需要进行设计，拼装出多种图案和色泽。且施工简便，直接在墙面或地面粘贴即可。软木装饰材料广告适用于居室别墅、饭店、宾馆、医院、图书馆、幼儿园、体育馆、机房等装饰装修中。

随着现代装饰业的发展，附贴于室内的材料，更讲究环保，更要求满足环境与人的和谐相融的条件，而软木装饰板的实际功能已远远超过传统的壁纸、涂料、PVC板、大理石等，其装饰效果富有典型华贵和浓郁的人情味。

九、麦秸板

（一）麦秸板的基本知识

1. 麦秸板的概念

麦秸板是利用农业生产剩余物——麦秸制成的一种性能优良的人造复合板材。（图2-53）麦秸板在性能方面处于中密度纤维板和木质刨花板之间，它是一种像中密度板一样匀质的板材，而且具有非常光滑的表面，其生产成本比刨花板还低，它在强度、尺寸稳定性、机械加工性能、螺钉和钉子握固能力、防水性能、贴面性能和密度等方面都胜过木质刨花板。它无甲醛释放，因而不污染环境。它不依靠日益短缺的木材原料，而使用每年都可更新的廉价且取之不竭的麦秸为原料，故而能满足建筑和家具工业对它日益增长的需求。用麦秸秆压制而成的麦秸板作为最主要的建筑材料，给农作物秸秆的再利用增加了一条有效的途径，是当前世界上最环保的人造板材之一。它的保温性比一般木材高70%，而且对农作物秸秆进行了再利用，减少了对森林资源的消耗。

图2-53　麦秸秆板

2. 麦秸板的生产条件

（1）主要原料：麦秸（也可用玉米秸、高粱秆、稻秆、甘蔗渣等）、多种黏合剂及功能性添加剂。

（2）工艺流程：麦秸原料（去除泥土等杂质）→进行机械粉碎→筛选→干燥→搅拌→铺装→滚压→锯边→检验→成品板材。

（3）麦秸板表面还可进行涂装和贴面以提高板材的表面质量和审美价值。生产设备可在原刨花板生产线上稍加改动就可生产麦秸板，亦可因陋就简进行半手工作业生产板材。

（4）麦秸板的整个生产过程中不会造成环境污染，具有安全清洁的特点。

（二）麦秸板的特点

（1）麦秸主要用于造纸、燃烧、饲料和还田。麦秸造纸会严重污染水质，把麦秸烧掉又会严重污染大气，这是国家明令禁止的。麦秸板生产技术是麦秸二次利用的良好途径，因此说这项技术具有极好的经济效益和广泛的社会效益。

（2）麦秸板的原材料以及生产过程中的能耗低于木质刨花板，而性能又远远超出木质刨花板，因此麦秸具有很强的市场竞争能力。

（3）麦秸板的耐潮性十分适合制造厨房的家具和浴室橱柜，更可以广泛地应用于贴面地板、家具、计算机终端桌以及建筑材料等行业。

（三）麦秸板的应用

采用农业废料纤维、农作物秸秆、粉煤灰等生产制造秸秆瓦、麦秸板、生态门，如以麦秸为原料经过压制成型为定向结构麦秸板，可广泛用于墙体、屋面和地板的底衬板，是框架结构建筑中使用量最大的材料之一，既隔热、保温、隔音、防潮，又增加房屋的空间体积，可大大减少高耗能的钢材、水泥、砖瓦的运用，还可减少对森林的砍伐。

1. 应用于建筑工程

麦秸板适用于建筑中的承重墙板、非承重墙板、楼层板、楼顶板（配合轻量型钢）、建筑模板、混泥土模板等。

2. 应用于室内装修

麦秸板是刨花板和胶合板、木芯板、装饰板升级换代品。（图2-54）

3. 应用于家具行业

麦秸板具有良好的重量强度比，优异握钉性能更适合作为家具的理想材料。

4. 应用于地板行业

麦秸板的高品质是实木复合地板的最佳基础型材。

图2-54 麦秸板在室内空间各部位的应用

第四节 木材的防腐与防火

木材有显著的优点，但也存在着缺点，其中最主要的两大缺点就是易腐和易燃。这两大缺点不仅影响木材的使用寿命，还关系到使用安全，因此，如建筑工程等需要应用到木材的领域，更应着重考虑木材的防腐和防火。

一、木材的腐朽及防腐

木材是一种再生周期漫长的自然资源，它是由无数微小的细胞组成的，细胞壁与胞腔中还含有水分与空气。水分和空气是滋生菌类与害虫的温床。木材腐朽主要是由于细菌和真菌这两大类微生物侵害的结果。真菌对木材的破坏力、破坏速度要比细菌大得多。在一定的条件下，细菌和蛀虫才能危害木材，如果控制其生存或危害木材的条件，科学地保管木材，木材就可能不发生腐朽。

未经防腐处理的木材、木制品易受虫侵和腐烂，而且在木材与土壤或与水接触时也许只能延续1～4年的寿命。因此，木材防腐有着重要的实际意义。其意义在于：改善木材使用性能，延长使用期限，以达到节约和合理使用木材的目的。经过防腐处理的木材不但外表美观，而且牢固、质量轻、加工性能好。真正的防腐木即使风吹雨淋，使用时间也可达到30年之久，将为全球每年节约2.3亿株树木，对全球环境保护、生态平衡具有非凡的意义。而且防腐木还是一种环保的建筑材料。因此，世界各国对木材防腐高度重视。

1. 木材的腐朽

真菌是一种低等植物，引起木材变质腐朽的真菌分霉菌、变色菌和腐朽菌三种，前两种真菌对木材质量影响较小，但腐朽菌影响很大。霉菌只寄生在木材的表面，使其表面发霉，对木材无破坏作用；变色菌以木材细胞内成分（淀粉、糖类等）为养分，不破坏木材细胞壁，因此对木材的破坏作用也很小；腐朽菌则是寄生在木材的细胞壁中，以细胞壁为养料，并且能分泌一种酵素，把细胞壁分解成简单的养料，供腐朽菌自身摄取，供其生长繁殖，从而致使细胞壁完全被破坏，使木材腐朽，遭到彻底破坏。但是真菌在木材中生存和繁殖必须具备三个条件，即适当的水分、适宜的温度和足够的空气。真菌侵害可以导致木材的腐朽。（图2-55）

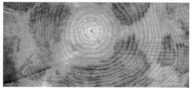

图2-55 木材的腐朽

（1）水分。一般来说，适宜真菌生存繁殖的含水率是35%～50%。当木材的含水率达到这个数值时，即木材的含水率在纤维饱和点以上时易产生腐朽，当木材的含水率在20%以下时不会发生腐朽。

（2）温度。25～35℃是真菌生存繁殖的适宜温度。当温度低于5℃时，真菌停止繁殖，当温度高于60℃时，真菌则死亡。

（3）空气。真菌需要一定氧气的存在才能生存，在真空中真菌就会死亡。因此，完全侵入水中的木材，真菌就会因缺氧而死亡，因此木材不易腐朽。

此外，木材还易受到白蚁、天牛等昆虫的蛀蚀，使木材形成很多孔眼或沟道，甚至蛀穴，破坏木质结构的完整性而使其强度严重降低。

2. 木材的防腐

通常防止木材腐朽的措施有以下两种。

（1）破坏真菌生存的条件。破坏真菌生存条件是最常用、最直接的措施。常用的方法是使木制品、木结构和存储的木材保持通风的干燥状态，保证其含水率在20%以下，并对木制品和木结构表面进行油漆处理。油漆处理是一种极好的破坏真菌生存条件的方法，它可以使木材与空气和水分隔绝，同时又美化了木结构和木制品。

（2）给木材注入防腐剂。木材的防腐处理是通过涂刷或浸渍等方式，将化学防腐剂注入木材内，化学品可提高其抵御腐蚀和虫害的能力，使木材成为对真菌有毒的物质，从而使其无法寄生，达到防腐要求。（图2-56）

图2-56　防腐木栈道

木材防腐剂的种类很多，一般分为三类，即水溶性防腐剂、油质防腐剂和膏状防腐剂。水溶性防腐剂多用于室内木结构的防腐处理，常用的品种有氯化锌、氟化钠、硅氟酸钠、氟砷铬合剂、硼酚合剂、铜铬合剂、硼铬合剂等。油质防腐剂颜色深、有恶臭味、有毒，常用于室外木构件的防腐处理，常用的品种有煤焦油、混合防腐油、强化防腐油等。膏状防腐剂由粉状防腐剂、油质防腐剂、填料和胶结料（煤沥青、水玻璃等）按照一定比例配置而成，用于室外木结构防腐。

木材注入防腐剂的方法很多，通常有表面涂刷法、表面喷涂法、冷热槽浸透法、压力渗透法和常压浸渍法等几种。其中表面涂刷法和表面喷涂法施工最为简单，但由于防腐剂不能渗入木材的内部，故防腐效果较差。冷热槽浸透法是将木材首先浸入热防腐剂（＞90 ℃）中数小时，再迅速移入冷防腐剂中，以获得更好的防腐效果。压力渗透法是将木材放入密闭罐中，抽部分真空，再将防腐剂加压充满罐中，经一定时间浸泡后，防腐剂可以充满木材内部，取得更好的防腐效果。常压浸渍法是将木材浸入防腐剂中一定时间后取出使用，使防腐剂渗入木材内一定深度，以提高木材的防腐能力。目前，国际上通行的对木材进行防腐处理的主要方法是压力渗透法。经过压力处理后的木材，稳定性更强，防腐剂可以有效地防止霉菌、白蚁和昆虫对木材的侵害。从而使经过处理的木材具有在户外恶劣环境下长期使用的卓越的防腐性能。（图2-57）

防腐处理程序并不改变木材的基本特征，相反可以提高恶劣使用条件下木建筑材料的使用寿命。

防腐木廊

防腐休息亭1

防腐休息亭2

图2-57　防腐木材的应用

3. 木材压力渗透法防腐处理工艺流程

木材装入处理罐 → 抽真空 → 注入防腐剂 → 升压、保压 → 解压、排液 → 后真空 → 出罐。（图2-58）

4. 防腐木材的制作程序

（1）在处理厂，木材先被装入处理容器。空容器应先抽真空，以便去除木材细胞内的空气，为添加防腐剂做好准备。

（2）圆筒内装满防腐剂，在5个大气压的高压下防腐剂被压入木

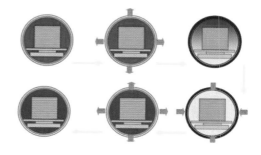

图2-58　木材压力法防腐处理工序

材细胞。然后，从处理容器中取出木材，放入固化室中。

（3）固化程序是防腐木材加工程序里最重要的一个环节，它是改变防腐剂化学结构的过程，能有效地把防腐剂与木材细胞黏结起来，从而阻止防腐剂从木材中渗漏，延长产品的寿命。处理后的木材表面美观，可以防止真菌、白蚁和昆虫造成的腐蚀和腐烂。

（4）加工与安装中，尽可能使用现有尺寸的浸渍木，建议用热镀锌的钉子或螺丝进行连接及安装。在连接时应预先钻孔，这样可以避免开裂；胶水应是防水的。

5. 木材防腐处理的关键步骤

（1）真空/高压浸渍。这个过程是防腐处理的关键步骤。首先实现了将防腐剂打入木材内部的物理过程，同时完成了部分防腐剂有效成分与木材中淀粉、纤维素及糖分的化学反应过程，破坏了造成木材腐烂的细菌及虫类的生存环境。

（2）高温定性。在高温下继续使防腐剂尽量均匀地渗透到木材内部，并继续完成防腐剂有效成分与木材中淀粉、纤维素及糖分的化学反应过程。从而进一步破坏造成木材腐烂的细菌及虫类的生存环境。

（3）自然风干。自然风干要求在木材的实际使用地进行。这个过程是为了适应户外专用木材由于环境变化造成的木材细胞结构的变化，使其在渐变的过程中最大限度地充分固定，从而避免木材在使用过程中发生改变。

（4）施工与维护。浸渍木含水率较高，在使用之前必须风干一段时间。储存的仓库应保持通风，以方便木材的干燥，必须待其出厂后72 h以上才能对浸渍木材实施再加工。

（5）加工与安装。尽可能使用现有尺寸的浸渍木，建议在连接及安装时用螺丝或热镀锌的钉子，且在连接时应预先钻孔，这样可以避免开裂；要用防水胶水。

二、木材的防火

木材属木质纤维材料，且易燃，是具有火灾危险性的可燃物。相关数据显示，有约为20%以上的火灾是由木材、纸张等纤维素材料所引起的。因此，作为三大建筑材料之一的木材，其防火是建筑物防火的重点。所谓木材的防火，就是将木材经过具有阻燃性能的化学物质处理后，变成不易燃烧的材料，以达到防火的目的。

公元前4世纪，古罗马人已知用醋液、明矾溶液浸泡木材，以增强其抗燃性。在古希腊、中国和埃及，也有用明矾、海水和盐水浸泡，以提高木材阻燃性能的。15—16世纪，阻燃处理的方法都比较简单。木材阻燃作为工业技术则迟至19世纪末20世纪初才首先在欧美一些工业先进的国家得到发展，并形成了阻燃处理工业。20世纪50—60年代的阻燃剂仍以无机盐类为主，但采用了更多的、新的复合型阻燃剂，增强了阻燃效果。20世纪60年代以后有机型阻燃剂，特别是树脂型阻燃剂得到发展，为克服无机盐类易流失、易吸湿等缺点提供了可能。

木材阻燃是指用物理或化学方法提高木材抗燃能力的方法。目的是阻止或延缓木材燃烧，以预防火灾的发生，或争取时间，快速消灭已发生的火灾。

木材中的碳氢化合物含量高，决定了木材是易燃材料。迄今尚无使木材在靠近火源时不燃烧的方法。木材阻燃的要求是降低木材燃烧速率，阻滞火焰传播和加速燃烧表面炭化的过程。这对建筑、造船、车辆制造等工业部门尤为重要。

（一）木材燃烧及阻燃机理

1. 木材的燃烧机理

当木材遇100 ℃高温时，木材中的水分开始蒸发；温度达180 ℃时，可燃气体如一氧化碳、甲烷、甲醇以及高燃点的焦油等成分开始分解产生；随着温度升高，热分解加快，当温度到达220 ℃以上时，即达到了木材的燃点。此时，木材边燃烧边释放出大量的可燃气体，其中含有大量高能量的活化基，而活化基燃烧又会释放出新的活化基，形成一种链式燃烧反应，这种链式反应使得火焰迅速传播，于是火就会越烧越旺。250 ℃以上时木材急剧进行热分解，可燃气体大量放出，就能在空气中氧的作用下着火燃烧；400～500 ℃时，木材成分完全分解，木材由气相燃烧转为固相燃烧，燃烧更为炽烈。燃烧产生的温度最高可达900～1100 ℃。

2. 阻燃剂的阻燃机理

（1）抑制木材的热分解。这是阻止或延缓木材燃烧的最基本途径。实践证明，某些磷化合物可以降低木材的稳定性，使其在较低的温度下发生分解，从而减少可燃气体的生成，抑制气相燃烧，达到阻燃目的。

（2）阻滞热传递。设法阻滞木材燃烧过程中的热传递，也是阻止或延缓木材燃烧的有效途径之一。某些含有结晶水的盐类（含水硼化物、氧化铝和氢氧化镁等）遇热后，可吸收热量而放出水蒸气，从而可以减少热量传递，具有阻燃作用。

（3）形成覆盖层。卤化物遇热分解生成卤化氢，可以作为气体溶剂稀释可燃气体，还可以与活化基发生作用，切断燃烧链，阻止气相燃烧。另外，硼化物和磷酸盐等可以在高温下形成玻璃状覆盖层，以阻止木材的固相燃烧，同样也起到阻燃作用。以下是几种常用的阻燃剂。

卤系阻燃剂：溴化铵、氯化铵等。

硼系阻燃剂：硼砂、硼酸等。

磷—氮系阻燃剂：磷酸二氢铵、磷酸铵等。

镁、铝氧化物或氢氧化物阻燃剂：氢氧化镁、含水氧化铝。

3. 木材防火的化学物理措施

木材燃烧时，表层逐渐炭化形成导热性比木材低（为木材导热系数的1/3～1/2）的炭化层。当炭化层达到足够的厚度并保持完整时，即成为绝热层，能有效地限制热量向内部传递的速度，使木材具有良好的耐燃烧性。利用木材的这一特性，再采取适当的化学或物理措施，使之与燃烧源或氧气隔绝，就完全可能使木材不燃、难燃或阻滞火焰的传播，从而取得阻燃效果。根据木材的燃烧机理以及阻燃机理，可以采取化学方法和物理方法阻止或延缓木材的燃烧。

化学方法主要是用化学药剂，即阻燃剂处理木材。阻燃剂的作用机理是在木材表面形成保护层，隔绝或稀释氧气供给；或使木材遇高温分解，放出大量不燃性气体或水蒸气，冲淡木材热解时释放出的可燃性气体；或阻滞木材温度升高，使其难以达到热解所需的温度；或提高木炭的形成能力，降低传热速度；或切断燃烧链，使火迅速熄灭。良好的阻燃剂安全、有效、持久而又经济。

阻燃剂可分为两类。①阻燃浸注剂。用满细胞法注入木材。又可分为无机盐和有机两大类。无机盐类阻燃剂(包括单剂和复剂)主要有磷酸氢二铵、磷酸二氢铵、氯化铵、硫酸铵、磷酸、氯化锌、硼砂、硼酸、硼酸铵以及液体聚磷酸铵等。有机阻燃剂(包括聚合物和树脂型)主要有用甲醛、三聚氰胺、双氰胺、磷酸等成分制得的MDP阻燃剂,用尿素、双氰胺、甲醛、磷酸等成分制得的UDFP氨基树脂型阻燃剂等。此外，有机卤代烃一类自熄性阻燃剂也在发展中。②阻燃涂料。喷涂在木材表面，也分为无机和有机两类。无机阻燃涂料主要有硅酸盐类和非硅酸盐类。有机阻燃涂料主要可分为膨胀型和非膨胀型。膨胀型包括四氯苯酐醇酸树脂防火漆及丙烯酸乳胶防火涂料等；非膨胀型包括过氯乙烯及氯苯酐醇酸树脂等。

物理方法指从木材结构上采取措施的一种方法，主要是改进结构设计，或增大构件断面尺寸以提高其耐燃性；或加强隔热措施，使木材不直接暴露于高温或火焰下。如用不燃性材料包覆、围护构件，设置防火墙，在木框结构中加设挡火隔板，利用交叉结构堵截热空气循环和防止火焰通过，以阻止或延缓木材温度的升高等。

工业发达国家的木材防火和阻燃处理以化学方法占主要地位；而中国以往则多以结构措施为主，近年来化学方法也有一定的发展。随着高层建筑、地下建筑的增多，航空及远洋运输事业的发展，以及古代建筑和文物古迹的维修保护等日益受到重视，木材防火和阻燃处理的应用和改进将成为迫切需要。

（二）木材防火处理

1. 表面涂敷处理

表面涂敷，顾名思义，即在木材表面涂刷或喷淋阻燃物质，从而起到阻燃、防火的作用。该方法成本较低，简便易行，但对木材内部的防火则无能为力，并且成材不宜用阻燃剂进行处理。因为成材较厚，涂刷或喷淋只能在木材表面形成微薄的一层阻燃层，达不到应有的阻燃效果。如果处理单板，通过层积作用，使药剂保持量增加，能起到一定的阻燃作用。例如胶合板、单板层积材的阻燃处理，大多是先处理单板再层积。近年来也有采用混入胶黏剂来达到阻燃目的的。

阻燃涂料有两种。一种是密封性油漆。这是一种聚合物，耐燃性很强，它能隔断木材与火焰的直接接触，在木材表面形成密封保护层，但它不能阻止木材的温度上升。当木材细胞空隙中的空气被加热膨胀后会破坏漆膜，使其丧失阻燃作用。另外，漆膜天长日久在环境因素作用下会老化，需定期维护漆膜才有效。另一种是膨胀性油漆。这种油漆在木材着火之前很快燃烧，产生一种不燃性气体，而且气体很快膨胀，在木材表面形成保护层，使木材热分解形成的可燃气体难以被外部火源点燃，也就不能形成火焰燃烧，达到良好的阻燃效果。但这种油漆外观性能较差，而且必须经常维护，才能保持有效的阻燃作用。有的膨胀性油漆是以天然或人工合成的高分子聚合物为基料，添加发泡剂、助发泡剂、碳源等阻燃成分构成的，在火焰作用下可形成均匀而致密的蜂窝状或海绵状的泡沫层，这种泡沫层不仅有良好的隔氧作用，而且有较好的隔热效果。这种泡沫层疏软，可塑性强，经高温灼烧不易破裂。这种阻燃油漆造价高，但用量少。（图2-59）

图2-59 水溶性膨胀防腐漆

阻燃油漆一般都是由基料、分散介质、阻燃剂、助剂、填料、溶剂等组成的。基料是主要成膜物质，它包括无机胶黏剂（硅酸盐、磷酸盐等）和有机胶黏剂（有机合成树脂）。阻燃剂是阻燃涂料的关键组分。目前，国外普遍采用聚磷酸铵和有机卤代磷酸酯为助剂，而国内仍以磷酸铵和偏磷酸铵为助剂。助剂在阻燃油漆中作为辅助成分，用量较少，但作用不容忽视，它可以大大改善涂料的柔韧性、弹性、附着力、稳定性等性能。填料可以提高油漆的装饰性，更重要的是改善油漆的机械物理性能（耐候性、耐磨性）及化学性能（耐酸碱性、防腐性能等）。金红石型钛白粉是油漆中广为应用的极好的白色填料。溶剂（水和有机溶剂）有利于各组分的分散，便于施工，可以得到均匀、连续的涂层。

2. 深层溶液浸注处理

通过一定手段使阻燃剂或具有阻燃作用的物质，浸注到整个木材中或达到一定深度。该方法可分为常压和加压浸注两种，即浸渍法和浸注法。浸渍法适合于渗透性好的树种，而且要求木材应保持足够的含水率。无机复合材料就是利用这种方法，使具有阻燃作用的物质渗入到木材内，浸渍法的浸透深度一般可达几毫米。浸注法是用来处理渗透性差的木材的，常用真空加压法注入。加压浸注的阻燃剂浸入量及深度均大于常压浸注。且阻燃效果好，因此，在对木材的防火要求较高的情况下，应采用加压浸注。要想让木材或木质装修材料达到比较高的防火等级，必须经过几道工序的处理，才能让它达到阻燃的效果。加压浸注的施工工序：首先将木材放进处理罐中，然后抽真空，保持1.333 kPa的压力20 min左右，注入阻燃剂药液，升压至1.5 MPa并保持1～2 h。浸注法的注入深度因木材渗透性而异。但需注意的是，两种浸注方法在浸注处理前，都要尽量使木材达到充分干燥，并经过初步加工成型，以免在经过处理后再进行大量加工，破坏木料中已有的阻燃剂。另外，在配制木材阻燃剂时，应选用两种以上的成分复合使用，使其互相补充。

3. 贴面处理

贴面处理即在木材表面贴具有阻燃作用的材料。如无机物或金属薄板等非燃性材料，或者经阻燃处理的单板，或者在木材表面注入二层熔化了的金属液体，形成所谓的"金属化木材"。无机材料贴面板用得较多的是石膏镶板。一根15 cm×15 cm×230 cm的木柱，在10 t荷载下包贴1 cm厚石膏板，木材耐燃时间可增加0.5 h；包贴2 cm厚的石膏板可增加1 h。

第五节 木材装饰材料的施工工艺

一、施工工具

冲击钻、电圆锯、打钉机、锤子、手电钻、锯台、槽刨、锯子、刨子等。（图2-60）

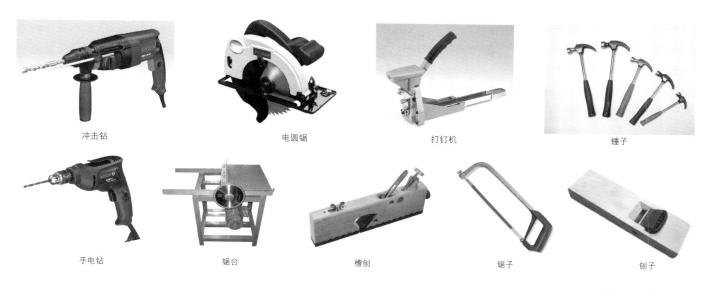

冲击钻	电圆锯	打钉机	锤子
手电钻	锯台	槽刨	锯子

刨子

图2-60　施工工具

二、木地板施工

1．木地板施工种类

（1）粘贴式木地板。在混凝土结构层上用15 mm厚1∶3水泥砂浆找平，用热沥青或其他材料将木地板直接粘贴在地面上（这种方法已经很少使用）。

（2）架空式木地板。架空式木地板主要用于面层与基层距离较大的场合，或为某些原因要求架空地面的场合。这种施工方式是在地面先砌地垄墙（砖礅），加垫木后安装木搁栅，且木搁栅内考虑设置剪刀撑，再依次安装毛地板、面层地板。因家庭居室高度较低，这种架空式木地板不适用于家庭装饰。

（3）实铺式木地板。实铺式木地板基层采用梯形截面木搁栅（俗称木楞），木搁栅的间距一般为400 mm，以利于稳定。实铺式木地板中并没有地垄墙，木搁栅是通过预埋地面的金属附件加固之后在木搁栅之上铺钉毛地板和面层地板。为减低人行走时的空鼓声并改善保温隔热效果，中间可填一些轻质材料或在下面加橡胶垫层。

在木地板与墙的交接处用踢脚板压盖，为散发潮气，也可在踢脚板上开孔通风。

2．施工准备

（1）地面要求。地面应干净、干燥、平整、牢固，确保无尘土和其他污染物；地面湿度要小于2%；在2 m²范围内，地面高度差应小于5 mm；地基应结实、无松动。

（2）温度、湿度合适。避免在大雨天、阴雨天铺装实木地板，施工过程中应保持室内温度、湿度的稳定。如室内为地暖，铺装前3天温度应控制在18 ℃，直到铺完3天后，每天将温度增加5 ℃，但地表的最高温度不应超过28 ℃。

（3）边角平整。门和门套下方应留出合适的木地板安装空隙(一般门下留15 mm，门套下留12 mm即可)。墙角等其他室内细节要边角平整，以保证地板铺装顺利进行。

3．材料

木地板铺装施工工程所需木龙骨、毛地板等规格应符合设计要求，严格掌握木地板所用木材的含水率，不应超过当地含水率。

4．工艺流程

（1）架空式施工工艺流程。基层清理→弹线、找平→砌地垄墙→加垫木（保温层）→设置木搁栅→防潮、防水处理→安装毛地板、找平、刨光→钉木地板、找平、刨光→钉踢脚板→刨光、打磨→油漆→上蜡→成活。

（2）实铺式施工工艺流程。清理基层→弹线→钻孔安装预埋件→安装木搁栅→防潮、防水处理→弹线、钉装毛地板→找平、刨光→钉木地板、找平、刨光→装踢脚板→刨光、打磨→油漆→上蜡→成活。

5. 施工方法

（1）基层处理。清理基层的灰尘、残浆、垃圾等杂物。基层表面应不起砂、不起皮、不起灰、不空鼓，无油渍，手摸无粗糙感，特别是靠立墙边缘。

（2）弹线、找平。弹出互相垂直的定位线，并依拼花图案预铺。

（3）砌地垄墙。在坚实的地基上用425#的1∶3水泥砂浆或混合砂浆砌120 mm或240 mm高的砖体。两地垄墙之间距离不得大于2 m。

（4）钻孔安装预埋件。在混凝土地面上预埋φ6 mm n形铁鼻儿或木砖，也可用冲击钻打孔塞入木楔固定连接点。

（5）加垫木（保温层）。在地垄墙与木搁栅之间加垫木，垫木使用前必须经过防火、防腐处理，其厚度一般为50 mm。为增加保温效果也可以在木搁栅下加保温层。

（6）安装木搁栅。木搁栅用作固定、承托面层。它的安装要中直、水平、牢固，找平之后可用100 mm长的铁钉从木搁栅的两侧中部与垫木钉牢。架空式施工工艺中木搁栅要与地垄墙垂直，面积大小要根据地垄墙间距而定。

（7）木搁栅防潮、防水处理。为防止木搁栅受潮腐烂，应对它进行防潮、防水处理，涂刷防潮、防腐漆或铺设防潮膜。现在市场上常用在木地板下加地垫的方式，使其紧贴地面铺设，起到找平、隔潮、防潮、减少震动、保护木地板的作用。地膜比较理想的厚度是0.22 mm以上，且具有抗碱、防酸的性能，从而达到延长木地板使用寿命的目的。

（8）安装毛地板。双层木地板的下层衬板叫做毛地板。毛地板可用松木板和杉木板制作，其宽度不应大于120 mm，在铺毛地板前应将板下污物清除。

（9）钉木地板。铺装完成后，清扫后弹铺钉线。确定弹铺钉线准确后，顺次展开。用50 mm的钉子从凹榫边以倾斜方式钉入木板上。钉帽应砸扁，入板3～5 mm。

（10）刨光、打磨。地板铺装完毕，待其干燥后用400#砂纸打磨木材表面，磨平凸出部位、修补凹陷。

（11）钉踢脚板。木踢脚板的常用规格为150 mm×20 mm，背面应开槽。应在安装木踢脚板之前，应在墙面预埋木砖，用钉子将木踢脚板钉于木砖上固定。同时，木踢脚板背面应刷防腐剂，板面接槎应做暗榫或斜坡压槎，以确保各板材接槎牢固。安装踢脚线时，在注意上口平齐的同时，还要注意踢脚线和木地板之间的缝隙不要超过1 mm。如果用钉子固定，钉子与钉子之间的间距不得超过40 cm。钉踢脚板时要注意，木地板靠墙处要留出9 mm的空隙，以利于通风。在地板和踢脚板相交处，如安装封闭木压条，则应在木踢脚板上留通风孔。

（12）油漆、上蜡。清洗干净铺装地板后，刷地板漆，进行抛光上蜡处理。蜡至少要打三遍，每次都要用不带绒毛的软布或打蜡器轻擦抛光地板以使蜡油渗入木头。并且每遍打蜡干燥后，要用细砂纸打磨表面，擦拭干净再打第二遍。地板接缝处，可刷三遍聚酯胺地板蜡。

6. 工序衔接

（1）先安装木地板，后安装门。如果需要先安装门，要预先留好地面的高度，计算方法是木地板厚度＋2.5 mm地垫厚度＋扣条厚度（依据材质而定）。

（2）踢脚板应在木地板面层抛光后再做。面层的油漆、上蜡应在室内所有施工工序完成后再进行。

7. 注意事项

（1）基层不平整，应用水泥砂浆找平后再铺贴木地板，铺贴要确保水泥砂浆地面不起砂、不空裂，基层干净，含水率不大于15%。

（2）选择的地板应符合选材标准，应纹理清晰、有光泽、耐腐、不易开裂、不易变形。

（3）木地板粘贴试涂胶时，要薄且均匀，相邻两块木地板高差不超过1 mm。

（4）同一房间的木地板应一次铺装完成，因此要备有充足的辅料，并及时做好成品保护，安装时挤出的胶液要及时擦掉，严防污染表面。

8．验收

（1）面层铺设应牢固，粘贴无空鼓。

（2）木地板面层图案和颜色应符合设计要求，图案清晰，颜色一致，板面无翘曲。

（3）面层的接头位置应错开、缝隙严密、表面洁净。

（4）踢脚线表面应光滑，接缝严密，高度一致。

三、木面板施工工艺

1．施工准备

（1）墙身要提前做防潮处理，刷热沥青或铺油毡，以保证木面板干燥，减少变形。

（2）安装木护墙、木筒子板处的结构面或基层面，应预埋好木砖或铁件。

（3）面板表面应提前刨平且涂饰防腐剂。

（4）胶合板面层刷清漆时，在施工前要挑选板材，相邻近面板木纹、颜色应相似。

2．材料

（1）面板。木材的树种、材质等级、规格应符合设计图样的要求。龙骨料一般用红、白松烘干料，其含水率不大于12%，材质不得有腐朽、超过1/3断面的节疤、壁裂、扭曲等疵病，并预先经防腐处理。面板一般采用胶合板，厚度不小于3 mm，颜色、花纹要尽量相似；当用原木材作面板时，其含水率不大于12%，厚度不小于15 mm；要求拼接的面板厚度不少于20 mm，且纹理顺直、颜色均匀、花纹近似，不得有节疤、裂缝、扭曲、变色等疵病。

（2）辅料。防潮卷材（油纸、油毡、防潮漆）、胶黏剂、防腐剂、钉子。

（3）施工机具。电动机具有锯台、小台刨、手电钻、射枪；手持工具有木刨子（大、中、小）、槽刨、木锯、细齿锯、刀锯、斧子、锤子、平铲、冲子、螺丝刀；方尺、割角尺、小钢尺、靠尺板、线坠、墨斗等。

3．工艺流程

基层清理→1∶3水泥砂浆找平刮毛→铺防潮层→放线定位→电锤打孔→安装防腐木楔→钉木龙骨→刷防火漆→钉基层板→放线定位、预拼花→钉造型板→钉面板→钉装饰木线条→补腻子→刷饰面漆→刷防火漆→成活。

4．施工方法

（1）基层处理。清理木面板的灰尘、油污、残浆。表面油污应用汽油或稀料擦洗干净并用砂纸磨平基层，防止基层出现突起钉子、颗粒等。

（2）水泥砂浆找平、刮毛。对于基层有缺陷的部位应做砂浆找平工作，光滑水泥需用钢钎凿毛，并提前洒水湿润。

（3）铺防潮层。钉装龙骨时，应先压铺防潮卷材或在钉装龙骨前涂刷防潮漆。

（4）放线定位、电锤打孔。应根据设计图要求，进行弹线定位，确定平面位置、竖向尺寸，并预铺拼花图案，用电锤打孔。

（5）安装防腐木楔、钉木龙骨。根据墙面设计要求，在预定钻孔位埋制经防腐处理的木楔。木龙骨可预制，在现场进行整体或分块安装。木龙骨应根据房间四角和上下龙骨的位置，将四框龙骨找位，钉装必须找方、找直，将木龙骨固定到木楔上，其表面应刨平并做防腐处理。安装时用五线仪测定龙骨是否平、正、直。一般木龙骨尺寸为30 mm×40 mm×400 mm，横龙骨间距为400 mm，竖龙骨间距为500 mm，如面板厚度在15 mm以上时，横龙骨间距可扩大到450 mm。同时，骨架与木楔间的空隙应垫木垫，每块木垫至少用两颗钉子钉牢，在装钉龙骨时预留出版面厚度。

（6）钉基层板。将基层板钉在木龙骨上，基层板可用细木工板、九厘板、中密度板、五厘板。

（7）钉造型板、饰面板、装饰木线条。全部进场的板材，使用前应按邻近使用位置观察木纹、颜色是否近似一致；面板安装前，应对木龙骨位置、平直度、钉设牢固情况、防潮构造要求等进行检查，合格后才能进行安装。并且面板尺寸、接缝、接头处与要构造相适应。当面板尺寸不符时要进行裁板配制，按木龙骨排列，在板上划线裁板。原木材板面应刨净，而胶合板、贴面板的板面严禁刨光。

（8）补腻子。将合页槽、上下冒头、榫头和钉眼、裂缝、节疤以及边裱残缺处进行修补腻子，且按照规程和工艺标准，用砂纸打磨到位。

（9）涂刷防火漆、面漆。在木龙骨上和基层面板后涂刷防火漆，以提高木材防火阻燃性能；在饰面板和装饰木线条上涂饰面漆，以起到保护和装饰效果。

（10）成活，清理现场。

5．工序衔接

骨架安装应在安装好门窗口、窗台板以后进行，钉装面板应在室内抹灰及地面做完后进行。

6．注意事项

（1）工程量大的项目应先做出样板，经检验合格，才能大面积进行作业。

（2）面板接配时，必须考虑接头置于横龙骨处，涂胶并与龙骨钉牢。原木材的面板背面应做卸力槽，一般卸力槽间距为100 mm，槽宽10 mm，槽深4～6 mm，以防板面扭曲变形。

7．验收

（1）板材的品种、材质等级、含水率和防腐措施等，必须符合设计要求和施工及验收规范的规定。

（2）木制品与基层必须牢固，无松动。

（3）面板割角整齐、尺寸正确，表面平直光滑，棱角方正，线条顺直，不露钉帽，无戗槎、刨痕、毛刺和锤印，面板接挂应平顺无错槎，与墙面紧贴，出墙尺寸一致。

3

第三章
陶瓷装饰材料
TAOCI ZHUANGSHI CAILIAO

第三章　陶瓷装饰材料

自古以来，陶瓷就是一种良好的建筑装饰材料，随着现代科学技术的发展，陶瓷在花色、品种、性能等方面都有了巨大的变化，为现代建筑装饰装修工程提供了越来越多的实用性装饰材料。陶瓷材料是金属和非金属元素间的化合物，大多由黏土矿物、水泥和玻璃所组成，最具代表性的陶瓷材料大多是氧化物、氮化物和碳化物等，这些材料是典型的电和热的绝缘体，且比金属和高分子更耐高温和腐蚀性环境。现代装饰陶瓷已走出厨房与浴室，成为普通家庭住宅、景观道路铺装、建筑外墙常用的装饰材料之一。陶瓷面砖产品总的发展趋势是：尺寸增大、精度提高、品种多样、色彩丰富、图案新颖、强度提高、收缩减少。施工对产品的要求是便于铺贴，黏结牢固，不易脱落。

瓷砖的分类根据材料成型的不同可分成干压成型砖、挤压成型砖、可塑成型砖；根据用途的不同可分为外墙砖、内墙砖、地砖、广场砖；根据施釉的不同可分为有釉砖、无釉砖；根据烧成的不同可分为氧化性瓷砖、还原性瓷砖；根据吸水率的不同可分为瓷质砖、炻瓷砖、细炻砖、炻质砖、陶质砖；根据使用部位的不同可分为室内墙地砖、玻化砖、抛光砖、亚光砖、釉面砖、印花砖、广场砖、草坪砖等。

本章主要介绍陶瓷釉面砖、陶瓷墙地砖、陶瓷锦砖、陶瓷琉璃制品、一些新型的陶瓷材料及其施工工艺。

第一节　陶瓷的基础知识

一、陶瓷的概念

传统的陶瓷是指以黏土及天然矿物为原料，经过粉碎混炼、成型、焙烧等工艺过程制得的各种制品，亦称为"普通陶瓷"。广义的陶瓷是指用陶瓷生产方法制造的无机非金属固体材料和制品。

陶瓷实际上是陶器和瓷器的总称，也称烧土制品，是指以黏土为主要原料，经成型、焙烧而成的材料。陶瓷强度高、耐火、耐久、耐酸碱腐蚀、耐水、耐磨、易于清洗，加之生产简单，故而用途极为广泛，应用于从家庭到航天的各个领域。

二、陶瓷的原材料

陶瓷所用原料，首先应保证陶瓷制品的各结构物的生成，其次必须具有加工所需的各种工艺性能。陶瓷所需原料可归纳为三大类，即具有可塑性的黏土类原料、具有非可塑性的石英类原料（瘠性原料）和熔剂原料。

1. 黏土类原料

黏土是一种或多种呈疏松或胶状密实的含水铝硅酸盐矿物的混合物，是多种微细矿物的混合体，主要由黏土矿物（含水铝硅酸盐类矿物）组成。此外还含有石英、长石、碳酸盐、铁和钛的化合物等杂质。其化学成分主要是二氧化硅、三氧化二铝和水。黏土的颗粒组成是指黏土中含有不同大小颗粒的百分比含量。常见的黏土矿物有高岭石、蒙脱石、水云母及少量水铝英石。

根据杂质含量、耐火性，黏土可分为以下几种。

(1) 高岭土，是最纯的黏土，可塑性低，烧后颜色由灰色变为白色。

(2) 黏性土，是次生黏土，颗粒较细，可塑性好，含杂质较多。

(3) 瘠性黏土，较坚硬，遇水不松散，可塑性小，不易成可塑泥团。

(4) 页岩，其性质与瘠性黏土相仿，但杂质较多，烧后呈灰、黄、棕、红等颜色。

（5）易熔黏土，也称砂质黏土，含有大量的细砂、有机物等杂质，烧后呈红色。

（6）难熔黏土，也称微晶高岭土和陶土，杂质含量少，较纯净，烧后呈淡灰、淡黄红等颜色。

（7）耐火黏土，也称耐火泥，杂质含量少，耐火温度高达1580 ℃，烧后呈淡黄色到黄色不等。

由于黏土的自身特性，使黏土具有可塑性、结合性、离子交换性、触变性、收缩性、烧结性、耐火性等特点。

2．石英类原料

瘠性原料即石英，其主要成分为二氧化硅，在高温时发生晶型转变并产生体积膨胀，可部分抵消坯体烧成时产生的收缩，同时可提高釉面的耐磨性、硬度、透明度及化学稳定性。

3．熔剂原料

熔剂原料包括长石和硅灰石。长石在陶瓷生产中可降低陶瓷制品的烧成温度。它与石英等一起在高温熔化后形成的玻璃态物质是釉彩层的主要成分。硅灰石在陶瓷中使用较广，加入制品后，能明显地改善坯体收缩程度、提高坯体强度，并能降低烧结温度。此外，它还可使釉面不会因气体析出而产生釉泡和气孔。

三、陶瓷的分类

凡以陶土等为主要原料，经低温烧制而成的产品称为陶制品。陶制品的断面粗糙无光、不透明，有一定的吸水率，敲击声粗哑，其产品表面有施釉和不施釉的两种。凡以磨细岩粉，如瓷土粉、长石粉和石英粉等为主要材料，经高温烧制而成的产品称为瓷制品。瓷制品的坯体密实度好，基本不吸水，具有半透明性，产品的表面都涂布釉层。介于陶器（陶制品）与瓷器（瓷制品）之间的产品称为炻器，也称为半瓷器。炻器与陶器的区别在于陶器的坯体是多孔的，而炻器坯体的孔隙率很低，吸水率很小。同时炻器的坯体多数带有颜色，且无半透明性。

陶瓷制品可分为两大类，即普通陶瓷（传统陶瓷）和特种陶瓷（新型陶瓷）。普通陶瓷根据其用途不同又可分为日用陶瓷、建筑卫生陶瓷、化工陶瓷、化学陶瓷、电瓷及其他工业用陶瓷；特种陶瓷又可分为结构陶瓷和功能陶瓷两大类。

1．陶制品

陶制品一般利用当地一种或几种黏土配制而成，其胎料是普通的黏土，具有很好的吸水性，热稳定性较低，陶器的烧成温度在900 ℃左右。陶制品主要分为黑陶、白陶、棕色陶三大类，根据材质的粗糙程度又可分为粗陶制品、细陶制品与精陶制品。陶制品的种类十分丰富，不仅包括碗、盘、壶、杯、碟、盆、罐等日常生活用品，还包括建筑使用的砖。（图3-1）

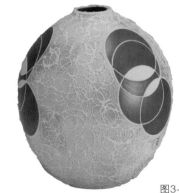

图3-1　陶器

（1）粗陶制品一般都比较粗糙，陶质不够细腻，其种类不多，烧制时火力也比较小，其成品质量低劣，比较粗拙。粗陶制品陶胎质粗松，断面吸水率高，坚固程度较差。

（2）细陶制品品质较细腻，通常可施以白釉，并用红、绿、蓝彩绘一次烧成。细陶制品的品种比较丰富，有碗、盘、壶、杯、碟、盆、瓶等日常生活用品，但因其质地不够坚硬，也逐渐被坚固的瓷制品取代。

（3）精陶制品，在成色方面有白色和象牙黄色之分，精陶制品的胎质细腻，装饰讲究。精陶制品种类主要有碗、盘、壶、杯、碟等生活日用品，但因其产品强度低、易炸裂，逐渐被取代。

2．瓷制品

瓷制品用瓷石或瓷土做胎，而作为制瓷原料的瓷石、瓷土或高岭土必须富含石英和绢云母等矿物质，烧制温度必须在1200 ℃以上。瓷制品的最大特点就是表面施有高温下烧成的釉面。其成品胎体坚硬，厚薄均匀，造型规整。瓷制品经过高温焙烧，胎体坚固致密，断面具有很强的拒水性，在敲击之后会发出清脆的金属声响。

3．装饰材料中陶砖与瓷砖的区别

陶砖和瓷砖最根本的区别就在于它们的吸水率不同。吸水率小于0.5％的为瓷砖，大于10％的为陶砖，介于两者之间的为半瓷砖。各种常见釉面砖、抛光砖、无釉锦砖是瓷质的，吸水率不大于0.5％；仿古砖、水晶砖、耐磨砖、亚光砖等是炻质砖，即半瓷砖，吸水率为0.5％～10％；瓷片、陶管、饰面瓦、琉璃制品等一般都是陶质的，吸水率大于10％。

四、陶瓷制品的装饰

烧结的陶瓷坯体表面比较粗糙且无光，不仅影响了美观，也降低了使用寿命。"釉"的出现改善了陶瓷制品的众多缺陷。

1．釉的概念和作用

釉是覆盖在陶瓷制品表面的一层玻璃质薄层物质，它具备玻璃的特性，光泽、透明。这层玻璃物质使陶瓷制品具有不吸水、耐风化、易清洗、面层坚实等特点。

釉的作用在于改善陶瓷制品的表面性能，提高制品的机械强度、电光性、化学稳定性和热稳定性。施釉后制品的表面平滑、光亮、不吸湿、不透气；同时在釉下装饰中，釉层还可以保护画面，防止彩料中有毒元素溶出，使釉着色、析晶、乳浊等；此外还能增加产品的艺术性，掩盖坯体的不良颜色和某些缺陷。

2．釉的性质

（1）釉料能在坯体烧结温度下成熟，一般要求釉的成熟温度略低于坯体烧成温度。

（2）釉料要求与坯体牢固地结合，其热膨胀系数稍小于坯体的热膨胀系数。

（3）釉料经高温熔化后，应具有适当的黏度和表面张力。

（4）釉层质地坚硬、耐磕碰、不易磨损。

3．釉的分类（表3-1）

表3-1　釉的分类

分 类 方 法	种　　类
按坯体种类	瓷器釉、陶瓷釉、炻器釉
按烧成温度	易熔融釉（1100 ℃以下）、中温釉（1100～1250 ℃）、高温釉（1250 ℃以上）
按制备方法	生料釉、熔块釉、盐釉（挥发釉）、土釉
按外表特征	透明釉、乳浊釉、有色釉、光亮釉、无光釉、结晶釉、砂金釉、碎纹釉、珠光釉、花釉等
按化学组成	长石釉、石灰釉、滑石釉、混合釉、铅釉、硼釉、铅硼釉、食盐釉

第二节　釉面砖

釉面砖又称内墙面砖，是指正面施釉的瓷砖，用耐火黏土或瓷土经过低温烧制而成，多用于建筑物内墙面（如卫生间、厨房、公共设施）装饰。

一、釉面的分类

装饰釉面的种类决定了釉面陶瓷的装饰效果。根据釉料的装饰效果分类，釉面可以分为以下几种。

1．光泽釉、半无光釉、无光釉

通过对光线吸收程度的不同，将釉面分为光泽釉、半无光釉、无光釉。这类釉面色彩丰富，釉色的种类也很多。光泽釉的釉色十分丰富，使陶瓷制品具有很强的反光性，经过600～900 ℃的熔烧，形成了犹如彩虹般光线衍射的装饰釉面。这类装饰釉面通过对釉面添加各种金属原料形成了铁红光泽釉、黄色光泽釉、驼色光泽釉等。而无光釉所形成的釉层效果是由于光线的漫反射造成的，这种反射作用降低了光泽度，能产生特殊的装饰效果。无光釉属于较高档的装饰釉面。半无光釉的特性则是介于两者之间。目前瓷砖釉面的发展趋势已经逐渐向半无光釉、无光釉系列发展，具有此类釉面效果的釉面砖色泽柔和、性能稳定、装饰效果好。（图3-2）

图3-2　光泽釉　无光釉

2．碎裂纹釉

碎纹釉顾名思义是釉面形成了形状各异、大小不一的碎裂纹路，这种纹路似网状的龟裂纹。这类釉面烧制的装饰材料装饰效果很好。碎裂现象的产生有很多的方法，如采用急冷工艺可生成碎裂纹釉，用两种具有不同收缩率的釉料，将有高收缩率的釉料施于普通釉上，经过高温烧成后上层釉龟裂可以透见下层釉，甚至有的釉在经年放置后也能形成碎裂纹釉。（图3-3）

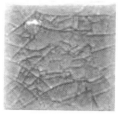

图3-3　碎裂纹釉面

3．颜色釉

颜色釉的釉面效果是由釉的化学组成、色料添加量、施釉厚度与均匀性、烧成时窑炉温度等因素决定的。釉面的颜色主要是采用多种金属氧化物作用而成，黑色氧化钴是釉料中最强烈的着色剂，能形成鲜艳的蓝色；氧化铬在釉中可以形成红色、黄色、粉红色或棕色；二氧化锰可以形成黑色、红色、粉红色与棕色；钒与锆可以制成钒锆黄、钒锆蓝等成色稳定的色釉；氧化铁可形成淡蓝灰色、淡黄色、绿色、蓝色或黑色等。（图3-4）

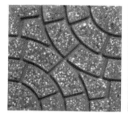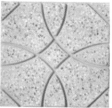

图3-4　彩色釉

二、釉面砖的种类及主要特点

釉面砖由坯体和表面釉彩层组成，坯体呈白色，表面根据要求可喷施透明釉、乳浊釉、无光釉、花釉、结晶釉等艺术装饰釉。烧制后表面平滑、光亮，色泽丰富，图案繁多，具有装饰、防水、耐火、耐腐蚀、易清洗等功能。常用釉面砖的主要种类及特点见表3-2。

表3-2　常用釉面砖的主要种类及特点

种　类		代号	特　点
白色釉面砖		FJ	色纯、白，釉面光亮，便于清洁，大方
彩色釉面砖	有光彩色釉面砖	YG	釉面光泽晶莹，色彩丰富雅致
	无光彩色釉面砖	SHG	釉面半无光，不晃眼，色泽柔和
装饰釉面砖	花釉砖	HY	在同一砖上施以多种彩釉，经高温烧成，色釉互相渗透，花纹千姿百态
	结晶釉砖	JJ	晶花辉映，纹理多姿
	斑纹釉砖	BW	斑纹釉面，丰富生动
	大理石釉砖	LSH	具有天然大理石花纹，颜色丰富
图案砖	白地图案砖	BT	在白色釉面砖上装饰各种图案，经高温烧成。纹样清晰，色彩鲜明
	色地图案砖	YGT	经高温烧成，具有浮雕、缎光、绒毛、彩漆等效果
字画釉面砖	瓷砖画	DYGT	以各种釉面砖拼成各种瓷砖画，或根据已有画稿烧制成釉面砖，拼装成各种瓷砖画，清晰美观，永不退色
	色釉陶瓷字	SHGT	以各种色釉、瓷土烧制而成，色彩丰富，光亮美观，永不退色

三、釉面砖的规格、形状

1．规格

经过近几年的发展，釉面砖的规格已由过去的108 mm×108 mm、152 mm×152 mm，发展到现今的200 mm×200 mm、200 mm×280 mm、250 mm×360 mm和300 mm×300 mm等规格。同时一些异形配件砖由于规格尺寸的特殊性可按需要进行选配。

2.形状

釉面砖的形状可分为通用砖（正方形砖、长方形砖）和异形砖（配件砖）。通用砖一般用于大面积墙面的铺贴，异形砖多用于墙面阴阳角和各收口部位的细部构造处理。异形砖有阳角条、阴角条、阳三角、阴三角、阳角座、阴角座、腰线砖、压顶条、压顶阴角、压顶阳角、阳角条——端圆、阴角条——端圆等。

四、釉面砖的技术要求

1.规格尺寸偏差

由于釉面砖在烧制时存在着温度较高且有极小温差的问题，因而釉面砖的尺寸是允许有偏差的，尺寸允许偏差范围见表3-3。

表3-3　釉面砖的尺寸允许偏差

mm

尺 寸		允 许 偏 差
长度或宽度	≤152	±0.5
	>152、≤250	±0.8
	>250	±0.1
厚 度	≤5	+0.4、−0.3
	>5	厚度的±8%

2.外观质量

根据外观质量可将釉面砖分为优等品、一级品和合格品三个等级。表面缺陷允许范围应符合表3-4的要求。

表3-4　釉面砖表面缺陷允许范围

缺 陷 名 称	优 等 品	一 级 品	合 格 品
开裂、夹层、釉裂	不允许		
背面磕碰	深度为砖厚的1/2	不影响使用	
剥边、落脏、釉泡、斑点、缺釉、棕眼、裂纹、图案缺陷等	距离砖面1 m处目测缺陷不明显	距离砖面2 m处目测缺陷不明显	距离砖面3 m处目测缺陷不明显
色差	基本一致	不明显	不严重

五、釉面砖的应用

釉面砖常用于大型公共空间，如游泳池、医院、实验室、洗浴中心等，这些空间需要的釉面砖具有耐污性、耐蚀性、耐清洗性等特点。在一些民用住宅或高档宾馆的卫生间内，可选用具有图案、颜色或不同釉面效果的釉面砖，以提升整体空间品位。

第三节　陶瓷墙地砖

墙地砖是指用于建筑物室内外地面、外墙面的陶质建筑装饰砖，以优质陶土为主要原料，掺入其他原配料，经过压制成型，再经1100 ℃左右煅烧而成。烧制的墙地砖耐磨性高，并具有较好的防滑性，广泛应用于室内外的建筑装饰中。

一、墙地砖的种类及主要特点

1.墙地砖的分类

墙地砖品种较多，按其表面是否施釉可分为彩釉墙地砖和无釉墙地砖；按形状可分为正方形、长方形、六角形和扇面形等；按着色方法可分为自然着色、人工着色和色釉着色；按表面的质感可分为平面、麻面、毛面、磨光面、抛光面、纹点面等。

2. 墙地砖的主要特点

墙地砖与其他建筑材料砖相比，具有强度高、致密坚实、吸水率小、易清洗、防火、防水、防滑、耐磨、耐腐蚀和维护成本低等优点。

二、彩釉墙地砖与无釉墙地砖

1. 彩釉墙地砖

彩釉墙地砖简称为彩釉砖，是以陶土为主要原料配料制浆后，经半干压成型、施釉、高温焙烧制成的。彩釉砖结构致密，抗压强度较高，易清洁，装饰效果好，广泛应用于各类建筑物的外墙、柱的饰面和地面装饰，由于墙、地两用，又被称为彩色墙地砖。

2. 无釉墙地砖

无釉墙地砖简称为无釉砖，是以优质瓷土为主要原料的基料喷雾料，加一种或数种着色喷雾料（单色细颗粒），经混匀、冲压、烧制而成的。无釉砖吸水率较低，包括无釉瓷质砖、无釉炻瓷砖、无釉细炻砖。

结合它们的各自特点，无釉瓷质砖适用于商场、宾馆、饭店、游乐场、会议厅、展览馆等的室内外地面和墙面的装饰，无釉的细炻砖、炻质砖是专用于铺地的耐磨砖。

三、其他墙地砖

随着人们对建筑装饰材料要求的不断提高和现代建筑装饰技术的革新，新型墙地砖层出不穷，相继出现了抛光砖、玻化砖、劈离砖、陶瓷透水砖、仿古砖、大颗粒瓷质砖、微晶玻璃陶瓷复合板、金属光泽釉面砖等新型墙地砖。

1. 抛光砖

抛光砖是指将其表面经过打磨而成的一种光亮的砖。抛光砖表面光洁、坚硬耐磨，适合在除洗手间、厨房以外的多数室内空间中使用。抛光砖可以做出各种仿石、仿木效果。抛光砖的种类繁多，包括雪花白、云影、金花米黄、仿石材等系列。（图3-5）

一般的抛光砖规格有400 mm×400 mm×6 mm(长×宽×厚)、500 mm×500 mm×6 mm、600 mm×600 mm×8 mm、800 mm×800 mm×10 mm、1000 mm×1000 mm×10 mm等。

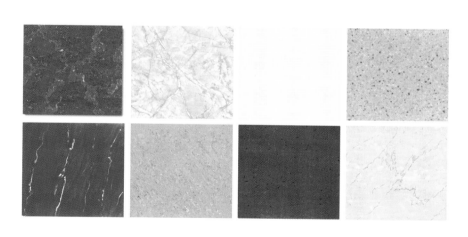

图3-5　抛光砖的各类样式

抛光砖主要应用于室内或公共空间内的墙面和地面，因其自身原因，抛光砖的耐污性较差，在施工前应打水蜡，可防止其他原因产生的污染，增加美感。

抛光砖的保养可用加少量氨水的肥皂水进行擦拭；也可用带有少许亚麻籽油的碎布，擦去抛光砖上的泥水；或者当抛光砖表面出现轻微划痕时，用牙膏涂于划痕周围，用干布用力反复擦拭，并用净布擦几下，即可消除划痕，达到光亮如新的效果。

2. 玻化砖

玻化砖是一种强化的抛光砖，是采用高温烧制而成的全瓷砖。其表面光洁，这种瓷砖不需要抛光。随着陶瓷技术的日益发展，近年来，大规格的瓷质花岗岩、大理石玻化砖已经发展成为居室装饰的主流。这种陶瓷砖具有天然石材

图3-6　玻化砖的各类样式

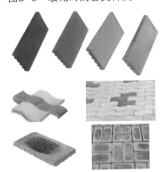

图3-7　劈离砖

图3-8　劈离砖在建筑外墙上的应用

图3-9　陶瓷透水砖及其应用效果图

图3-10　仿古砖的应用效果图

的质感，更具有高光度、高硬度、高耐磨、吸水率低，色差少以及规格多样化和色彩丰富等优点。玻化砖的种类有单一色彩效果、花岗岩外观效果、大理石外观效果和印花瓷砖效果之分，还有采用上釉玻化砖装饰法、粗面或上釉等多种新工艺的产品。其中印花瓷砖采用特殊的印花模板新技术，烧制工艺是将色料在压制之前加到模具腔体中，放置于被压粉料之上并与坯体一起烧结，产生多色的变化效果。玻化砖也有缺陷，这种材料特有的微孔结构是它的致命缺陷，一般在铺设完玻化砖后，需要对砖的表面进行打蜡处理，若不打蜡，水易从砖面微孔渗入砖体。（图3-6）

玻化砖常用规格有400 mm×400 mm、500 mm×500 mm、600 mm×600 mm、800 mm×800 mm、900 mm×900 mm、1 000 mm×1 000 mm。玻化砖常应用于宾馆、写字楼、车站、机场等内外装饰，及家庭装修装饰中，如墙面、地面、饰板、家具、台盆面板等。

3. 劈离砖

劈离砖又称劈裂砖，是一种用于内、外墙或地面装饰的建筑装饰瓷砖，以软质黏土、页岩、耐火土和熟料为主要原料再加入色料等，经配料、混合细碎、脱水、练泥、真空挤压成型、干燥、高温焙烧而成。由于其成型时为双砖背联坯体，烧成后劈离开两块砖，故称劈离砖。劈离砖按表面的粗糙程度可分为光面砖和毛面砖两种，前者坯料中的颗粒较细，产品表面较光滑和细腻，而后者坯料颗粒较粗，产品表面有突出的颗粒和凹坑；按用途可分为墙面砖和地面砖两种；按表面形状可分为平面砖和异型砖等。（图3-7）

劈离砖质地密实、抗压强度高、吸水率小、耐酸碱、耐磨、耐压、防滑、防腐、表面硬度大、性能稳定、抗冻性好。劈离砖主要用于建筑内、建筑外的墙面装饰，也适用作车站、机场、餐厅、楼堂馆所等室内地面的铺贴材料。其中厚型砖多用于室外景观如甬道、花园、广场等露天地面的地面铺装材料。（图3-8）

4. 陶瓷透水砖

陶瓷透水砖是通过特殊工艺在1 200 ℃高温下烧制而成的，虽呈多孔结构，却是具有较高的机械强度和耐磨度、孔梯度结构、透水、保水及装饰等功能的生态道路、广场砖，适用于室外景观道路铺设。陶瓷透水砖可使45%以上的自然降水全方位渗入地下，能彻底解决定点灌溉给水率低，润湿土体积小的问题，从而降低土壤内的含盐量。陶瓷透水砖具有环保、舒适、色彩丰富、强度高、安全等特点。适用于城市建设中住宅、道路、广场、公园、植物园、工厂区域、停车场、花房及轻量交通路面等道路的铺设。（图3-9）

5. 仿古砖

仿古砖实质上是一种釉面装饰砖，其表面一般采用亚光釉或无光釉，产品不磨边，砖面采用凹凸模具。其坯体有两种：一种是直接采用瓷质砖坯体原料，烧成后的吸水率在3%左右，即瓷质仿古砖；另一种是吸水率在8%左右，类似一次烧成水晶地板砖，即炻质仿古砖。它适用于各类公共建筑室内外地面和墙面及现代住宅的室内地面和墙面的装饰。（图3-10）

6. 金属光泽釉面砖

金属光泽釉面砖采用了一种新的彩饰方法，通过在釉面砖表面热喷涂着色工艺，使砖表面呈现金、银等金属光泽。金属光泽釉面砖具有清新绚丽、金碧辉煌的特殊效果。这种面砖抗风化、耐腐蚀、持久长新，适用于高级宾馆、饭店以及酒吧、咖啡厅等娱乐场所的柱面和门面的装饰，处于当今国内市场的领先地位。（图3-11）

7. 大颗粒瓷质砖

大颗粒瓷质砖是相对无釉瓷质砖的喷雾造粒的小斑点而言的。它使用专用的造粒机，把部分喷雾干燥的粉料加工成1～7 mm大的颗粒，用专门的布料设备进行布料，再机压成型，经干燥、焙烧而成。大颗粒瓷质砖具有花岗岩外观质感和陶瓷马赛克的色点装饰外观，有极好的耐磨、抗折、抗冻和防污等特性，适用于各类公共建筑室内外地面和墙面及现代住宅的室内地面和墙面的装饰。（图3-12）

8. 麻面砖

麻面砖是以仿天然岩石色彩的原料进行配料，通过压制使其表面形成凹凸不平的麻面坯体，后经一次烧制成的炻质面砖。麻面砖的外表面与人工修凿过的天然岩石面极为相似，纹理清晰、粗犷高雅，有黑、灰、红、黄、白等多种颜色。通常有200 mm×100 mm、200 mm×75 mm、100 mm×100 mm等主要规格尺寸。

麻面砖具有强度高、质地密实、吸水率小、防滑、耐磨等特点。其中薄型麻面砖广泛应用于建筑物外墙装饰，而厚型麻面砖则较多的使用在广场、停车场、草坪、码头、人行道等的地面铺设。（图3-13）

9. 瓷制彩胎砖

瓷制彩胎砖是一种本色无釉的瓷制饰面砖，是以仿天然岩石的彩色颗粒土为原材料，经混合配料，压制成多彩坯体后，经高温一次烧制而成的陶质制品。瓷制彩胎砖具有天然花岗岩的纹理、硬度、耐久度，多为灰、棕、蓝、绿、黄、红等基色。

瓷制彩胎砖的表面有两种，即平面型和浮雕型，平面型又可分为磨光和抛光两种。表面经过抛光的彩胎砖叫抛光砖，在人流密度大的商场、影院、酒店等公共场所广泛使用。（图3-14）

10. 仿天然石材墙地砖

仿天然石材墙地砖包括仿花岗岩墙地砖和仿大理石墙地砖，这类材料效仿天然石材的肌理效果可以假乱真，其中仿花岗岩墙地砖的装饰效果更加美观大方。仿花岗岩墙地砖是一种全玻化、瓷质无釉墙地砖，是国际上流行的新型高档建筑饰面材料。20世纪80年代中期意大利首先推出，它具有天然花岗岩的质感和色调，可代替价格日益昂贵的天然花岗岩。

仿天然石材墙地砖可用于会议室、宾馆、饭店、展览馆、图书馆、商场、舞厅、酒吧、车站、飞机场等的墙地面装饰。（图3-15）

图3-11 金属光泽釉面砖及其应用效果图

图3-12 大颗粒瓷质砖

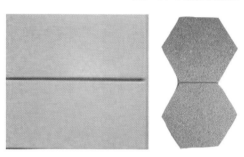

图3-13 麻面砖

图3-14 瓷制彩胎砖

图3-15 仿天然石材墙地砖及其应用效果图

图3-16　装饰木纹砖及其应用效果图

图3-17　陶瓷锦砖应用效果图

11．装饰木纹砖

装饰木纹砖是一种表面呈现木纹装饰图案的高档陶瓷劈离砖新产品，其纹路逼真、容易保养，是一种亚光釉面砖。它以线条明快、图案清晰为特色。木纹砖逼真度高，能惟妙惟肖地仿造出木头的细微纹路；而且木纹砖耐用、耐磨、不含甲醛、纹理自然，表面经防水处理，易于清洗，如有灰尘沾染，可直接用水擦拭；具有阻燃，不腐蚀的特点，是绿色、环保型建材，使用寿命长，无须像木制产品那样周期性地打蜡保养等。适用于快餐厅、酒吧、专卖店等商业空间，也适用于居室空间如客厅、阳台、厨房、居室和洗手间等。（图3-16）

第四节　陶瓷锦砖

陶瓷锦砖俗称陶瓷马赛克，马赛克（mosaic）一词来源于古希腊文，意为"值得静思的，需要耐心的艺术工作"，也译作"镶嵌砖"。这说明在古罗马时期此种装饰手段就早已存在。马赛克是由各种颜色、多种几何形状、一般长边不大于50 mm的小块瓷片铺贴于牛皮纸上形成色彩丰富、图案繁多的陶瓷装饰制品。通常贴在牛皮纸上形成的一张成品叫"联"。（图3-17）

一、陶瓷锦砖的品种

（1）按表面质地可分为有釉锦砖、无釉锦砖、艺术马赛克。

（2）按材质可分为金属马赛克、玻璃马赛克、石材马赛克和陶瓷马赛克四大类。

（3）按形状可分为正方形、长方形、六角形、菱形等。

（4）按砖的色泽可分为单色、拼花。

（5）按用途可分为内外墙马赛克、铺地马赛克、广场马赛克、梯阶马赛克和壁画马赛克。

二、陶瓷锦砖的规格

陶瓷锦砖是由各种不同规格的数块小瓷砖粘贴在牛皮纸上或粘在专用的尼龙丝网上拼成联构成的。单块规格一般为25 mm×25 mm、45 mm×45 mm、100 mm×100 mm、45 mm×95 mm，单联的规格一般有285 mm×285 mm、300 mm×300 mm或318 mm×318 mm等。

三、陶瓷锦砖的特性

按照陶瓷锦砖的特性，其材质应属于瓷质砖的范围，吸水率应小于0.5%。陶瓷锦砖具有较强的抗冻性、破坏强度、断裂模数、抗热震性、耐化学腐蚀性、耐磨性、抗冲击性、耐酸碱性。陶瓷锦砖是由数块小瓷砖组成一联的，因此拼贴成联的每块小砖的间距，即每联的线路要求均匀一致，以达到令人满意的铺贴效果。

四、陶瓷锦砖的特点及用途

1．特点

陶瓷锦砖不但质地坚实、色泽图案多样、吸水率极低、抗压性好、成本低廉，而且具有耐酸、耐碱、耐磨、耐水、耐压、耐冲击、易清洗、防滑等优点。

2．用途

由于马赛克色彩表现丰富、色泽美观稳定，单块元素小巧玲珑，可拼成风格迥异的图案，如风景、动物、花草等，从而达到不俗的视觉效果。因此，陶瓷马赛克适用于喷泉、游泳池、酒吧、舞厅、体育馆和公园的装饰。同时，由于防滑性能优良，也常用于家庭卫生间、浴池、阳台、餐厅、客厅的地面装修。还广泛应用于工业与民用建筑的工

作车间、实验室、走廊、门庭的墙地饰面。 （图3-18）

由于陶瓷马赛克砖体薄，自重轻，每个瓷片都能通过背后的缝隙坚固地贴在砂浆中，因此不易脱落，即使少数砖块掉落下来，也不会有伤人的危险性，具有很好的安全性能。 （图3-19）

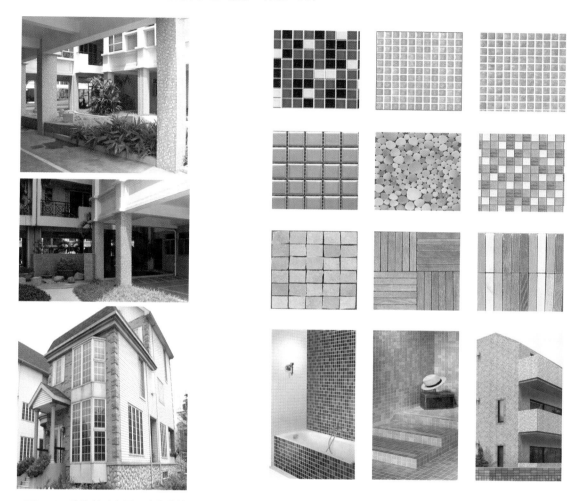

图3-18 陶瓷锦砖应用于建筑外墙

图3-19 陶瓷锦砖各类装饰形式

第五节 装饰琉璃制品

建筑装饰琉璃制品是以难熔黏土为主要原料制成坯泥，成型后经干燥、素烧、施琉璃彩釉、釉烧而成的，从古至今被广泛应用于古典式或具有民族风格的建筑物。

一、装饰琉璃制品的特点和用途

1．特点

由于其特殊的烧制工艺，在建筑装饰琉璃制品表面形成了釉层，在完善表面美观效果的同时，也提高了表面的强度和防水能力。具体特点有质地细密、表面光润、坚实耐用、色彩夺目、形制古朴、民族气息浓厚等，是我国特有的建筑艺术制品之一。

2．用途

琉璃制品造型复杂，制作工艺烦琐，成本造价高，因而主要应用于体现我国传统建筑风格的建筑群和具有纪念意义的建筑。如园林式建筑中的亭、台、楼、阁中，形成具有古代园林特色的风格。琉璃制品作为近代建筑的高级屋面材料，还应用于当代建筑的各个角落，用以体现古代与近代的完美结合。

图3-20 琉璃制品建筑部件

图3-21 建筑琉璃制品的应用效果图

图3-22 装饰琉璃砖、琉璃瓦

图3-23 琉璃砖的应用

二、装饰琉璃制品的种类

在古代建筑中，琉璃制品分为瓦制品和园林制品两类。其中琉璃瓦制品主要用于建筑的屋顶，起排水防漏、房屋构件、装饰点缀的作用，而园林制品多用于窗、栏杆等部件。

在现代建筑装饰中，琉璃制品主要有仿古代建筑的琉璃瓦、琉璃砖、琉璃兽，以及琉璃花窗、栏杆等各种装饰制件，还有供陈设用的建筑工艺品，如琉璃桌、绣墩、鱼缸、花盆、花瓶等。（图3-20、图3-21）

三、装饰琉璃砖与琉璃瓦

装饰琉璃砖与琉璃瓦是高档的室内装饰材料。装饰琉璃砖工艺精细、外观精美、立体感强，可用于室内吊饰、墙面、吧台、天花、地面、背景、凹嵌、门牌、标牌等装饰部位，具有极高的观赏性。琉璃砖与琉璃瓦是以人造水晶为原料，凭借其雅致的品位风格和文化气质，可为空间增色许多。装饰琉璃砖在光的投射下会辉映出各种形态的图案，具有逼真的造型和自然色彩，充分体现了当今室内装饰推崇自然，追求返璞归真的设计趋势，成为空间环境艺术的组成部分。（图3-22 、图3-23）

第六节 装饰陶瓷的发展趋势

随着建筑装饰规模的不断扩大，装饰陶瓷的使用范围和用量也随之加大，装饰陶瓷已经成为现今重要的建筑装饰材料。陶瓷装饰制品的总体发展趋势是尺寸多样、做工细腻、品种繁多、颜色丰富、图案新颖、坚实耐用。

一、装饰陶瓷的新品种

1. 陶瓷浮雕壁画

陶瓷浮雕壁画是大型画，是以陶瓷面砖、陶板等建筑材料经镶拼制作而成的现代建筑装饰，此类材料具有凹凸的浮雕效果，属新型高档装饰。陶瓷壁画并非将原画稿进行简单复制，而是经过放大、制版、刻画、配釉、施釉和焙烧等多道复杂工序制作而成的，具有较高的艺术价值。

陶瓷浮雕壁画具有单块砖面积大、厚度薄、强度高、平整度好、吸水率低、抗冻性高、抗化学腐蚀、耐急冷急热等特点，适于镶嵌在商场、宾馆、酒楼、会所等高层建筑物上，也可镶贴于公共活动场所。（图3-24）

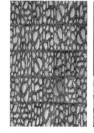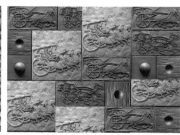

图3-24 陶瓷浮雕壁画

2.陶土板

陶土板又称为陶板，是以天然陶土为主要原料，添加少量石英、浮石、长石及色料等其他成分，经过高压挤出成型、低温干燥及1 200 ℃的高温烧制而成的，具有绿色环保、无辐射、色泽温和、不带有光污染等特点。经过烧制的陶土板经磨边切割，检验合格后即可供应市场。陶土板常规厚度为15～30 mm不等，常规长度为300 mm、600 mm、900 mm、1 200 mm，常规宽度为200 mm、250 mm、300 mm、450 mm。陶土板可以根据不同的安装需要进行任意切割，以满足建筑风格的需要。陶土板的颜色可以是陶土经高温烧制后的天然颜色，通常有红色、黄色、灰色三个色系。陶土板背后形成密闭的空气层，具有更好的保温节能功效。双层陶土板具有空腔的结构，安装时陶土板背部有一定的空间，可有效降低传热系数，起到保温和隔音的作用。可降低建筑能耗，节约能源，可作为大型场馆，公共设施及楼宇的外墙材料；还可

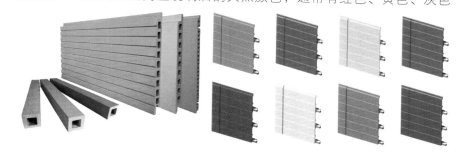

图3-25 陶土板

用于大空间的室内墙壁，如办公楼大厅、地铁车站、火车站候车大厅、机场候机大厅、博物馆、歌舞剧院等。（图3-25）

3.软性陶瓷

软性陶瓷通过对普通泥土或黏土的改良再经高温烧结而成，其烧制的时间越久，质地越柔软，弹性也就更强。软性陶瓷具有手感柔软、富有弹性、防滑防潮、质地坚硬的特点，能够产生较强的立体效果，装饰性能优良。软性陶瓷的适用范围非常广泛，如部分建筑外墙、商业空间室内墙体、娱乐空间、健身场所地面装饰等，家庭装饰方面十分适用于儿童房、浴室等空间。软性陶瓷的出现解决了陶瓷制造业存在的能耗高、污染严重、过分依赖陶土资源的问题，是目前新兴的一种陶瓷装饰材料。（图3-26）

图3-26 软性陶瓷

4.陶瓷彩铝

陶瓷彩铝是一种新型装饰材料，其表面采用PECC技术制作陶瓷化膜层，颜色丰富多彩。有各种单一颜色，也有色彩斑斓的花纹图案，有高光，也有亚光。陶瓷彩铝具有耐磨损、耐腐蚀和抗酸碱、抗老化、抗紫外线等优异性能。陶瓷彩铝的问世，突破了金属材料表面阳极氧化、静电喷涂等技术的局限，在陶瓷材料的生产行业中掀起了一场新的技术革命。陶瓷彩铝还具有豪华气派的装饰效果，给人以典雅高贵的感观享受，可满足各类建筑的高品位需求。目前已有陶瓷彩铝门窗应用于室内装饰工程中，门窗内表面与外表面可采用不同颜色进行搭配，适合于不同的装饰环境。这种材料具有质量轻、强度高、变形小、稳定性高、耐久性强、利于定型、装饰性强等显著优点。（图3-27）

5.其他新材料

随着现代科学技术的发展，近年来我国还自主开发研究并生产了一系列其他新型建筑陶瓷产品，如无硼-锆釉面砖、陶瓷彩色波纹贴

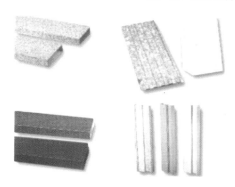

图3-27 陶瓷彩铝

图3-28　皮革砖及其应用效果图

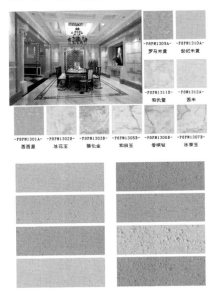

图3-29　新型陶瓷色板

面砖、皮革砖（图3-28）、黑瓷装饰板，以及一些利用工业废渣生产的建筑陶瓷制品等。

二、陶瓷的发展趋势

陶瓷制品作为最古老的装饰材料之一，为现代建筑装饰装修工程带来了越来越多兼具实用性、装饰性的材料。随着现代科学技术的发展，装饰陶瓷制品在花色、品种、性能等方面都有了巨大的变化，在今后陶瓷制品仍是一种有发展前途并有竞争力的装饰材料。其发展趋势主要表现在以下几个方面。

（1）色彩向低调转变。陶瓷色彩由白色、米色、灰色和土色向深蓝及墨绿等色发展，这些低调的色彩将成为近些年及以后建筑装饰材料的主色调。

（2）形态向多样转变。圆形、十字形、长方形、椭圆形、六角形和五角形等形状的销量将逐渐增大。

（3）规格向大型转变。40 mm以上的大规格瓷砖愈来愈时兴，将取代原来的小型瓷砖制品。

（4）感观向雅致转变。随着人们对艺术理解和欣赏能力的提高，质地细腻、风格雅致的建筑陶瓷饰品已成为国内外市场发展的新方向。

（5）釉面向复杂转变。今后陶瓷面砖的釉面将以全光面、半光面、半雾面及雾面为主。

三、新型陶瓷

新型陶瓷采用人工合成的高纯度无机化合物为原料，在严格控制的条件下，经成型、烧结和其他处理而制成具有微细结晶组织的无机材料。新型陶瓷的物理、化学和生物性能优越，其应用范围是传统陶瓷远远不能相比的，这类陶瓷现又被称为特种陶瓷或精细陶瓷。（图3-29）

四、Decotal瓷砖

Decotal瓷砖是一种独特的特殊瓷砖，它利用先进的技术和精细的手工制作，最终成品是不到2 mm厚的一种特殊超薄瓷砖，Decotal瓷砖由工程聚合物混凝土制作，具有很高的保温性，和具有反射光线效果的金属装饰结合起来，由于超轻的质量和最小的厚度，Decotal瓷砖可用于直接贴在需要改造翻新的砖上，大大消除了拆除时间和拆除成本。此砖不需要密封或任何昂贵的保养与定期清洗，用肥皂和水等来清理即可。这种新型陶瓷可模仿各种花纹的大理石，表面亦有不同的处理方法，色彩丰富。每一块Decotal瓷砖都是由聚合物凝结而成，不仅经久耐用，而且有温触效果，加上表面反光的金属装饰，看起来不仅材质对比鲜明，而且精致豪华。Decotal瓷砖金属的图案形状没有特别限制，因此可以定制任何所需的形状，通过金属镶嵌的方法定做。（图3-30）

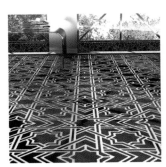

图3-30　Decotal瓷砖在室内空间中的应用

第七节　陶瓷装饰材料的施工工艺

一、施工工具

大桶、小水桶、半截桶、笤帚、平锹、筛子、窄手推车、钢丝刷（图3-31）、喷壶、橡皮锤、云石机（图3-32）、铁制水平尺、水平尺、小锤、木抹子、铁抹子、木垫板、墨斗、刮尺、靠尺、尼龙线、开刀、棉纱（擦布）、磅秤、方尺（图3-33）、铁板、孔径5 mm筛子、窗纱筛子、手推车、钢板抹子（1 mm厚）、开刀或钢片（20 mm×70 mm×1 mm）、底尺（3000～5000 mm×40 mm×10～15 mm）、大杠、中杠、小杠、灰槽、灰勺、米厘条、毛刷、鸡腿刷子、粉线包、小线、老虎钳子、小铲、合金钢錾子、小型台式砂轮、勾缝溜子、勾缝托灰板、托线板、线坠、盒尺、手枪钻（图3-34）、钉子、冲击钻（图3-35）、红铅笔、铅丝、抛光机（图3-36）、工具袋、工具箱（图3-37）等。

图3-31　钢丝刷 …… 图3-32　云石机 …… 图3-33　方尺

卷尺2 m
汽车测电笔
小手电
钢丝钳7″/180 mm
胎压仪
活扳手8″/200 mm
旋具100×6 ⊖⊕

图3-34　手枪钻 …… 图3-35　冲击钻 …… 图3-36　抛光机 …… 图3-37　工具袋、工具箱 ……

钳工锤0.2 kg
钢丝钳6″/160 mm
绝缘胶布
卷尺2 m
电笔
活扳手8″/200 mm
旋具75×5 ⊖⊕
剪刀
美工刀

二、施工工艺

（一）墙面瓷砖（室内）

1．工艺流程

基层清扫处理→抹底子灰→选砖→浸泡→排砖→弹线→粘贴标准点→粘贴瓷砖→勾缝→擦缝→清理。

2．材料

（1）水泥。325号普通硅酸盐水泥或矿渣硅酸盐水泥。

（2）白水泥。325号白水泥。

（3）砂子。粗砂或中砂，用前过筛。

（4）瓷砖。材料表面应平整，颜色一致，每张长宽规格一致，尺寸正确，边棱整齐。

（5）石灰膏。应该用块状生石灰淋制，淋制时必须用孔径不大于3 mm×3 mm的筛过滤，并储存在沉淀池中。

（6）生石灰粉。抹灰用的石灰膏可用磨细生石灰粉代替。

（7）纸筋。用白纸筋或草纸筋，使用前三周应用水浸透捣烂，使用时宜用小钢磨磨细。

（8）聚乙烯醇缩甲醛和矿物颜料等。

3．施工规范

（1）在对基层处理时，应全部清理墙面上的各类污物，并提前一天对铺设瓷砖进行浇水湿润。基层为新墙时，待水泥砂浆七成干时，施工人员应该进行排砖、弹线，准备粘贴面砖。（图3-38）

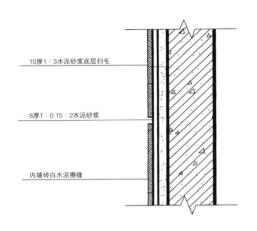

10厚1：3水泥砂浆底层扫毛

8厚1：0.15：2水泥砂浆

内墙砖白水泥擦缝

图3-38 墙面瓷砖内墙施工构造剖面图

（2）正式粘贴前应粘贴标准点，用来控制瓷砖粘贴表面的平整度，操作时应随时用水平尺检查铺设面的平整度。

（3）瓷砖粘贴前必须在清水中浸泡两小时以上，以砖体不冒泡为准，取出晾干待用。若施工铺贴时遇到管线、灯具开关、卫生间设备的支承件等，须将整块瓷砖套割吻合。

（4）铺贴顺序。墙砖应从下向上铺贴，为美观起见，铺设墙体底层的砖应后贴，墙砖贴完后再贴地砖。因瓷砖自重较大，在铺贴整体墙面时建议一次不要铺贴至顶面，以防止墙砖塌落。

（5）养护。铺完砖24 h后，洒水养护，时间不应小于7天。

（6）适用陶瓷制品。适用的陶瓷制品包括仿古砖、釉面砖、金属光泽釉面砖、抛光砖、陶瓷腰线、仿天然石材墙地砖、装饰木纹砖等各种陶瓷墙砖。

（二）地面砖（室内）

1．工艺流程

基层处理→找标高、弹线→铺找平层→弹铺砖控制线→铺砖→勾缝、擦缝→养护→踢脚板安装。

2．材料

同墙面瓷砖。

3．瓷砖的铺贴方法

瓷砖的铺贴方法根据施工材料的调配比例不同，分为干铺法与湿铺法两种。

（1）干铺法。将水泥加砂子以1：2.5的体积比配比并洒水搅拌均匀，形成干湿状的干性水泥砂浆，找出铺设的基准点，在基准点的位置拉水平线进行铺设，找平层用大杠刮平，再用抹子拍实。在铺地砖之前，先在基层表面均匀抹素水泥浆一道或在地砖背面抹刮素水泥浆一层，以增加砂浆与地砖的黏结强度。铺设时用橡皮锤敲击地砖，使其与地面压实，并且高度与地面标高线吻合，铺贴4块或8块以上时应用水平尺检查平整度，对高的部分用橡皮锤敲平，低的部分应起出地砖用砂浆垫高做平。一般房间应先里后外沿控制线进行铺设，即先从远离门口的一边开始，按照试拼编号，依次铺设，逐步退至门口。

（2）湿铺法。将水泥和砂子以1：2.5的体积比配比并加清水搅拌均匀，形成湿状的水泥砂浆。铺设之前先沿墙面弹出地面标高线，然后在房间四周做灰饼。灰饼表面应比地面标高线低一块地砖的厚度。铺设地砖时边铺砂浆边铺地砖，用橡皮锤敲平拔缝，其铺设做法与干铺法相同，不同之处是水泥砂浆水灰稠度不同。从铺设效果来看，干铺法较湿铺法要更加平整美观。

4．瓷砖的排砖原则

（1）瓷砖铺设至门口时，应注意垂直方向分中，形成对称。

（2）如需要切割瓷砖铺设时也应尽量排在远离门口或大面积铺设区域，放在较隐蔽处。

（3）在铺贴走廊时，应尽量与走廊的砖缝对上，若无法对称可在门口用分色砖分隔。

（4）有地漏的房间应注意铺设基层的坡度、坡向。

（5）地砖的铺贴顺序应由内向外贴，如地面有坡度或有地漏，应注意按建筑室内排水方向找坡铺设。

（6）严格按水平标高线对地面铺贴进行控制，对地砖进行预先挑选，减少高低差。

5．适用陶瓷制品

适用的陶瓷制品包括仿古砖、釉面砖、抛光砖、金属光泽釉面砖、仿天然石材砖、装饰木纹砖等各种陶瓷地砖。

（三）陶瓷锦砖（室内）

1．墙面施工方法

1）施工前准备

所需施工的陶瓷锦砖应附有产品合格证，以保证产品质量。掉角、脱粒、开裂或衬纸受潮损坏的、严重影响外观装饰的产品不能使用。陶瓷锦砖在现场要严禁散装、散放，防止受潮。

2）材料

（1）陶瓷锦砖。

（2）不低于325号的普通水泥或白水泥。

（3）粗（中）砂。

3）施工操作要点

（1）基层处理。铺装的基层需要平整。因此要剔平墙面不平整凸出的混凝土，对大钢模施工的混凝土墙面应凿毛，使用施工工具中的钢丝刷将墙面全面刷一遍，然后在基层浇水润湿，等待铺贴。

（2）基层打底灰。因为陶瓷锦砖的黏结层比较薄，所以对基层的底灰平整度要求比较严格。需要在弹线前对基层刷一道水泥素浆，随后抹第一遍体积比为1∶2.5或1∶3的水泥砂浆，用抹子压实。

（3）弹线。贴陶瓷锦砖前应放出施工大样，根据高度弹出若干条水平线以及垂直线。弹线时，应计算好陶瓷锦砖的张数，确保两线之间保持整张张数。

（4）铺贴陶瓷锦砖。将陶瓷锦砖铺在平整的木垫板上，平放时砖面朝上，向锦砖的砖缝里灌白水泥素浆。若是彩色的陶瓷锦砖，则需要灌彩色水泥。灌完缝后，用含水量适当的刷子刷一遍，将四边余灰刮掉，紧接着对准横竖弹线，随后逐张往墙上贴。

（5）揭纸与调缝。陶瓷锦砖铺贴30 min后，用长毛刷蘸清水润湿牛皮纸，待纸面在15～30 min之内完全湿透后，自上而下将纸揭下。操作时，手执上方纸边两角，保持与墙面平行的协调一致的动作。检查缝隙的大小平直情况，如果缝隙大小不均匀，横竖不平直时，须用钢片拨正调整。

2．地面施工方法

1）材料

（1）陶瓷锦砖。

（2）425号以上普通硅酸盐水泥，硅酸盐白水泥，应有出厂证明。

（3）粗砂与中砂。

2）工艺流程

基层清理→贴灰饼、标筋→做水泥砂浆找平层→做防水层→抹结合层砂浆→铺贴陶瓷锦砖→拍实→洒水、揭纸→拨缝→灌浆擦缝→清洁→养护。

3）施工操作要点

（1）基层处理。施工基底应清理干净，不应有砂浆块、白灰等杂物，要求施工基层保持平整整洁。

（2）贴灰饼、标筋。弹好地面水平标高线（在墙面上），在墙四周做灰饼，有地漏的房间，以漏口处为最低处、门口处为最高处冲好标筋（间距可控制在1.5 m）。

（3）做水泥砂浆找平层。用干硬性砂浆，其干硬度以捏成团，落地即散为准。机械拌和，搅拌时间应不少于1.5 min。铺砂浆前，先将该层浇水润湿，均匀刷素水泥浆一道，随即铺砂浆，用刮尺压实刮平，用木抹子拍搓抹平。有地漏的房间要按设计要求的坡度做出泛水。

（4）铺贴陶瓷锦砖。先应找好标准。一般两间连通的房间应由门口中间拉线，以此为标准。然后从里向外退着铺。也可以从门口开始，人站在垫木板上往里铺。有镶边的房间，应先铺镶边的部分。铺贴时，先在准备贴的范围内撒素水泥，一定要撒匀，并洒水润湿，同时用排笔蘸水将待铺的砖面刷湿，随即按控制线顺序铺贴，铺贴时还应用方尺控制方正。当铺贴快到尽头时，应提前量尺预排，早作调整，避免造成端头缝隙过大或过小，如果空隙较大应裁条嵌齐。

（5）拍实。待整个房间铺满后，由一端开始，用橡胶锤和拍板依次拍平板实，拍至素水泥浆挤满缝隙为止。

（6）洒水、揭纸。用喷壶洒水至纸面完全浸湿为宜，切不能过多或不足。过多会使瓷粒浮起；过少则未浸湿，揭纸不易。常温下湿纸后15～25 min可以揭纸。揭纸的手法是，手扯纸边，向与地面平行方向揭，不可向上提揭。揭掉纸后，对留有纸毛处应用开刀清除纸毛。

（7）拨缝、灌浆、擦缝。揭纸后应用开刀将不顺直、不齐的缝隙拨正、拨直。然后用白水泥浆或水泥色浆嵌缝灌浆、擦缝。

（8）清洁、养护。在擦缝以后，应将马赛克表面的水泥砂浆即时擦净，防止砂浆凝结，污染地面。陶瓷锦砖铺完24 h后进行养护。

3. 适用陶瓷制品

以上施工工艺适用于陶瓷锦砖的施工铺设。

（四）建筑外墙陶瓷锦砖（室外）

1．墙面玻璃马赛克排列形式

墙面粘贴马赛克的排砖、分格必须按照建筑施工图样上的横竖装饰线，竖向分格缝要求在窗台及窗口边都为整张排列，包括窗洞、窗台、挑檐、腰线等凸凹部分都要进行全面安排，需要注意的是分格出来的横缝应与窗台、门窗相平。

2．材料

（1）陶瓷锦砖。

（2）水泥。使用425号或以上普通水泥，存放过久的水泥不能使用。当采用白色或浅色玻璃马赛克时应采用白色水泥做结合层。

（3）乳液或107胶。无浑浊或污染变色现象。

（4）石灰膏。使用前一个月将生石灰焖淋，淋成石灰膏。

（5）砂子。粗砂或中砂，使用时应过筛。

3．工艺流程

马赛克镶贴方法有三种：软贴法、硬贴法和干缝洒灰湿润法。

（1）陶瓷锦砖软贴法的工艺流程为：基层处理→找平层抹灰→弹水平及竖向分格缝→马赛克刮浆→铺贴马赛克→拍板擀缝→湿纸→揭纸→检查调整→擦缝→清洗→喷水养护。

（2）陶瓷锦砖干灰洒缝湿润法的工艺流程。干灰洒缝湿润法是在铺贴时，在马赛克纸背面撒1∶1细砂水泥干灰充盈拼缝，然后用灰刀刮平，并洒水使缝内干灰湿润成水泥砂浆，再按软贴法其余流程铺贴于墙面。

不同的镶贴方法的差别在于弹线与粘贴顺序不同。硬贴法的不足之处是由于在基底上刮结合层，会使找平层的弹线分格被水泥素浆遮盖。

4．施工操作要点

（1）基层处理。基层为混凝土墙面，将凸出墙面的混凝土剔平。混凝土基层太光滑应进行毛化处理即凿毛，以后用比例为1∶1的水泥与细砂掺水调制成砂浆。若施工基层为砖墙面，抹底子灰前应先将基层清扫干净，检查、处理好窗台和窗套、腰线等损坏和松动部分，浇水湿润墙面。

（2）抹底子灰。抹底子灰一般分两次操作，第一层抹薄层，用抹子压实。第二层用相同配合比砂浆按标筋抹平，用短刮杠刮平，低凹处填平补齐，最后用木抹子搓出麻面，然后根据气温情况，终凝后浇水养护。

（3）施工基层弹线。根据设计方案与建筑物墙面总高度、门窗洞口和马赛克品种规格定出分格缝宽，弹出若干水平线，同时加工分格条。

（4）镶贴马赛克。粘贴马赛克一般自下而上进行。在抹黏结层之前应在湿润的底层上刷水泥浆一遍，同时将每联马赛克铺在木垫板上（底面朝上），缝中灌1∶2比例的干水泥砂，并用软毛刷刷净底面浮砂，刮抹一层比例为1∶0.3的水泥砂浆之后再进行粘贴。（图3-39）

（5）揭纸与拨缝。锦砖镶贴完后在砂浆初凝结前用清水喷湿护面纸，用双手轻轻将纸揭下。揭纸时用力方向应尽量与墙面平行，同时用金属拨扳调整弯扭的缝隙，使锦砖间距均匀，并在锦砖面上垫木板轻拍压实敲平。

（6）擦缝与清洁。待整个施工墙面铺贴完后，等待粘贴层凝结，用刮板往缝里刮满、刮实、刮严白水泥稠浆，再用麻丝和擦布将表面擦净。

5．施工中常见问题及预防措施

（1）勾完缝后如砂浆没有及时擦净会造成墙面污染，或由于其他工种和工序造成墙面污染等，可用棉丝蘸稀盐酸刷洗，然后用清水冲净。

（2）施工中若分格缝不匀，会导致墙面的不平整，这主要是由于施工前没有认真按图样尺寸去核对结构施工的实际情况，施工时对基层处理又不够认真造成的。若贴灰饼控制点少，会造成墙面不平整。由于弹线排砖不细，每张陶瓷锦砖的规格尺寸不一致，施工中选砖不细、操作不当等，也会造成分格缝不匀，应选相同尺寸的陶瓷锦砖镶贴在一面墙上。

（3）砂浆配合比不准，稠度控制不好，砂子含泥量过大；或在同一施工面上采用几种不同配合比的砂浆，因而产生不同的干缩，都会造成空鼓。应认真严格按照工艺标准操作，重视基层处理和自检工作，发现空鼓的应随即返工重贴。整间或独立部位宜一次完成。

（4）阴阳角不方正，主要是由于打底子灰时，不按规矩去吊直、套方、找规矩所致。

（5）基层表面偏差较大，基层处理或施工不当。如每层抹灰跟得太紧；陶瓷锦砖勾缝不严，又没有洒水养护，各层之间的黏结强度很差，面层就容易产生空鼓、脱落。

（五）陶瓷地砖（室外）

1．步行道及便道的铺设

陶瓷制品的地面荷载性弱，因此劈离砖、草坪砖、麻面砖等材料适用于广场地面、人行道、便道、停车场等室外空间地面的铺设。人行道的陶瓷制品铺设需要具有较强的视觉导向性，为人们增强方向指示感，此类地面应注意的是地面材料拼花以简洁、大方、美观为主，另外需要考虑采用具有防滑效果的地面铺设材料，以保证人员使用的安全性。在人行道上须考虑盲人专用通道，用盲道砖进行指引。（图3-40）

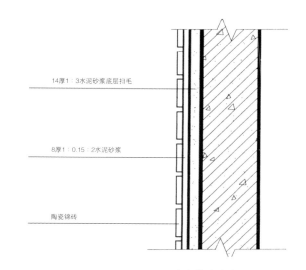

14厚1∶3水泥砂浆底层扫毛

8厚1∶0.15∶2水泥砂浆

陶瓷锦砖

图3-39　陶瓷锦砖的施工构造剖面图

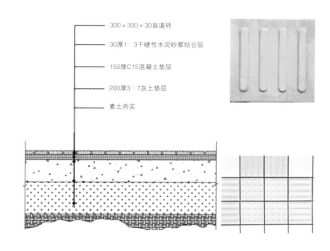

300×300×30盲道砖

30厚1∶3干硬性水泥砂浆结合层

150厚C15混凝土垫层

200厚3∶7灰土垫层

素土夯实

图3-40　盲道砖及其铺设施工构造剖面图

图3-41　广场砖及其铺设施工构造剖面图

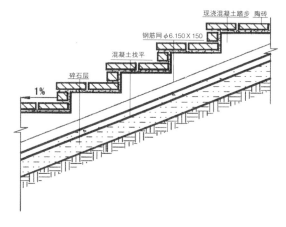

图3-42　台阶踏步的构造剖面图

2．广场地面的铺设

室外广场承担着一个城市的公共休憩空间的职责。城市广场又包括交通广场、纪念性广场、市政广场、宗教广场等不同功能的城市公共空间。这些空间涵盖了人们的休闲、聚集、交流等功能。这些空间的铺装材料主要用劈离砖、麻面砖等陶质瓷砖进行铺设。广场材料的铺设需要考虑到人的交通流线、人与车的交通组织、人与人之间的交流等问题，因此需要通过多种材料之间的交替穿插来完成。比如陶瓷制品与花岗岩、鹅卵石、防腐木栈道等多种材料的搭配使用来实现公共空间的实用性、美观性、安全性。（图3-41）

3．台阶踏步路缘石的铺设

在室外景观环境中，对于倾斜度大的地面，以及庭园局部间发生高低差的地方，需要设置踏步。踏步可使地面产生立体感，减少地面的起伏不平，使庭园有宽广的感觉。踏步的设置可使景观两点间的距离缩短，缩短行走路线。踏步阶梯分规则式阶梯和不规则式阶梯两种，砖砌踏步以陶砖或红砖按所需阶梯高度、宽度整齐砌成。楼梯踏步的基础构造可用石块或混凝土砌成，踏步的表面需要考虑防滑性。踏步的宽度一般为28～45 cm，踢面台阶的垂直面一般在10～15 cm为宜，台阶的坡度不应超过40°。（图3-42）

4．路缘石的铺设

道路绿地边缘石的简称为路缘石，是公路两侧路面与路肩之间的条形构造物，是设置在路面边缘与横断面其他组成部分分界处的标石。路缘石的尺寸通常为99 cm×15 cm×15 cm，高于路面10 cm。人行道与路面之间一般都要设置路缘石，同时交通岛、安全岛也需要设置路缘石。路缘石的形式有立式，斜式和平式等。（图3-43、图3-44）

图3-43　路缘石

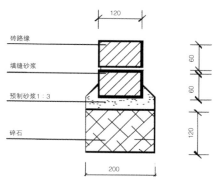

图3-44　砖路缘石的构造剖面图

4

第四章　玻璃装饰材料

　　正如赖特所言"光线是建筑的美化者"。光线不仅可以美化建筑，同时可以改变幽闭的使用空间环境，给人以明快的感觉。从某种程度上说，不论是生理还是心理上，光线是必要的有助于人们健康的因素。

　　而光线，是通过窗、天窗、顶棚、幕墙等透入建筑内部与受众进行交流的。因此玻璃的特殊质地使之成为最好的媒介材料。玻璃最初由火山喷出的酸性岩凝固而得。约公元前3700年前，古埃及人已制出玻璃装饰品和简单玻璃器皿，当时只有有色玻璃。1873年，比利时首先制出平板玻璃。此后，随着玻璃生产的工业化和规模化，各种用途和各种性能的玻璃相继问世。玻璃在建筑中的实际效用归纳起来有以下几点：透光，可作为表面照明相邻空间的隔望，通风，能消除幽闭恐怖感觉，还有哲学心理学方面的用途。随着玻璃制造技术的发展，玻璃进一步满足了人们对建筑空间的不同需求。

第一节　玻璃的基础知识

一、主要化学成分、原料及作用

　　（1）主要化学成分。二氧化硅、氧化钙、氧化钠，以及少量的氧化镁和氧化铝等。这些氧化物可以改善玻璃的性能并由此来满足不同的建筑内外需求。

　　（2）主要原料。纯碱、石灰石、石英砂、长石等。加工玻璃时，先将原料进行粉碎，按适当的比率混合，经过1550~1600 ℃的高温熔融成型后，再急冷而制成固体材料。

　　（3）特点。玻璃具有良好的物理化学性能和技术性能，有较高的机械强度和硬度，化学稳定性、热稳定性、透光性好。

　　（4）用途。玻璃的用途较为广泛，涉及交通运输、建筑工程、机电、仪表、化工、国防以及人们日常生活等领域。

　　特殊性能的玻璃是在制作的玻璃原料中加入辅助原料或采用特殊工艺加工而成的。

二、分类

　　玻璃通常按主要化学成分分为氧化物玻璃和非氧化物玻璃。非氧化物玻璃品种和数量很少，主要有硫系玻璃和卤化物玻璃。氧化物玻璃又分为硅酸盐玻璃、硼酸盐玻璃、磷酸盐玻璃等。硅酸盐玻璃指基本成分为二氧化硅的玻璃，其品种多，用途广。通常按玻璃中二氧化硅以及碱金属、碱土金属氧化物的不同含量，又分为石英玻璃、高硅氧玻璃、钠钙玻璃、铝硅酸盐玻璃、铅硅酸盐玻璃、硼硅酸盐玻璃。此外，玻璃按性能特点又分为平板玻璃、装饰玻璃、节能玻璃、安全玻璃、特种玻璃等。按生产工艺可分为：普通平板玻璃、浮法玻璃、钢化玻璃、压花玻璃、夹丝玻璃、中空玻璃、彩色玻璃、吸热玻璃、热反射玻璃、磨砂玻璃、电热玻璃、夹层玻璃等。

三、生产工艺

　　（1）原料预加工。将块状原料粉碎，使潮湿原料干燥，对含铁原料进行除铁处理，从而保证玻璃的质量。

　　（2）配合料制备。

　　（3）熔制。玻璃配合料在池窑或坩埚窑内进行高温加热，使之形成无气泡、均匀，并符合成型要求的液态玻璃。

　　（4）成型。将液态玻璃加工成所需的形状，如平板、各种器皿等。

（5）热处理。通过淬火、退火等工艺，消除玻璃内部的应力，产生分相或晶化，改变玻璃的结构状态。

四、玻璃施工和使用中的注意事项

（1）玻璃在运输过程中，务必要注意固定并加软护垫。一般建议采用竖立的方法运输。运输车辆在行驶过程中也应该注意保持中慢速，以保证稳定的行驶状态。

（2）玻璃安装的另一面需要封闭的，应注意在安装前清洁好表面。最好使用专用的玻璃清洁剂，待其干透后检验没有污痕方可安装，安装时最好使用干净的建筑手套。

（3）玻璃要使用硅酮密封胶进行固定安装，在窗户等施工中，还需要与橡胶密封条等配合使用。

（4）在施工完毕后，要注意加贴防撞标志，一般可以用不干贴、彩色电工胶布等予以提示。

第二节　平板玻璃

平板玻璃是指未经过其他特殊加工的平板状玻璃制品，又称净片玻璃或白片玻璃。具有透光、隔热、隔音、耐磨、耐气候变化的特点，有的还有保温、吸热、防辐射等特性，因而广泛应用于镶嵌建筑物的门窗、墙面、室内装饰等。普通平板玻璃与浮法玻璃都是平板玻璃，只是在生产工艺、品质上有所不同。

一、平板玻璃的分类及其规格

由于生产工艺的差异，平板玻璃的生产方法主要有垂直引上法、平拉法、压延法和浮法。随之生产出的是普通平板玻璃和浮法玻璃。平板玻璃的规格按厚度通常分为2 mm、3 mm、4 mm、5 mm和6 mm，亦有生产8 mm、10 mm和12 mm的。一般2 mm、3 mm厚的适用于民用建筑物，4~6 mm厚的适用于工业和高层建筑。

由于生产工艺、品质的不同，平板玻璃又分为普通平板玻璃和浮法玻璃。

普通平板玻璃亦称窗玻璃，是用石英砂岩粉、硅砂、钾化石、纯碱、芒硝等原料，按一定比例配制，经熔窑高温熔融，通过垂直引上法或平拉法、压延法生产出来的透明无色的平板玻璃。普通平板玻璃按外观质量分为特选品、一等品、二等品三类。

浮法玻璃是用海砂、石英砂岩粉、纯碱、白云石等原料，按一定比例配制，经熔窑高温熔融，玻璃液从池窑连续流至并浮在金属液面上，摊成厚度均匀、平整，经火抛光的玻璃带，冷却硬化后脱离金属液，再经退火切割而成的透明五色平板玻璃。具有玻璃表面特别平整光滑，厚度非常均匀，光学畸变很小的特点。浮法玻璃按外观质量分为优等品、一级品、合格品三类。

普通平板玻璃外观质量等级根据波筋、气泡、砂粒、划痕、线道、疙瘩等缺陷的多少来判定。浮法玻璃外观质量等级根据光学变形、气泡、雾斑、划痕、线道、夹杂物等缺陷的多少来判定。

二、平板玻璃的主要用途

平板玻璃有两个方面的用途。3~5 mm的平板玻璃一般是直接用于门窗的采光，8~12 mm的平板玻璃可用于隔断；另外一个重要用途是可作为钢化、镀膜、夹层、中空等玻璃生产的原片。

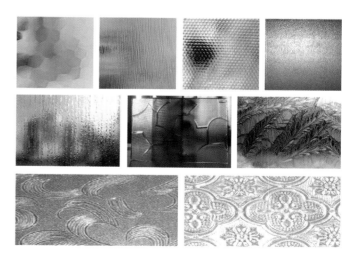

第三节　装饰玻璃

一、压花玻璃

1. 压花玻璃的定义与分类

压花玻璃又称花纹玻璃和滚纹玻璃（图4-1），也称为轧花玻璃，英文名称为：patterned glass或rolled glass。它是采用压延方法制造的一种平板玻璃，制造工

图4-1　压花玻璃

艺分为单辊法和双辊法。单辊法是将玻璃液浇注到压延成型台上，台面可以用铸铁或铸钢制成，台面或轧辊刻有花纹，轧辊在玻璃液面碾压，制成的压花玻璃再送入退火窑。双辊法生产压花玻璃又分为半连续压延和连续压延两种工艺，玻璃液通过水冷的一对轧辊，随辊子转动向前拉引至退火窑，一般下辊表面有凹凸花纹，上辊是抛光辊，从而制成单面有图案的压花玻璃。

压花玻璃的透视性，因花纹、距离的不同而各异。按其透视性可分为近乎透明可见的、稍有透明可见的、几乎遮挡看不见的和完全遮挡看不见的。按其类型分为压花玻璃、压花真空镀铝玻璃、立体感压花玻璃、彩色膜压花玻璃等。压花玻璃与普通透明平板玻璃的理化性能基本相同，仅在光学上具有透光不透明的特点，可柔和光线，并具有保护私密的屏护作用和一定的装饰效果。压花玻璃适用于建筑的室内间隔，卫生间门窗及需要光线又需要阻断视线的各种场合。

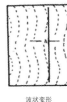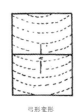

倾斜变形　　　　波状变形　　　　弓形变形

图4-2　图案偏斜图

二、釉面玻璃

釉面玻璃是一种饰面玻璃。它是在浮法玻璃的表面喷涂或印刷一层半透明或不透明的彩色釉料，在焙烧炉中加热到色釉的熔融温度，使色釉与玻璃表面牢固地黏结在一起，经过退火或者加热钢化等不同处理方式后制成的玻璃产品。采用的喷涂玻璃原片有普通平板玻璃、压延玻璃、磨光玻璃或者玻璃砖等。彩色釉面玻璃具有比普通浮法玻璃高数倍的强度和良好的耐热性，它耐酸、耐碱，不受大气侵蚀，还具有色彩多样、耐磨和不吸水等特点，并有反射和不透视等特性。可以用在建筑物的内外墙装饰，防腐、防污要求较高部位的装修。彩色釉面玻璃可安装在建筑物的外墙

图4-3　釉面玻璃

镜面玻璃柱　　　　　　　镜面玻璃墙壁

图4-4　镜面玻璃的应用

2. 压花玻璃的检验方法

（1）玻璃尺寸偏差（包括偏斜）、缺角、弯曲度、边部凸出、残缺的检验方法，按《普通平板玻璃》GB 4871—1995有关规定进行。

（2）玻璃厚度用直径50 mm板规在四边中点测量。

（3）对玻璃的线道、热圈、夹杂物、气泡、皱纹、伤痕、裂纹、压口等进行检查时，将玻璃垂直放置，在自然光线下，观察者距玻璃0.6 m，目光与玻璃面垂直进行观察。

（4）图案偏斜分三种形式（图4-2），用金属直尺测量长度h。

上，如窗与窗之间的外窗，从而衬托和美化建筑物幕墙的色彩。同时，也可提高建筑物的隔热保温性能，节省能源消耗。

除此之外，釉面玻璃还可以用于室内装潢，如室内隔墙可以采用不透明或半透明的彩色图案釉面玻璃，使之与墙面或家具色彩相衬，将房间营造出所喜欢的温馨、雅静等种种氛围。（图4-3）

退火釉面玻璃机械性能与同规格的平板玻璃相同，可以切裁加工，但是钢化釉面玻璃不能进行切裁加工。

三、镜面玻璃

高级银镜玻璃（镜面玻璃），是采用现代先进制镜技术，选择特级浮法玻璃为原片，经镀银、敏化、镀铜、涂保护漆等一系列工序制成的。其特点是成像纯正、反射率高、色泽还原度好、影像亮丽自然，即使在潮湿环境中也经久耐用，是铝镜的换代产品。其使用范围也大大超出了铝镜产品。（图4-4）

四、冰花玻璃

冰花玻璃是一种利用平板玻璃经特殊处理形成具有形似自然冰花纹理的玻璃。冰花玻璃对通过的光线有漫射作用，作为门窗玻

璃，犹如蒙上一层纱帘，看不清室内的景物，却有着良好的透光性能，起到很好的装饰效果。（图4-5）

冰花玻璃可用无色平板玻璃制造，也可用茶色、蓝色、绿色等彩色玻璃制造。其装饰效果优于压花玻璃，给人以清新之感，是一种新型的室内装饰玻璃。可用于宾馆、酒楼等场所的门窗、隔断、屏风和家庭装饰。目前最大规格尺寸为2400 mm×1800 mm。冰花玻璃主要用于镶嵌玻璃门窗，高档装饰镜，隔断屏风等。

五、玻璃砖

玻璃砖又称特厚玻璃，分为实心砖和空心砖两种。实心玻璃砖是用熔融玻璃采用机械模压制成的矩形块状制品（图4-6）。空心玻璃砖是由两个半块玻璃砖坯组合而成，具有中间空腔的玻璃制品，周边密封，空腔内有干燥空气并存在微负压，砖内外可以压铸出多种样式的条纹（图4-7）。按内部结构分类，空心玻璃砖可分为单空腔和双空腔两类，后者在空腔中间有一道玻璃肋。空心玻璃砖具有较高的隔热、隔音性，能控光、防结露和减少灰尘透过。空心玻璃砖有115 mm、145 mm、240 mm、300 mm等规格，可以用彩色玻璃制作，也可以在其内腔用透明涂料涂饰。空心玻璃砖的容重较低(800 kg/m³)。导热系数较低[0.46 W/(m·K)]，有足够的透光率(50%~60%)和散射率(25%)。其内腔制成不同花纹，可以使外来光线扩散或使其向指定方向折射，具有特殊的光学特性。

玻璃砖是一种较高档的装饰材料，可用作写字间、办公楼、宾馆和别墅等建筑物内部隔断、门厅、柱子和吧台等不承受负荷的墙面装饰，也可用于建造透光隔墙、淋浴隔断、楼梯间、门厅、通道等和需要控制透光、眩光和阳光直射的场合。

玻璃砖除成型方法不同外，其制作工艺基本和平板玻璃一样。

六、玻璃马赛克

玻璃马赛克又称玻璃锦砖或玻璃纸皮砖，是一种小规格的彩色饰面玻璃（图4-8）。历史上，马赛克泛指镶嵌艺术作品，后来指由不同色彩的小块镶嵌而成的平面装饰。它是以玻璃为基料并含有未溶解微小晶体的乳浊或半乳浊玻璃制品，内含气泡和石英砂颗粒，正面光泽滑润细腻；背面带有较粗糙的槽纹，以便于用砂浆粘贴。颜色有红、蓝、黄、白、黑等几十种，主要包括彩色玻璃马赛克

图4-5　冰花玻璃

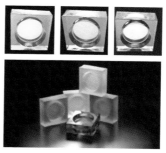

图4-6　实心玻璃砖

图4-7　空心玻璃砖

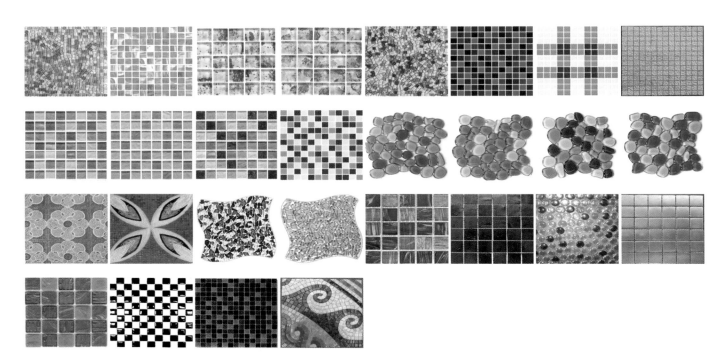

······· 图4-8 绚丽多彩的玻璃马赛克

和压延法玻璃马赛克，可分为透明、半透明和不透明三种，还有带金色、银色斑点或条纹的。常用作办公楼、礼堂、医院和住宅等建筑物内外墙面装饰，能镶嵌出各种艺术图案和大型壁画，也可用于厨房、浴室和卫生间的地面装饰。（图4-9）

1. 马赛克规格尺寸

表4-1列出了马赛克的规格尺寸。

······· 图4-9 玻璃马赛克在室内外的应用效果图

表4-1 马赛克规格尺寸 mm

马赛克规格	马赛克厚度
20×20	
30×30	4～6
40×40	

2. 玻璃马赛克的特点

（1）色泽绚丽多彩，典雅美观。不同色彩图案的马赛克可以组合拼装成各色壁画，装饰效果十分理想。

（2）化学稳定性、冷热稳定性好。质地坚硬，具有耐热、耐寒、耐候、耐酸碱、抗压强度高、抗拉强度好等特性。由于玻璃马赛克的断面比普通陶瓷有所改进，黏结较好，不易脱落，耐久性较好。因而不变色、不积尘、容重轻、黏结牢、经久常新；并且其价格较低，施工也较为方便。

七、彩绘玻璃

彩绘玻璃也称喷绘玻璃。彩绘玻璃是一种应用广泛的高档玻璃。它是用特殊颜料直接着色于玻璃，或者在玻璃上喷雕成各种图案再加上色彩制成的，可逼真地复制原画，而且画膜附着力强、耐候性好，可进行擦洗。根据室内彩度的需要，选用彩绘玻璃可将绘画、色彩、灯光融于一体。如将山水、风景、滨海、丛林等画用于门庭、中厅，可将自然的生机与活力剪裁入室内，给人以自然的美感体验。（图4-10、图4-11）

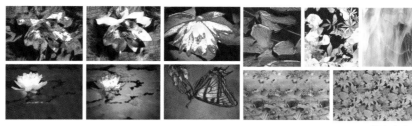

图4-10　彩绘玻璃1

八、热熔玻璃

热熔玻璃又称水晶立体艺术玻璃，是目前开始在装饰行业中出现的新家族。热熔玻璃源于西方国家，近几年进入我国。以前，我国市场上均为国外产品，现在国内已有玻璃厂家引进国外热熔炉生产的产品。热熔玻璃以其独特的装饰效果成为设计单位、玻璃加工业主、装饰装潢业主关注的焦点。热熔玻璃跨越现有的玻璃形态，充分发挥了设计者和加工者的艺术构思，把现代或古典的艺术形态融入玻璃之中，使平板玻璃加工出各种凹凸有致、彩色各异的艺术效果。（图4-12）

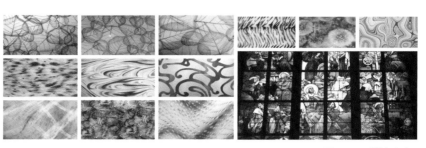

图4-11　彩绘玻璃2

热熔玻璃产品种类较多，目前已经有热熔玻璃砖、门窗用热熔玻璃、大型墙体嵌入玻璃、隔断玻璃、一体式卫浴玻璃洗脸盆、成品镜边框、玻璃艺术品等，其应用范围因其独特的玻璃材质和艺术效果而十分广泛。热熔玻璃是采用特制热熔炉，以平板玻璃和无机色料等作为主要原料，设定特定的加热程序和退火曲线，在加热到玻璃软化点以上，经特制成型模模压成型后退火而成。必要的话，再进行雕刻、钻孔、修裁等后道工序加工。

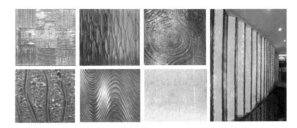

图4-12　热熔玻璃

九、乳白玻璃

乳白玻璃是含有高分散晶体的白色半透明玻璃，又称乳浊玻璃。由于晶粒的折射不同，在光线照射下使玻璃呈现乳浊。乳浊程度取决于析出晶粒的分散度以及晶粒与主体玻璃之间的折射率。一般适用于室内玻璃隔断、屋顶灯箱、灯具等。（图4-13~图4-15）

图4-13　乳白玻璃灯

图4-14　乳白玻璃电熔炉

图4-15　乳白玻璃

十、磨（喷）砂玻璃

1.磨砂玻璃

磨砂玻璃又称为毛玻璃，它是将平板玻璃的表面经机械喷砂、手工研磨或用氢氟酸溶蚀等方法处理成均匀毛面，在普通平板玻璃上面再磨砂加工而成。一般厚度多在9 mm以下，以5 mm、6 mm厚居多。由于表面粗糙，只能透光而不能透视，多用于不受干扰或有私密性需要的房间，如浴室、卫生间和办公室的门窗等，也可用作黑板、灯具等（图4-16、图4-17）。

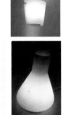

图4-16　磨砂玻璃隔断使用效果图　　　　图4-17　磨砂玻璃灯

2．喷砂玻璃

喷砂玻璃包括喷花玻璃和砂雕玻璃。它是经自动水平喷砂机或立式喷砂机在玻璃上加工成水平或凹雕图案的玻璃产品，也可在图案上加上色彩称为"喷绘玻璃"，或与电脑刻花机配合使用，深雕浅刻，形成光彩夺目、栩栩如生的艺术精品。喷砂玻璃用高科技工艺使平面玻璃的表面造成侵蚀，从而形成半透明的雾面效果，具有一种朦胧的美感。性能基本上与磨砂玻璃相似，不同的是改磨砂为喷砂。在居室的装修中，主要用在表现界定区域却互不封闭的地方，如在餐厅与客厅之间，可用喷砂玻璃制成一道精美的屏风（图4-18、图4-19）。

图4-18　自动喷砂设备　　　　　　图4-19　喷砂玻璃及其应用效果图

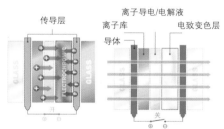

打开电源后,低压电流使电致变色窗户变得半透明　　关闭电源后,电致变色窗户保持透明

图4-20　电致变色智能节能玻璃窗变色原理

图4-21　镭射玻璃

十一、电致变色玻璃

电致变色玻璃是两层玻璃之间夹有液晶材料，在电场的控制下，液晶的排列方向发生变化，达到玻璃的透明与不透明的光相调节的目的。其装饰特性是玻璃的透明与否随着人的意志而定，人可随时改变室内光环境和建筑的色彩与外观。电致变色玻璃窗可在施加电压时变暗，去掉电压时变成透明。相当于装有电控装置的窗帘一样，非常隐蔽方便。切断电源，呈现磨砂玻璃状态，避免拉窗帘的麻烦。电致变色窗户也可以调节为不同的可见度。主要用于保密场所，也适用于广告牌、显示屏、门窗、室内隔断。

电致变色窗户也是在两块玻璃之间夹入特定材料制成的。下面是一个基本的电致变色窗户系统内部的材料以及它们的排列顺序：玻璃或塑料板、导电氧化物、电致变色层，如氧化钨、离子导体/电解液、离子库、另一层导电氧化物、另一块玻璃或塑料板。（图4-20）

十二、镭射玻璃

镭射玻璃是国际上十分流行的一种新型建筑装饰材料。它以平板玻璃为基材，采用高稳定性的结构材料，将玻璃表面经特殊工艺处理形成光栅，在复色可见光源照射下，呈现出色彩绚丽的七色光束或各种图案，随着光源入射角或视角不同产生五光十色的变幻，具有迷人的浪漫色彩，给人以神奇、华贵和迷人的感受。其绚丽的装饰效果是其他材料无法比拟的。（图4-21）

镭射玻璃大体上可分为两类：一类是以普通平板玻璃为基材制成的，主要用于墙面、窗户和顶棚等部位的装饰；另一类是以钢化玻璃为基材制成的，主要用于地面装饰。此外，还有专门用于柱面装饰的曲面镭射玻璃，以及专门用于大面积幕墙的夹层镭射玻璃和镭射玻璃砖等。镭射钢化玻璃地砖的抗冲击、耐磨、硬度等性能均优于大理石，与花岗岩相近。镭射玻璃的耐老化寿命是塑料的10倍以上。在正常使用情况下，其寿命大于50年。

目前国内生产的镭射玻璃的最大尺寸为1000 mm×2000 mm。在此范围内有多种产品可供选择，见表4-2。

表4-2　镭射玻璃的种类及特性

种　类	特　点	功能用途
单层无铝箔	背面无复合材料	室内装饰
单层有铝箔	背面复合铝箔	室外装饰
单层镭射玻璃	背面复合0.5~1.00 mm厚的铝板	建筑外墙装饰
夹层镭射玻璃	多种颜色、半透明、半反射夹层	室外装饰
夹层钢化地砖	多种颜色、半透明、半反射夹层	地面装饰
安全夹层柱面	各种花色图案夹层	圆形柱面装饰

十三、视飘玻璃

视飘玻璃在没有任何外力情况下，玻璃色彩图案会随着观察者视角改变而发生飘动，图案线条清晰流畅，使居室平添一种神秘的动感。视飘玻璃所用的色料是无机玻璃色素，膨胀系数和玻璃基片相近，所以色彩图案与基片结合牢固，无裂缝，不脱落。由于视飘玻璃是在500~680 ℃的高温下，将色素和玻璃基片烧结在一起，所以抗严寒、耐高温和耐风蚀能力强，永不变色，同时能热弯，可钢化，色彩图案丰富新颖，是一种最新的高科技产品，是对其他装饰玻璃只能是静止和无动感的一大突破。

十四、减反射玻璃

在普通玻璃表面镀上增透膜，降低玻璃表面的反射率，称为减反射玻璃。其装饰特性是投射影像清晰，好似没有玻璃的存在。最大限度地体现了玻璃的通透性（图4-22）。这种玻璃适用于临街橱窗、画框玻璃、展柜玻璃等。

防眩玻璃又称减反射玻璃或无反射玻璃，是一种将玻璃表面进行特殊处理的玻璃。其原理是把优质玻璃单面或双面进行工艺处理。使其与普通玻璃相比具有较低的反射比，使光的反射率降低到1%以下，从而降低环境光的干扰，提高画面的清晰度和能见度，减少屏幕反

图4-22　减反射玻璃

光，使图像更清晰、逼真，让观赏者享受到更佳的视觉效果。防眩玻璃已广泛用于手提电脑、工业仪表、相框、触摸屏、液晶显示器（LCD）、平板电视（CRT）、背投电视（PTV）、等离子电视（PDP）、DLP电视拼接墙等项目。

第四节　节能玻璃

建筑能耗占总能耗的比例将要超越工业、交通、农业等其他行业，成为能耗的首位，建筑节能已成为提高全社会能源利用效率的首要方面。新型环保多功能节能玻璃的开发和利用，对建筑节能有着积极的意义。

一、吸热玻璃

吸热玻璃是能吸收大量红外线辐射能、并保持较高可见光透过率的平板玻璃。生产吸热玻璃的方法有两种：一种是在普通钠钙硅酸盐玻璃的原料中加入一定量的有吸热性能的着色剂；另一种是在平板玻璃表面喷镀一层或多层金属或金属氧化物薄膜。

吸热玻璃有灰色、茶色、蓝色、绿色、古铜色、青铜色、粉红色和金黄色等。我国目前主要生产前三种颜色的吸热玻璃。厚度有2 mm、3 mm、5 mm、6 mm四种。吸热玻璃还可以进一步加工制成磨光、钢化、夹层或中空玻璃。

吸热玻璃具有如下特点。

（1）吸收太阳光辐射。6 mm蓝色吸热玻璃能挡住50%左右的太阳辐射能。普通玻璃及蓝色吸热玻璃的太阳能透热率见表4-3。

表4-3 普通玻璃及吸热玻璃的热工性能比较

品 种	透过热值/（W/m²）	透热率/（%）
空气（暴露空间）	879	100
普通玻璃（3 mm）	726	82.56
普通玻璃（6 mm）	663	75.53
蓝色吸热玻璃（3 mm）	551	62.70
蓝色吸热玻璃（6 mm）	423	49.20

（2）吸收可见光。6 mm普通玻璃可见光透过率为78%，同样厚度的古铜色玻璃仅为26%。吸热玻璃能使刺目的阳光变得柔和，起到反炫作用。特别是在炎热的夏天，能有效地改善室内光照，使人感到舒适凉爽。

（3）吸收太阳光中的紫外线。能有效减轻紫外线对人体和室内物品的损害。特别是有机材料，如塑料和家具油漆等，在紫外线作用下易产生老化及退色。

（4）具有一定的透明度。能清晰地观察室外的景物。

二、热反射玻璃

热反射玻璃就是通常所说的镀膜玻璃。热反射玻璃对太阳辐射能具有较高反射能力而又保持良好透光性。通常在玻璃表面镀1～3层膜组成。其遮蔽系数为S_e=0.2～0.6。镀膜玻璃就是在玻璃表面涂敷一层金属、合金或金属氧化物，使玻璃呈现出不同色彩。（图4-23～图4-25）

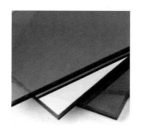  

图4-23 镀膜玻璃1　　　　图4-24 镀膜玻璃2　　　　图4-25 镀膜玻璃在建筑上的应用

由于膜层强度较差，镀膜玻璃一般都制成中空玻璃。由于镀膜玻璃表面镀了一层薄膜，所以能改变玻璃对太阳辐射的反射率和吸收率，保持需要可见光的透射率，减少进入室内的太阳能辐射，提高远红外线的反射率，减少室内热量的散失。用于装饰时，玻璃表面可反映周围的景物，衬托出蓝天白云，可以节约空调的能耗和费用，可以作为侧窗、阳台和汽车挡风的玻璃。

资源的紧缩，污染的恶化，温室效应的出现，使人类开始越来越自觉地审视自身的行为，对赖以生存的环境更加重视。资源的可持续生产，物质世界的循环再利用成为本世纪必须解决的重要问题。大多数的建筑能耗是通过窗玻璃外散的，镀膜玻璃节能、高效，它犹如有感知的玻璃，可以智能地控制太阳光辐射、光线的透入程度，以及热量的传导，是倡导绿色环保节能的必要建筑材料。

节能降耗的镀膜玻璃的广泛应用，在倡导绿色可持续发展的今天，有着不可忽视的重要意义。

1. 分类

热反射玻璃从颜色上分有灰色、青铜色、茶色、金色、浅蓝色、棕色、古铜色和褐色等，从性能结构上分有热反射、减反射、中空热反射、夹层热反射玻璃等。

2. 性能特点

（1）对太阳辐射热有较强的反射能力。普通平板玻璃的辐射热反射率为7%~8%，而热反射玻璃可达30%左右。

（2）具有单向透像的特性。热反射玻璃表面的金属膜极薄，使它在迎光面具有镜子的特性，而在背光面则又像窗玻璃那样透明。当人们站在镀膜玻璃幕墙建筑物前，展现在眼前的是一幅连续的反映周围景色的画面，却看不到室内的景象，对建筑物内部起到遮蔽及帷幕的作用，因此建筑物内可不设窗帘。但当进入内部时，人们看到的是内部装饰与外部景色融合在一起，形成一个无限开阔的空间。由于热反射玻璃具有以上两种可贵的特性，它为建筑设计的创新和立面设计的灵活性提供了优异的条件。

三、低辐射镀膜玻璃

低辐射镀膜玻璃是镀膜玻璃的一种。低辐射镀膜玻璃又称LOW-E玻璃。（图4-26）

LOW-E玻璃是镀膜玻璃家族中重要的一员，是在优质的浮法玻璃基片表面上用磁控溅射的方法，镀制一至多层特殊的金属或金属氧化物、金属氮化物薄膜，由此形成各种视觉效果和具有不同光学和热学性能特点的镀膜玻璃。该产品集装饰、控制光线、调节热量、节约能源、改善环境等多种功能为一体。（图4-27）

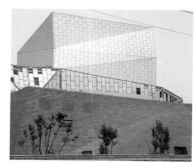

图4-26　低辐射镀膜玻璃

太阳光的热能主要是可见光热（短波热）和不可见光热（长波热，即红外线），可见光占46%，红外线占52%，另有2%为紫外线。

夏天，LOW-E玻璃可以令可见光热（阳光）注入室内，同时把外部的不可见光热（红外辐射热）阻挡在外；冬天，LOW-E玻璃则可以使可见光热传递到内部，同时把室内的不可见光热反射回室内，极好地保持了室内温度。不仅提高了空调的效用，使热能不易流失，同时保持了光线的充足介入，不影响正常的采光功能。

图4-27　低辐射镀膜玻璃效果图

LOW-E玻璃不仅具有较好的透光率、安全性、隔音性和舒适性，而且具有防雾功能，即便室内外温差大也不容易结雾。

1. 性能特点

（1）热学性能。具有良好的夏季隔热、冬季保温的特性，能有效地降低能耗。

（2）美学性能。膜层均匀、色彩丰富、有极佳的装饰效果。

（3）具有隐形性能或单向透视功能。由于膜层的反射率高，人在室外1 m远的地方便看不到室内的人或物，室内的人却可以清楚地看到室外景物。

（4）吸热玻璃、反射玻璃与LOW-E玻璃的透射曲线对比。（图4-28）

2. 种类

主要有高透型LOW-E玻璃、遮阳型LOW-E玻璃、双银型LOW-E玻璃、可钢化型LOW-E玻璃等。产品颜色有无色透明、海洋蓝、浅蓝、翡翠绿、金色等几十种，能满足各种建筑物的不同需求。

四、中空玻璃

中空玻璃由两层或两层以上普通平板玻璃构成。四周用高强度、高气密性复合胶黏剂，将两片或多片玻璃与密封条、玻璃条密封，中间充入干燥气体，框内充以干燥剂，以保证玻璃片之间空气的干燥度。其特性，因留有一定的空腔，从而具有良好的保温、隔热、隔音

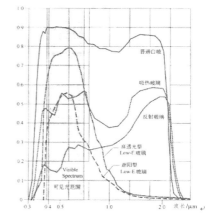

图4-28　吸热玻璃、反射玻璃与LOW-E玻璃的透射曲线对比

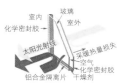

图4-29　中空玻璃 ······ 图4-30　中空玻璃结构

等性能。主要用于采暖、空调、消声设施的外层玻璃装饰。其光学性能、导热系数、隔音系数均应符合国家标准。高性能中空玻璃除在两层玻璃之间封入干燥空气之外，还要在外侧玻璃中间空气层侧，涂上一层热性能好的特殊金属膜，它可以阻隔太阳光中的紫外线射入到室内的能量。有较好的节能、隔热、保温效果，能改善居室内环境。外观有八种色彩，富有极好的装饰艺术价值。（图4-29、图4-30）

中空玻璃具有隔音、隔热、节能、保温、防寒、防霜露、降低辐射的特点，主要用于宾馆、饭店、医院，以及室内需要恒温、恒湿和隔音条件的空间。

双层中空玻璃常用规格见表4-4。

中空玻璃、单片玻璃以及其他墙体材料的传热系数见表4-5。

表4-4　双层中空玻璃常用规格

种类/mm	构造		尺寸/mm	质量/（kg/m²）
	玻璃厚度(mm)×片数	空气层厚/mm		
10厚单层中空玻璃	2厚钢化玻璃×2	6	500×400	10.5
12厚单层中空玻璃	3厚钢化玻璃×2	6	1200×600	15.5
	3厚普通玻璃×2	6	900×600	15.5
14厚单层中空玻璃	4厚钢化玻璃×2	6	1633×1100	20.5
	4厚普通玻璃×2	6	1300×900	20.5
16厚单层中空玻璃	5厚钢化玻璃×2	6	1700×900	25.5
	5厚普通玻璃×2	6	1500×900	25.5
22厚单层中空玻璃	5厚钢化玻璃×2	12	1600×1100	25.8

表4-5　中空玻璃、单片玻璃以及其他墙体材料的传热系数

材 质 名 称	传热系数 /(W/m²·K)	厚度/mm
中空玻璃	3.59	3+A6+3
中空玻璃	3.22	3+A12+3
中空玻璃	3.17	3+A12+5
单片平板玻璃	6.84	3
单片平板玻璃	6.72	5
单片平板玻璃	6.69	6
混凝土墙	3.26	100
木板	2.67	20
砖墙	2.09	270

图4-31　光致变色玻璃

五、光致变色玻璃

光致变色玻璃是在玻璃基料中加入感光剂卤化银或在玻璃与有机层中加入钼和钨的感光化合物，又称光敏玻璃，变色玻璃。光致变色玻璃的装饰特性是玻璃的颜色和透光度随日照强度自动变化。日照强度高，玻璃的颜色深，透光率低；反之，日照强度低，玻璃的颜色浅，透光率高。用光致变色玻璃装饰建筑物，可使室内光线柔和、色彩多变；建筑物色彩斑斓，变幻莫测，与建筑物的日照环境协调一致。一般用于建筑物幕墙等。（图4-31）

六、泡沫玻璃

泡沫玻璃是一种以玻璃碎屑为原料，经发泡炉发泡后脱模退火而成的一种多孔轻质玻璃（图4-32）。其孔隙率可达80%~90%，气孔多为封闭型，孔径一般为0.1~5.0 mm。具有防火、防水、无毒、耐腐蚀、防蛀、不老化、无放射性、绝缘、防电磁波、防静电、机械强度高，与各类泥浆黏结性好的特性（图4-33）。是一种性能稳定的建筑外墙和屋面隔热、隔音、防水材料。泡沫玻璃可以运用于烟道、窑炉和冷库的保温工程，各种气、液、油输送管道的隔热、防水、防火工程，以及地铁、图书馆、写字楼、歌剧院、影院等各种需要隔音、隔热设备的场所。

图4-32　泡沫玻璃

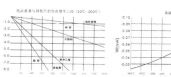

图4-33　泡沫玻璃与其他材质的性能比较

七、自发光玻璃

自发光玻璃，是EVA结构的夹胶玻璃，原料玻璃为清玻璃，中间所夹的原料为自发光物体。它在亮处吸光，暗处发光。能吸收日光、灯光、环境杂散光等各种可见光，在黑暗处即可自动持续发光，给人们在黑暗中以更多的信息指示。无需电源，无毒、无放射性、化学性能稳定。激发条件低，阳光、普通照明光、环境杂散光都可作为激发光源。发光亮度高，发光时间长，远远超过消防疏散的要求。（图4-34）

图4-34　自发光玻璃

第五节　安全玻璃

在人们的传统记忆中，玻璃是脆性材料，总是与易碎联系在一起。虽然它的抗压强度与许多石材相比均有过之而无不及，但是在冲击力和剪切力的作用下，便很容易裂成碎片。随着玻璃在屋顶及交通工具中的广泛应用，既要满足特殊质感的追求又要满足安全性能的客观要求成为当今人们急需解决的问题。皮尔金顿兄弟于1896年将金属丝网置于玻璃中，制造出了采光屋顶，是夹丝安全玻璃的最早形式。随着技术的不断发展，安全玻璃定义下的玻璃种类不断增多，譬如现在的钢化玻璃、夹层玻璃、双层钢化夹胶玻璃等。

一、钢化玻璃

钢化玻璃是将玻璃加热到700℃左右，然后急速冷却，使玻璃表面形成压应力而制成的。其外观质量、厚度偏差、透光率等性能指标几乎与玻璃原片无异。（图4-35）

图4-35　钢化玻璃及其应用效果图

1. 规格（表4-6）

表4-6　钢化玻璃规格

mm

最 小 规 格	最 大 规 格	厚 度
200×200	2200×1200	2~12

2. 特性

钢化玻璃是普通平板玻璃经过再加工处理而成的一种预应力玻璃。钢化玻璃相对于普通平板玻璃来说，具有两大特征：

（1）强度是普通平板玻璃的数倍，抗拉强度是普通平板玻璃的3倍以上，抗冲击强度是普通平板玻璃的5倍以上；

（2）不容易破碎，即使破碎也会以无锐角的颗粒形式碎裂，大大降低了对人体的伤害。

二、弯钢化玻璃、热弯玻璃

普通热弯玻璃是将浮法玻璃原片加热至软化温度后，靠玻璃自重或外界作用力将玻璃弯曲成型并经自然冷却而成的玻璃成品。弯钢化玻璃是将普通玻璃根据一定的弯曲半径通过加热、急冷处理后，由于表面强度成倍增加，使玻璃原有平面形成曲面的安全玻璃。

1. 规格（表4-7、表4-8）

表4-7　弯钢化玻璃加工规格
mm

加工最大尺寸	加工最小尺寸	加 工 厚 度	最小弯曲半径	最 大 拱 高
2540×4600	600×300	5～19	800（5～6厚）	700

表4-8　热弯玻璃加工规格　mm

加工最大尺寸	加工厚度
3000×6000、弧长圆心角<90°	4～19

2. 特性和用途

（1）热弯玻璃的特点。曲面形状中间无连接驳口，线条优美，达到整体和谐的意境。可根据要求做成各种不规则弯曲面。

（2）弯钢化玻璃的特点。破碎后成类似蜂窝状的小钝角颗粒，对人体不会造成重大伤害，具有安全性。其强度一般是普通玻璃的4～5倍，具有高强度。具有良好的热稳定性，能承受的温度是普通玻璃的3倍，可承受300 ℃温差变化。曲面形状中间无连接驳口，能满足建筑业对玻璃外形艺术美的追求。

（3）应用领域。热弯玻璃多用于家具、橱柜、双曲面及锥体形建筑。弯钢化玻璃多应用于弧面造型玻璃幕墙、采光天棚、观光电梯、室内弧形玻璃隔断、玻璃护栏、室内装饰、家具等。（图4-36～图4-38）

图4-36　弯钢化玻璃

图4-37　热弯玻璃

图4-38　热弯玻璃生产线

三、夹丝玻璃

夹丝玻璃又称防碎玻璃。它是将普通平板玻璃加热到红热软化状态时，再将预热处理过的铁丝或铁丝网压入玻璃中间而制成的一种玻璃产品。它的特性是抗折强度高，抗冲击能力强，耐温度剧变的性能比普通玻璃好，并且防火性能优越，可遮挡火焰，高温燃烧时不炸裂，破碎时不会造成碎片伤人。另外玻璃割破后有铁丝网阻挡，还有防盗功能。适用于公共建筑的走廊、防火门、楼梯、厂房天窗及各种采光屋顶等。（图4-39、图4-40）

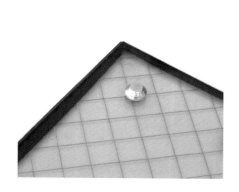

图4-39　夹丝玻璃应用

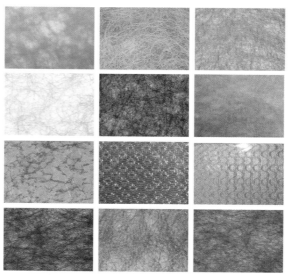

图4-40　夹丝玻璃

四、夹胶玻璃

夹胶玻璃是一种在两片或多片玻璃之间夹以PVB薄膜，经高温高压处理而成的一种玻璃（图4-41）。它可由高级浮法玻璃、各色镀膜玻璃、钢化玻璃、热增强玻璃、热弯玻璃等制成。其特点是遇重力撞击破裂时，碎片被强韧的中间膜胶结，不会飞溅，且破裂后，不易被异物穿透，可以减少玻璃碎片对人身和财产的伤害。它具有透明、机械强度高、防紫外线、隔热、隔音、防弹、防暴等特性。并有耐光、耐热、耐湿、耐寒、隔音等特殊功能。夹胶玻璃还可起到降低噪音、节约能源、有效吸收太阳光中的紫外线，防止室内设施退色的作用。可广泛用于防弹、防盗、橱窗、柜台、水族馆天窗、长廊、车子、窗玻璃等方面。（图4-42）

夹胶玻璃的厚度一般为6~10 mm，规格为800 mm ×1000 mm、850 mm ×1800 mm。

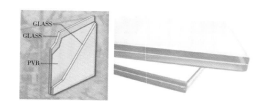

图4-41　夹胶玻璃

五、钛化玻璃

钛化玻璃也称永不碎铁甲箔膜玻璃，是将钛金箔膜紧贴在任意一种玻璃基材之上，使之结合成一体的新型玻璃。钛化玻璃具有高抗碎能力，高防热及防紫外线等功能。不同的基材玻璃与不同的钛金箔膜，可组合成不同色泽、不同性能、不同规格的钛化玻璃。钛化玻璃常见的颜色有无色透明、茶色、茶色反光、铜色反光等。

双层钢化夹胶玻璃楼梯　　双层钢化夹胶玻璃楼梯

双层钢化夹胶玻璃楼梯　钢化夹胶顶棚　敲击夹胶玻璃

图4-42　钢化夹胶玻璃的应用效果图

六、防弹玻璃

防弹玻璃是一种对枪弹具有特定阻挡能力的由多层玻璃和胶片组成的特殊玻璃，可以达到阻挡子弹穿透以及碎片飞溅伤人的目的。（图4-43）

防弹玻璃实际上是夹层玻璃的一种，它由多层玻璃和胶片叠合制成，总厚度一般在20 mm以上，要求较高的防弹玻璃总厚度可以达到50 mm以上。防弹效果与防弹玻璃的结构因素有关。防弹玻璃的总厚度与防弹效果成正比。防弹玻璃结构中的胶片厚度与防弹效果有关，如1.52 mm胶片的防弹效果优于0.76 mm胶片的。防弹效果与玻璃强度有关，采用钢化玻璃制作的防弹玻璃，其防弹效果优于普通玻璃制作的防弹玻璃。防弹玻璃的使用安全效果主要有两个判断标准，第一是子弹不得贯穿，若贯穿即丧失了对子弹的阻挡作用；第二背面玻璃不能掉碴，因为碎碴的飞溅也可能伤及人身。

防弹玻璃广泛适用于银行、珠宝金行柜台、运钞车以及其他有特殊安全防范要求的区域。

图4-43　防弹玻璃

第六节　玻璃幕墙

按幕墙的结构形式及外观特征分类，可分为金属框架式玻璃幕墙、点支式玻璃幕墙和玻璃肋胶接式全玻璃幕墙。

一、框架式玻璃幕墙

框架式玻璃幕墙是将车间内加工完成的构件，运到工地，按照施工工艺逐个将构件安装到建筑结构上，最终完成幕墙安装。框架式玻璃幕墙按照外视效果分为全隐式、半隐式和明框式三种。按照装配方式分为压块式、挂接式两种。（图4-44、图4-45）

明框式玻璃幕墙　　半隐式玻璃幕墙　　全隐式玻璃幕墙

图4-44　框架式玻璃幕墙　　　图4-45　框架式玻璃幕墙

图4-46　点支式玻璃幕墙的安装效果图

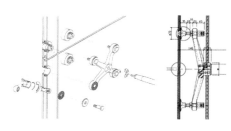

图4-47　点支式玻璃幕墙的"爪"形连接件

图4-48　点支式幕墙连接件

（1）压块式框架玻璃幕墙也称元件式框架玻璃幕墙。板块采用浮动式连接结构，吸收变位能力强。采用定距压紧式压块，能保证每一玻璃板块压紧力均匀，玻璃平面变形小，镀膜玻璃的外视效果良好。硬性接触处采用弹性连接，幕墙的隔音效果好。能够实现建筑上的平面幕墙和曲面幕墙效果。拆卸方便，易于更换，便于维护。

（2）挂接式框架玻璃幕墙也称小单元式框架玻璃幕墙。安装简捷，易于调整。连接采用浮动式伸缩结构，可适应变形。适用于平面幕墙形式。硬性接触处采用弹性连接，幕墙的隔音效果好。

二、点支式玻璃幕墙

由玻璃面板、点支撑装置和支撑结构构成的玻璃幕墙称为点支式玻璃幕墙。（图4-46～图4-48）

点支式玻璃幕墙的全称为金属支承结构点式玻璃幕墙。具有施工简捷、通透性好的特性，迎合了人们回归自然、享受阳光的需求。虽然点支式玻璃幕墙在我国使用时间不长，但其发展相当迅猛。点支式玻璃幕墙已发展成一个独特的建筑幕墙大家族，不仅传统的玻璃肋点支式玻璃幕墙、单梁支点式玻璃幕墙、桁架点支式玻璃幕墙在不断发展，拉杆点支式玻璃幕墙和自平衡杆点支式玻璃幕墙的发展更是惊人。同时点支式玻璃幕墙的使用范围拓展到其他幕墙技术不能达到理想效果的部位，点支式玻璃结构也拓展到楼梯、栏板等领域。点支式玻璃结构与张拉膜相结合创造了一种新的建筑形式。

1．特性

（1）通透性好。玻璃面板仅通过几个点连接到支撑结构上，几乎无遮挡，使透过玻璃视线达到最佳，视野达到最大，将玻璃的透明性应用到极限。

（2）灵活性好。在金属紧固件和金属连接件的设计中，为减少、消除玻璃板孔边的应力集中，玻璃板与连接件处于铰接状态，使得玻璃板上的每个连接点都可自由地转动，并且还允许有少许的平动，用于弥补安装施工中的误差，所以点支式玻璃幕墙的玻璃一般不产生安装应力，并且能顺应支撑结构受荷载作用后产生的变形，使玻璃不产生过度的应力集中。同时，采用点支式玻璃幕墙技术可以最大限度地满足建筑造型的需求。

（3）安全性好。由于点支式玻璃幕墙所用玻璃全都是钢化的，属安全玻璃，并且使用金属紧固件和金属连接件与支撑结构相连接，耐候密封胶只起密封作用，不承重，即使玻璃意外破坏，钢化玻璃破裂成碎片，形成所谓的"玻璃雨"，也不会出现整块玻璃坠落的严重伤人事故。

（4）工艺感好。点支式玻璃幕墙的支撑结构有多种形式，支撑构件加工精细、表面光滑，具有良好的工艺感和艺术感。

（5）环保节能性好。点支式玻璃幕墙的特点之一是通透性好，因此在玻璃的使用上多选择无光污染的白玻璃、超白玻璃和低辐射玻璃等，尤其是中空玻璃的使用，使节能效果更加明显。

2．与一般玻璃幕墙的主要区别

（1）结构形式不同。点支式玻璃幕墙是采用计算机设计的现代结构技术和玻璃技术相结合的一种全新建筑空间结构体系，幕墙骨架主要由无缝钢管、不锈钢拉杆(或再加拉索)和不锈钢爪件所组成，它的面玻璃在角位打孔后，用金属接驳件连接到支承结构的全玻璃幕墙上。而一般玻璃幕墙则多为平面框式、竖向杆件受力体系的结构。

（2）玻璃固定形式不同。点支式玻璃幕墙的玻璃是通过不锈钢爪件穿过玻璃上预钻的孔得以固定的，而一般玻璃幕墙，如全隐式或半隐式都是用结构胶黏结固定在框架上的。

（3）构件加工方法不同。点支式玻璃幕墙的主要金属构件，均需车钻、冲压机床的精密加工，成批工厂化生产，现场安装精度高且质量好。而一般玻璃幕墙的铝合金多在施工现场就地依赖电动机具制作，加工略嫌粗糙，精度不高，效能低。

（4）玻璃品种与规格不同。点支式玻璃幕墙所用的玻璃多为低辐射或白钢化中空玻璃，对解决城市光污染有一定效果，玻璃规格限制不是那么严格。而一般玻璃幕墙常采用镀膜反射玻璃，玻璃规格一般偏小。

三、玻璃肋胶接式全玻璃幕墙

吊挂式玻璃幕墙分吊挂式全玻璃幕墙和混合式全玻璃幕墙，后者由于面板吊挂，肋板采用固定金属竖框，不具备典型的吊挂式条件。

吊挂式全玻璃幕墙，玻璃面板采用吊挂支承，玻璃肋板也采用吊挂支承，幕墙玻璃的重量都由上部结构梁承载，因此幕墙玻璃自然垂直，板面平整，反射映像真实。更重要的是，在地震或大风冲击下，整幅玻璃能在一定限度内作弹性变形，避免了应力集中造成玻璃破裂。由此看来，改变支承形式增强了抗震抗风能力是结构上的成功，但是由于结构承重部分的改变，对于新的承重结构细部及工艺提出了更高的要求。（图4-49）

图4-49 全玻璃幕墙

四、新型玻璃幕墙

双层通风玻璃幕墙是一种新型玻璃幕墙，为了保证幕墙的安全性和密闭性，幕墙的开窗面积较小，而且规定采用上悬窗，并应设有限位滑撑构件。新型可"呼吸"的双层玻璃幕墙可较好地解决幕墙的通风及热工性能。

双层通风玻璃幕墙是一种会"呼吸"的玻璃幕墙。其内外墙之间约有60 cm距离，除安装了可根据光照、温度自动开启闭合的百叶窗外，两层中间是可循环流通的空气。有了这层空气层，冬天建筑物的室内温度至少可提高5 ℃左右。

这种新型的双层玻璃幕墙是这样"呼吸"的：最外层的玻璃幕墙徐徐向前倾斜，室外的空气源源不断地补充进内、外墙间的中间层。几秒钟后，外墙又回复至原位，此时内层的玻璃幕墙则向室内方向徐徐倾斜，此时充溢在中间层的新鲜空气随着漏开的缝隙进入室内。

呼吸式玻璃幕墙具极佳的抗辐射、隔热、隔音的效能。中间层是空气，利用空气的循环就可达到最佳的隔热、通风的效果，还不会妨碍热量的散发。

值得一提的是，这种极大地减少建筑能耗的新型玻璃幕墙没有"光污染"，值得推广。（图4-50）

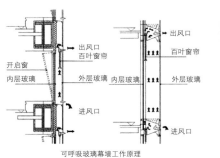
可呼吸玻璃幕墙工作原理

可呼吸玻璃幕墙实例

图4-50 可呼吸玻璃幕墙

第七节 新型玻璃

一、微晶玻璃

微晶玻璃又称玻璃陶瓷，它是由晶相和玻璃组成的，质地致密均匀、无气孔、不透气、不吸水。由于晶化，机械强度高于玻璃、陶瓷和天然石材，能作为建筑物内墙贴面、墙基贴面、分隔墙和屋顶等墙面装饰，也可用于地面、电梯内部和路面标志等交通频繁区域，可代替贵重石材、不锈钢和有色金属等建筑材料。外观豪华，光洁如镜，优美典雅，是当今流行的一种新型高档装饰材料。（图4-51）

图4-51 微晶玻璃

二、烤漆玻璃

烤漆玻璃是在浮法玻璃的表面，经过一系列的加工后呈现不同色彩的一种装饰玻璃。烤漆玻璃主要应用于墙面、背景墙的装饰，并且适用于任何场所的室内外装饰。烤漆玻璃具有极强的装饰效果和良好的市场前景。（图4-52～图4-54）

图4-52 烤漆玻璃应用　　　　图4-53 烤漆玻璃　　　　图4-54 烤漆玻璃及其应用效果图

烤漆玻璃有装饰性、耐水性、耐酸碱性、耐候性等特性。

(1) 装饰性。烤漆玻璃具有超强的装饰性，绚丽鲜艳的颜色无论应用在室内还是室外，在视觉上都会让人觉得耳目一新。

(2) 耐水性。烤漆玻璃的漆面具有防水性能，无论在水中浸泡多久，漆面都始终如一，不会退掉。

(3) 耐酸碱性。烤漆玻璃不会受到酸碱的侵蚀，这是普通装饰玻璃无法做到的。

(4) 耐候性。烤漆玻璃不受环境以及地域的影响，一年四季都可以保证良好的可装性。

三、聚晶玻璃

聚晶玻璃具有独特的视觉效果，颜色和光泽度好。它有良好的防潮性、抗腐性、抗酸性、抗碱性及耐热性，玻璃背面层无须保养可永久耐潮湿。聚晶工艺能在同一面板上做成几种不同颜色，也可通过热弯造成曲折及半圆形，并可进行钢化处理，增加安全性能。（图4-55）

聚晶玻璃可部分用来代替花岗岩、大理石等，也可与陶瓷砖、云石、花岗岩、镜子、织物、木板、油漆等一同使用。聚晶玻璃适合垂直及水平横线装饰用途，如墙体表面、厨房、浴室出入口处、楼梯间、大堂砌图点缀、桌台表面装饰，以及招牌、屏风、壁炉、直柱周围的装饰。

图4-55　聚晶玻璃

四、镶嵌玻璃

由各种优质金属嵌条、中空玻璃密封胶、钢化玻璃、浮法玻璃和彩色玻璃，经过雕刻、磨削、碾磨、焊接、清洗、干燥、密封等工艺制造的高档艺术镶嵌玻璃，广泛应用于家庭、宾馆、饭店和娱乐场所。（图4-56）

1. 特性

(1) 样式新颖别致。

(2) 隔热、隔音保暖。

(3) 抗氧化，并具极强的抗撞击性。

(4) 温差大，不挂霜。

2. 用途

可用于艺术门、窗、隔断、屏风等高档装饰。（图4-57）

3. 重要的镶嵌材料

(1) 金属条。铜条、锌条（含发黑锌条）、铅条等。

(2) 密封材料。史维高胶条、超级间条及进口高级热熔玻璃密封胶。

(3) 玻璃。一级（制镜级）浮法玻璃及各类国产或进口的压花玻璃、浮法玻璃、斜纹玻璃，各种花型的磨边玻璃，优质钢化玻璃。

图4-56　镶嵌玻璃

图4-57　镶嵌玻璃用于高档装饰

五、玻璃百叶窗

在众人的眼中，百叶窗与玻璃几乎是绝缘的，这样的惯性思维缘于对玻璃特质的单纯认识。玻璃是透光的，而百叶窗的功能却主要在于遮光。而新型实用性设计——玻璃百叶窗，以创新的模式，将二者的完美结合变成了事实。

玻璃百叶窗的百叶片是用镀膜或磨砂玻璃制成的，典雅大方，比普通百叶窗的遮阳性能好，也更舒适、自然。玻璃百叶窗的密封性能好（可以不留缝隙），通风量大（玻璃百叶片比其他材质的百叶片规格大），耐用，易清理，安全性能佳，对气流的控制及对风量、风向的调节也较普通百叶窗灵活。（图4-58）

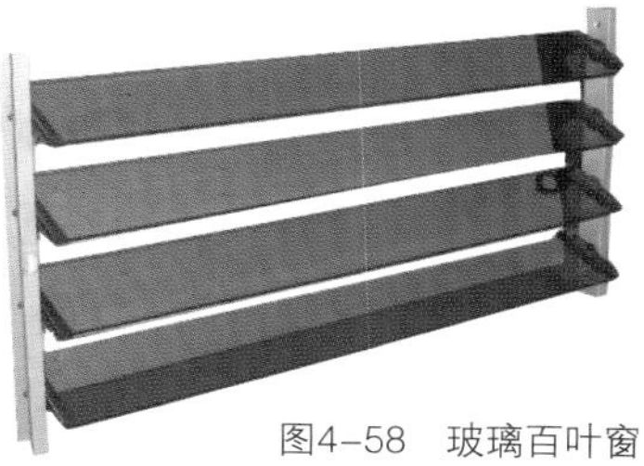

图4-58　玻璃百叶窗

图4-59 LED玻璃砖灯

六、 LED玻璃砖灯

玻璃砖加上LED功能，可以营造出光彩夺目的灯光效果，可取代传统的照明灯，也可作为隔墙，增强空间动感。（图4-59）

此外，还可利用反射错觉，制造无限深度的视觉感受，展现全新趣味。LED玻璃砖灯就是希望能将这样的全彩变化带进居家的、商业的环境中，搭配控制器后，不管是光彩夺目的闪耀效果，还是亮丽平顺的渐变光源，都可以增加环境与人的互动感。

LED光源镶嵌在平面玻璃砖中；使墙面、柜面晶莹剔透、满壁生辉，如同水晶皇宫。

第八节 玻璃装饰材料的施工工艺

一、施工工具

手提砂轮机、玻璃刀、吊线锤、螺丝刀、密封胶注射枪、玻璃吸盘器、细砂轮、直尺。（图4-60）

| 手提砂轮机 | 普通玻璃割刀 | 圆柄六轮玻璃刀 | 吊线锤 | 螺丝刀 | 密封胶注射枪 | 玻璃吸盘器 | 细砂轮 |

图4-60 施工工具

二、镜面玻璃墙面施工工艺

1．镜面玻璃墙面的构造与固定方法

（1）在玻璃上钻孔，用铜螺钉、镀铬螺钉把玻璃固定在木骨架和衬板上。

（2）用塑料、硬木、金属等材质的压条压住玻璃。

（3）用环氧树脂把玻璃粘在衬板上。

2．镜面玻璃安装工艺流程

清理基层→立筋→铺钉衬板→固定玻璃。

3．施工方法

（1）清理基层。在砌筑墙、柱前先埋入木砖，一般木砖间距以 500 mm为宜，埋入的位置应与镜面的横向尺寸和竖向尺寸相对应。为防止潮气使木衬板变形或使镜面镀层脱落，基层的抹灰面上要刷热沥青或其他防水材料，或在木衬板与玻璃之间夹一层防水层。

（2）立筋。用铁钉将40 mm见方或50 mm见方的小木方构成的墙筋固定在木砖上。双向立筋多适用于安装小块镜面，安装大块镜面可以用单向立筋，横、竖墙筋的位置与木砖一致，做到横平竖直，以便于衬板与镜面的固定。立筋应用长靠尺检查平整度。

（3）铺钉衬板。衬板为5 mm的胶合板或15 mm厚木板，将其钉在墙筋上，钉头应没入板内。板与板的间隙应设在立筋处，板面应无翘曲、起皮等现象且平整清洁。

（4）镜面安装。镜面依照设计形状和尺寸裁切好后，进行固定。通常的固定方法有五种：嵌钉固定、螺钉固定、黏结固定、托压固定和黏结支托固定。

4．注意事项

（1）匀面玻璃厚度应为5～8 mm。

（2）安装时严禁用力撬动和锤击，不合适时取下重新安装。

三、玻璃隔墙安装

1．施工准备

依照设计的不同要求选用不同的玻璃品种和规格。

2．工艺流程

弹线→固定下部→固定上部。

3．施工方法

（1）操作时，先按图样尺寸在墙上弹出垂线，并在地面及顶棚上弹出隔墙的位置线。

（2）根据已弹出的位置线，按照设计规定的下部做法（砌砖、板条、罩面板）完成下部玻璃隔墙，并与两端的砖墙锚固。

（3）做上部玻璃隔墙时，先检查木砖是否已按规定埋设。然后按弹线，先立靠墙立筋，并用钉子与墙上木砖钉牢；再钉上、下楹及中间楞木。

四、玻璃门安装

1．施工准备

1）材料要求

玻璃门的型号规格应符合设计要求，五金配件配套齐全，并有出厂合格证。固定玻璃板必须和玻璃门厚度相同，且必须符合设计要求，有出厂合格证。辅助材料、密封胶、万能胶等应符合设计要求和有关标准规定。

2）作业条件

墙、地面的饰面已施工完毕，现场已清理干净，并经验收合格。门框的不锈钢或其他饰面已完成，门框顶部用来安装固定玻璃板的限位槽已预留好。把安装固定厚玻璃的木底托用钉子或万能胶固定在地面上，接着在木底托上方中的一侧，钉上用来固定玻璃板的木条，然后用万能胶将该侧不锈钢或其他饰面粘在木底托上，铝合金方管可用木螺丝固定在埋入地面下的防腐木砖上。

把开闭活动门扇用的地弹簧和定位销按设计要求安装在地面预留位置和门框的横梁上。

从固定玻璃板的安装位置的上部、中部和下部量三个尺寸，以最小尺寸为玻璃板的裁切尺寸。如果上、中、下量得的尺寸一样，则裁玻璃时其裁切宽度应小实测尺寸 2 mm，高度应小于实测尺寸 4 mm。玻璃板裁好后，应在周边进行倒角处理，倒角宽度为 2 mm。

2．施工方法

1）固定玻璃的安装

（1）用玻璃吸盘器把裁切好、倒好角的玻璃吸紧，然后手握吸盘器把玻璃板抬起，插入门框顶部的限位槽内后放到底托上，并调整好安装位置，使玻璃板边部正好盖住门框立柱的不锈钢或其他饰面的对口缝；接着在木底托上钉另一侧木条，把玻璃板固定在木底托上。在木条上涂刷万能胶，将该侧不锈钢饰面或其他饰面粘卡在木方上。

（2）在门框顶部限位槽处和底托固定处、玻璃板与门框立柱接缝处注入密封胶。注胶时紧握注射枪压柄的手用力要均匀，从缝隙的端头开始，顺着缝隙均匀、缓慢移动，使密封胶在缝隙处形成一条表面均匀的直线。最后用塑料片刮去多余的密封胶，并用干净抹布擦去胶痕。

（3）安装固定玻璃板必须用两块或多块来对接，对接时对接缝应留2～3 mm的距离；玻璃的边必须倒角，对接的玻璃定位并固定后，用注射枪将密封胶注入缝隙中；注满后用塑料片在玻璃两侧刮平密封胶，用干净布擦去胶迹。

2）活动门扇的安装

（1）用吊线锤测量地弹簧与门框横梁上定位销中心是否在同一直线上，若不在同一直线上，必须及时处理，使其在同一轴线上。

（2）在门框的上下横档内画线，并依线和地弹簧安装说明书固定转动销的销孔板及地弹簧的转动轴连接板。

（3）门扇玻璃四周应倒角处理，并加工好安装门把的孔洞，应注意门扇玻璃的高度尺寸必须包括安装上下横档的尺寸。一般门扇玻璃的裁切尺寸应小于实测尺寸5 mm，以便于调节(通常在购买厚玻璃时要求把门扇玻璃加工好)。

(4) 把上下横档分别安装在玻璃门扇的上下边，并实测门扇高度。如果门扇高度不够，可在上下横档内的玻璃底下垫木夹板条；如果门扇高度超过安装尺寸，可切除门扇玻璃的多余部分。

(5) 在确定好门扇高度之后，即可固定上下横档。在门扇玻璃与金属上下横档内的两侧空隙处，同时从两边插入小木条，并轻轻打入其中；然后在小木条、门扇玻璃、横档之间的缝隙中，注入密封胶。

3）门扇定位安装

先用门框横梁上定位销自身的调节螺钉把定位销调出横梁平面1~2 mm，再竖起玻璃门扇，将门扇下横档内的转动销连接件的孔位对准地弹簧的转动销轴，并转动门扇将孔位套入销轴上，然后以销轴为中心，把门扇转90°，使门扇与门框横梁成直角。此时把门扇上横档的转动连接件的孔对准门框横梁上的定位销，并把定位销调出，插入门扇上横档转动销连接件的孔位内15 mm。

4）玻璃门拉手的安装

先将拉手插入玻璃的部分涂一点密封胶，然后将拉手的连接部位插入玻璃门的拉手孔内，再将拉手的固定部分套入伸出玻璃的连接部位上，并使玻璃两边拉手根部与门扇玻璃贴紧后，再上紧固定螺钉，以保证拉手没有丝毫松动现象。拉手连接部位插入玻璃门拉手孔时不能很紧，应略有松动。如果太松，可在插入部分裹上软质胶带。

3. 检验方法

(1) 活动门扇洞口对角线差，3 mm，用钢卷尺检查。

(2) 门扇对口缝关闭时平整，1 mm，用深度尺检查。

(3) 固定玻璃对缝处平整，1 mm，用深度尺检查。

(4) 固定玻璃对接缝，3 mm，用楔形塞尺检查。

(5) 门扇与固定玻璃或门框立柱、地面间缝，门扇对口缝，8 mm，用楔形塞尺检查。

(6) 门扇与门框横梁间留缝，3 mm，用楔形塞尺检查。

(7) 玻璃门的垂直度2 mm，用1 m托线板检查。

(8) 玻璃门的水平度，1.5 mm，用1 m水平尺和楔形塞尺检查。

4．成品保护

(1) 玻璃门安装时，应轻拿轻放，严禁相互碰撞。避免扳手等工具碰坏玻璃门。

(2) 安装好的玻璃门应避免硬物碰撞，避免硬物擦划，保持清洁，不污染。

(3) 玻璃门材料进场后，应在室内竖直近墙排放，并靠放稳当。

5．施工注意事项

(1) 门框横梁上固定玻璃的限位槽应宽窄一致，纵向顺直；一般限位槽宽度大于玻璃厚度2~4 mm，槽深10~20 mm，以便安装玻璃时顺利插入；在玻璃两边注入密封胶，把玻璃安装牢固。

(2) 在木底托上钉固定玻璃板的木条时，木条应距玻璃4 mm，以便饰面板能包住木条的内侧，便于注入密封胶，确保外观大方，内在牢固。

(3) 活动门扇设有门扇框，门扇的开闭是由地弹簧和门框上的定位销实现的。地弹簧和定位销与门扇的上下横档一定要铰接好，并确保地弹簧与定位销中心在同一垂线上，以便玻璃门扇开关自如。

(4) 由于玻璃较厚，玻璃板较重，因此固定玻璃板或玻璃门抬起安装时，必须2~3人同时进行，以免摔坏或碰坏玻璃。

五、玻璃砖分隔墙施工要点

(1) 玻璃砖应砌筑在配有两根ϕ6~ϕ8增强钢筋的基础上。基础高度不应大于150 mm，宽度应大于玻璃砖厚度20mm 以上。 （图4-61）

(2) 玻璃砖分隔墙顶部和两端应用金属型材，其槽口宽度应大于砖厚度10~18 mm以上。

A. 备水泥10 kg, 细沙10 kg, 建筑胶水0.3 kg, 水3 kg。

B. 十字定位架可以剪成"T"形和"L"形, 以适应各种部位的需要。

C. 用砂浆砌玻璃砖。由下而上, 一块一块, 一层一层叠加, 每块之间用定位架固定。

D. 砌筑完毕, 扭掉定位架上的板块。

E. 刮去多余的砂浆, 勾勒出砖与砖之间的缝隙。勾缝材料为纯白水泥、水和建筑胶水。

F. 及时擦掉玻璃表面的砂浆和污垢, 清洗干净。最终是在缝隙里刷上防水材料即可。

图4-61 空心玻璃砖标准施工流程图

（3）当隔断长度或高度大于1500 mm时, 在垂直方向每二层设置一根钢筋（当长度、高度均超过1500 mm时, 设置两根钢筋）; 在水平方向每隔三个垂直缝设置一根钢筋。钢筋伸入槽口不小于35 mm。用钢筋增强的玻璃砖隔断高度不得超过4 m。

（4）玻璃分隔墙两端与金属型材两翼应留有宽度不小于4 mm的滑缝, 缝内用油毡填充; 玻璃分隔板与型材腹面应留有宽度不小于10 mm的胀缝, 以免玻璃砖分隔墙损坏。

（5）玻璃砖最上面一层砖应伸入顶部金属型材槽口10~25 mm, 以免玻璃砖因受刚性挤压而破碎。

（6）玻璃砖之间的接缝不得小于10 mm, 且不大于30 mm。

（7）玻璃砖与型材、型材与建筑物的结合部应用弹性密封胶密封。

六、全玻璃幕墙（肋玻璃）的施工工艺与方法

落地全玻璃幕墙采用吊挂式。6984 mm高全玻璃幕墙面板采用19 mm厚浮法清玻璃, 玻璃肋采用19 mm厚浮法清玻璃; 5100 mm高全玻璃幕墙面板采用15 mm厚浮法清玻璃, 玻璃肋采用15 mm厚钢化清玻璃。吊挂式玻璃幕墙工程施工特点为配套化程度高、施工速度快。故必须做到构件配套供应、及时运输到位。施工人员要听从统一指挥, 做到分工明确、配合默契、安全措施健全。

1. 工艺流程

预埋件的安装→测量放线→玻璃吊夹及钢槽的安装→立面玻璃（包括玻璃肋）安装→玻璃板缝注胶→清洗。

2. 施工方法

（1）预埋件的安装。作为承重的主体结构, 在建筑结构设计上应能满足大玻璃幕墙承载需要, 混凝土强度等级不低于C30。对于达不到要求的主体结构应采取必要的加强措施, 其承载能力及加强措施应得到原结构设计师的认可。作为支承钢结构与主体结构相连的预埋件应在主体结构混凝土施工时埋入, 预埋件钢板厚度不小于8 mm, 采用ϕ12 mm以上的钢筋, 锚筋长度不小于250 mm。埋入后的钢板外表面应与混凝土外表面平齐, 其位置尺寸允许偏差不大于20 mm, 与理论墙面不平行度的允许偏差不大于10 mm。假如埋件预先未埋入, 应采取可靠的方法处理。主受力钢板在楼板处用穿墙螺栓, 在大梁处用植筋法处理埋件。

（2）测量放线。根据图样和控制轴线, 用经纬仪和光学测距仪量出幕墙安装控制点、控制轴线和标高, 作醒目的标志线; 吊夹及钢结构的定位测量必须准确, 做好记录, 作为工厂加工制作的依据。

（3）玻璃吊夹及钢槽的安装。钢槽必须选用正规厂家生产的优质材料并有该批材料的材质单和合格证。材质一般选用焊接性能优良的Q235钢, 表面热镀锌, 钢槽与钢角码焊接时的焊缝均为构造焊缝, 满焊, 焊角高5 mm。焊缝要求美观、整齐, 不得有虚焊、漏焊、不得有裂纹。玻璃吊夹选用正规厂家生产的不锈钢夹具。现场其他焊接处焊接质量应符合国家焊接质量检验的规定, 所有焊接处理后均需清理, 除锈后刷两遍防锈漆。

（4）玻璃及玻璃肋安装。玻璃安装前应先检查玻璃的规格是否正确。玻璃的安装采用大型吸盘, 配合吊车和电葫芦进行, 搭设专用安装平台。安装由上而下进行, 一边装玻璃一边卸下配重机构。玻璃按设计轴线进行调整定位, 应保

证玻璃吊夹能承受玻璃重量，调整完后锁紧螺栓。整个安装过程必须用仪器测量。玻璃的控制误差：玻璃边线±1 mm，相邻玻璃面高低差±0.5 mm。再将钢槽与镀锌埋件用支座连接在一起，用钢刷及布清洁钢槽表面及槽底的泥、灰尘、杂物。底部钢槽内装入氯丁橡胶垫块（每块玻璃至少放2块，对应于玻璃宽度距边1/4处），然后把玻璃肋缓缓插入钢槽之间，调整位置及垂直度。正负误差不大于2 mm。大玻璃应选用国产优质玻璃，磨边等深加工应达到国家标准的优等品要求。按设计玻璃规格编号，自左而右安装玻璃。先用扣件把玻璃装好，用吸盘机吊到所要位置；初装后用小木块、拉尺和经纬仪调整一致，然后用水平尺调整平整度，满足要求后将玻璃牢牢固定，并在上下方各填充φ10 mm的泡沫条。玻璃安装完成后，逐个复检每个挂点的节点连接质量，发现问题及时调整。符合要求后用二甲苯进行清洗，再注胶。

（5）玻璃板缝注胶。在玻璃缝边缘贴上皱纹纸后，均匀注胶并进行自检；胶干后清除皱纹纸，并在玻璃上贴醒目警戒标志，清理现场。

七、幕墙的防火防雷设计与施工

幕墙自身应形成防雷体系，而且与主体建筑的防雷装置可靠连接。

幕墙与主体建筑的楼板间、内隔墙交接处的空隙中，必须采用岩棉、矿棉、玻璃棉等难燃烧材料填缝，并采用厚度1.5 mm以上的镀锌耐热钢板（不能用铝板）封口。接缝处与螺丝口应该另用防火密封胶封堵。对于幕墙在窗间墙、窗槛墙处的填充材料应该采用不燃烧材料，除非外墙面采用耐火极限不小于1小时的不燃烧体时，该材料才可改为难燃材料。如果幕墙不设窗间墙和窗槛墙，则必须在每层楼板外沿设置高度不小于0.80 m的不燃烧实体墙裙，其耐火极限应不小于1小时。

5

第五章
金属装饰材料
JINSHU ZHUANGSHI CAILIAO

第五章　金属装饰材料

金属装饰材料是指由一种金属元素构成或由一种金属元素和其他金属或非金属元素构成的装饰材料的总称。金属装饰材料的优点主要有强度高、塑性好、材质均匀致密、性能稳定、易于加工、视觉效果好等。金属作为装饰材料，其闪亮的光泽、坚硬的质感、特有的色调和挺拔的线条，可使建筑室内外空间光彩照人，美观雅致。

用于建筑装饰的金属材料主要有金、银、钢、铝、铜及其合金，特别是钢和铝合金更以其优良的性能、较低的价格而被广泛使用。在建筑装饰工程中主要使用的是金属材料的板材、型材及其制品。而现代各种涂装工艺的产生和发展，不但改变了金属装饰材料的抗腐蚀能力，而且赋予金属材料以多变的、华丽的外表，更加确立了金属材料在室内外装饰工程中的地位。

各种金属作为建筑装饰材料，有着源远流长的历史。北京颐和园中的铜亭，山东泰山顶上的铜殿，云南昆明的金殿，武当山的"大金顶"，江陵的"小金顶"，西藏布达拉宫金碧辉煌的装饰等都是古代使用金属材料的典范。在现代建筑中，金属材料更是以它独特的性能——耐腐蚀、轻盈、高雅、有力度赢得了建筑师的青睐。从高层建筑的金属铝门窗到围墙、栅栏、阳台、入口、柱面等，金属材料无处不在。金属材料从点缀延伸到赋予建筑奇特的效果。如果说世界著名的建筑埃菲尔铁塔是以它的结构特征，创造了举世无双的奇迹，那么中国国家大剧院则是金属的技术与艺术有机结合的典范，是现代建筑史上独具一格的艺术佳作。金属作为一种广泛应用的装饰材料具有永久的生命力。（图5-1～图5-3）

随着现代科技的不断发展，各种新型的金属装饰材料不断出现，越来越多的装饰手法不断产生，使建筑设计、室内设计、环境景观设计的成果不断地以最新颖、最特别的姿态展现在人们面前。

本章主要介绍金属装饰材料中的装饰钢材、装饰不锈钢、装饰铝合金、装饰用铜、新型金属装饰材料及其施工工艺等。

图5-1　首都机场T3航站楼

图5-2　中国国家大剧院

图5-3　上海金茂大厦

第一节　金属装饰材料的基础知识

一、分类

1．按材料性质分类

金属装饰材料按材料性质可分为黑色金属装饰材料、有色金属装饰材料、复合金属装饰材料。

（1）黑色金属装饰材料是指铁和铁合金形成的金属装饰材料，如碳钢、合金钢、铸铁、生铁等。

（2）有色金属装饰材料是指铝及铝合金、铜及铜合金、金、银等。

（3）复合金属装饰材料是指金属与非金属复合材料，如塑铝板、不锈钢包覆钢板等。

2．按装饰部位分类

金属装饰材料按装饰部位可分为金属天花装饰材料、金属墙面装饰材料、金属地面装饰材料、金属外立面装饰材料、金属景观装饰材料及金属装饰品。

（1）金属天花装饰材料是指用于吊顶装饰的金属装饰材料，主要有铝合金扣板、铝合金方板、铝合金格栅、铝合金格片、铝塑板天花、铝单板天花、彩钢板天花、轻钢龙骨、铝合金龙骨制品等。

（2）金属墙面装饰材料是指用于墙面装饰的金属装饰材料，主要有铝单板内外墙板、铝塑板内外墙装饰板、彩钢板内外墙板、金属内外墙装饰制品、不锈钢内外墙板等。

（3）金属地面装饰材料是指用于地面装饰的金属装饰材料，主要有不锈钢装饰条板、压花钢板、压花铜板等。

（4）金属外立面装饰材料是指用于建筑外立面装饰的金属装饰材料，主要有铝单板、铝塑板、钛锌板、金属型材、铜板、铸铁、金属装饰网、配合玻璃幕墙的铝合金型材和钢型材等。

（5）金属景观装饰材料是指用于室外景观工程中的金属装饰材料，主要有不锈钢、压型钢板、铝合金型材、铜合金型材、铸铁材料、铸铜材料等。

（6）金属装饰品是指用金属及金属合金材料制作的，用于室内外、能起到装饰作用的制品，主要有不锈钢装饰品，不锈钢雕塑，铸铜、铸铁雕塑，铸铜、铸铁饰品，金属帘，金属网，金银饰品等。

3．按材料形状分类

金属装饰材料按材料的形状可分为金属装饰板材、金属装饰型材、金属装饰管材等。

（1）金属装饰板材是指平板类的，以金属及金属合金、金属材料及非金属材料制成的金属装饰材料，主要有钢板、不锈钢板、铝合金单板、铜板、彩钢板、压型钢板等。

（2）金属装饰型材是指金属及金属合金材料经热轧等工艺制成的异型断面的材料，主要有铝合金型材、型钢、铜合金型材等。

（3）金属装饰管材指金属及金属合金经加工制成的有矩形、圆形、椭圆形、方形等截面的材料，主要有铝合金方管、不锈钢方管、不锈钢圆管、钢圆管、方钢管、铜管等。

二、性能

（一）力学性能

1．抗拉性能

拉伸是金属材料主要的受力形式，因此，抗拉性能是表示金属材料性质和选用金属装饰材料最重要的指标。（图5-4～图5-6）

金属材料受拉直至破坏一般经历四个阶段。

（1）弹性阶段。在此阶段，金属材料的应力和应变成正比关系，产生的变形是弹性变形。

（2）屈服阶段。随着拉力的增加，应力和应变不再是正比关系，金属材料产生了弹性变形和塑性变形。当拉力达到一定值时，即使应力不再增加，塑性变形仍明显增长，金属材料出现了屈服现象，此点对应的应力值被称为屈服点（或称屈服强度）。

（3）强化阶段。拉力超过屈服点以后，金属材料又恢复了抵抗变形的能力，故称为强化阶段。强化阶段对应的最高应力称为抗拉强度或强度极限。抗拉强度是金属材料抵抗断裂破坏能力的指标。

图5-4　首都国家体育场钢结构　　图5-5　首都机场T3航站楼室内　　图5-6　T3航站楼内部碳钢结构

（4）颈缩阶段。超过了抗拉强度以后，金属材料抵抗变形的能力明显减弱，在受拉试件的某处，会迅速发生较大的塑性变形，出现颈缩现象，直至断裂。

2．冲击韧度

冲击韧度是指在冲击荷载作用下，金属材料抵抗破坏的能力。金属材料的冲击韧度受下列因素影响：

（1）金属材料的化学组成与组织状态；

（2）金属材料的轧制、焊接质量；

（3）金属材料的环境温度；

（4）金属材料的时效。

（二）工艺性能

1．冷弯性能

冷弯性能是指金属材料在常温下承受弯曲变形的能力。金属材料在弯曲过程中，受弯部位会产生局部不均匀塑性变形，这种变形在一定程度上比伸长率更能反映金属材料的内部组织状况、内应力及杂质等情况。

2．可塑性

建筑工程中，金属材料绝大多数是采用各种连接方法连接的。这就要求金属材料要有良好的可塑性。

3．水密性

金属材料的咬合方式为立边单向双重折边并依靠机械力量自动咬合，板块连接紧密，水密性强，能有效防止毛细雨入侵。不需要用化学嵌缝胶密封防水，免除了胶体老化带来的污染和漏水问题。

4．耐蚀性

金属材料的耐蚀性比较差，一般要经过防腐处理才能提高金属装饰材料的耐蚀性。

第二节　黑色金属装饰材料

一、碳素结构钢（非合金结构钢）

1．牌号

国家标准规定，碳素结构钢（简称碳素钢）的牌号由代表屈服点的符号（Q）、屈服点值（195、215、235、275，单位为MPa）、质量等级（A、B、C、D）和脱氧程度（F、b、Z、TZ）构成。其中A、B为普通质量钢；C、D为磷、硫杂质控制较严格的优质钢。脱氧程度符号F代表沸腾钢；b代表半镇静钢；Z和TZ分别代表镇静钢和特殊镇静钢，可不标。例如Q235-A·F，表示屈服点值为235 MPa、质量为A级的沸腾钢。（图5-7、图5-8）

图5-7　钢结构厂房　　　　图5-8　彩钢板卷

2．选用

建筑工程中主要应用的碳素钢是Q235号钢。它之所以应用普遍，主要是由于它机械强度、韧性和塑性及加工等综合性能好，而且冶炼方便，成本较低。Q215号钢机械强度低、可塑性大，受力后变形大，经加工及处理后可代替Q235使用。在选用钢的牌号时，还必须熟悉钢的质量。通常平炉钢和氧气转炉钢较好；质量等级为D、C的钢优于B、A的钢；特殊镇静钢和镇静钢优于半镇静钢，更优于沸腾钢。

二、低合金高强度结构钢

1．牌号

这种钢的牌号由代表屈服点的Q、屈服点数值、质量等级符号（A、B、C、D、E）三个部分按顺序排列构成。

2．性能

低合金结构钢比碳素结构钢强度高，塑性和韧性要好，尤其是抗冲击、耐低温、耐腐蚀能力强，并且质量稳定，可节省钢材。在钢结构中，常采用低合金结构钢轧制的型钢、钢板和钢管来建造桥梁、高层及大跨度钢结构建筑。在预应力钢筋混凝土中，二、三级钢筋即是由普通质量低合金钢轧制的。

三、彩色钢板

为了提高普通钢板的防腐性能，增加装饰效果，往往在钢板表面涂饰一层保护性的装饰彩膜，这样的钢板称为彩色钢板。

彩色钢板按形状可分为彩色压型钢板、彩色涂层钢板、彩色条板、扣板、方形平面板及特殊加工的板材。尺寸及颜色可根据设计要求生产。(图5-9~图5-17)

1．彩色压型钢板

彩色压型钢板是以镀锌钢板为基材，经成型轧制，并在表面涂饰各种防腐蚀涂层与彩色烤漆而制成的轻型维护结构材料。它属于轻型板材，具有质量轻、抗震性能好、

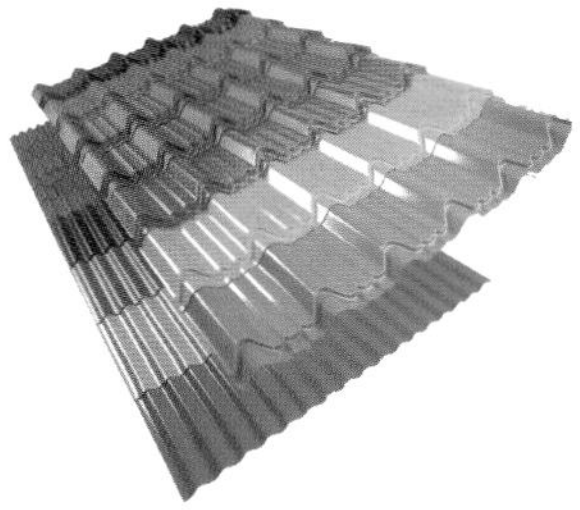

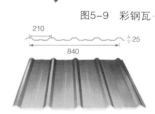

图5-9　彩钢瓦

图5-10　彩色压型钢板

图5-11　彩钢板连接

图5-12　彩钢板色

图5-13　压型彩钢

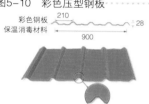

图5-14　彩色压型钢板结构

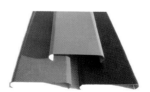

图5-15　彩钢板

图5-16　彩钢板压型机

图5-17　彩钢条

耐久性强、色彩鲜艳、易加工及施工方便等优点。适用于建筑的屋盖、墙板及墙面装贴。

彩色压型钢板是由彩色镀锌钢板、单向螺栓及配件、防水嵌缝胶泥等组合而成的。

2．彩色涂层钢板

彩色涂层钢板是在热轧或镀锌钢板表面加有机涂层而成的。涂层可分为有机涂层、无机涂层和复合涂层三种，可配置各种不同的花纹和色彩。

彩色涂层钢板具有良好的装饰性，涂层附着力强，可长期保持鲜艳的色彩，加工性能好，可切、弯曲、钻孔、铆接、卷边等。

彩色涂层钢板有一涂一烘、二涂二烘两类产品，上表面涂有聚酯硅改性树脂，下表面涂有环氧树脂、聚酯树脂、丙烯酸酯、透明清漆等。

彩色涂层钢板具有耐污染、耐热、耐低温等多种性能，可作为建筑外墙板、屋面板、护壁板等。

3．彩色条板、扣板及方形平面板

由于彩色钢板颜色品种繁多、易清洁且美观，并且根据内材的不同，可具有不同的特质。它在外观和性能上均有着传统建材无可比拟的优越性，无需二次装修，因此为越来越多的建筑设计师和建筑单位所青睐。彩色钢板广泛应用于厂房、仓库、净化间、冷库、冷藏箱，特别是应用于对空间环境要求特别高的电子和医药行业净化室的隔墙、平顶及门窗等。

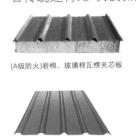
（A级防火）岩棉、玻璃棉瓦楞夹芯板

YX25-205-820（展开宽度1000）
YX25-205-1025（展开宽度1200）

YX35-125-720（展开宽度1000）
YX35-125-857（展开宽度1200）

瓦片（蓝）

950型瓦楞夹芯板

950型瓦楞夹芯板搭接实样

彩钢板结构图　　企业板安装　　H板安装

图5-18　彩钢扣板及其安装

彩色条板、扣板及方形平面板以普通钢板为基材，表面经防腐处理后，涂饰各类油漆。条板及方形平面板一般可用螺丝固定在背后的龙骨上，扣板则不用螺丝固定，它利用自身断面卡在龙骨上。扣板多用于室内墙面、顶面的处理。（图5-18）

彩色条板、扣板及方形平面板施工方便，具有耐污染、耐热、耐低温等特点，并且装饰效果好。

条板、扣板的尺寸规格一般为：3000 mm×120 mm、3000 mm×75 mm、3000 mm×150 mm等。

四、不锈钢

不锈钢是指在钢中加入大量的铬元素，且形成钝化状态，具有不锈特性的钢材。一般不锈钢的含铬量在12%以上。含铬量越高，钢的耐蚀性越好。除铬外，不锈钢中还含镍（Ni）、锰（Mn）、钛（Ti）、硅（Si）等元素，它们都影响着不锈钢的强度、塑性、韧性及耐蚀性。

不锈钢的耐蚀性原理是由于铬元素比铁元素的性质活泼。在不锈钢中，铬首先和环境中的氧发生化合反应，生成一种与钢基体牢固结合的致密的氧化铬膜层，称为钝化膜。钝化膜能使合金钢得到保护，不致锈蚀。

（一）不锈钢的分类

（1）按照化学成分，不锈钢可分为铬不锈钢、铬镍不锈钢和高锰低铬不锈钢等。

（2）按照耐腐蚀特点，不锈钢可分为普通不锈钢和耐酸不锈钢。

（3）按照经900~1100 ℃高温淬火处理的反应和微观组织，不锈钢可分为淬火后硬化的马氏体不锈钢、淬火后不硬化的铁素体不锈钢及高铬镍型不锈钢。

（4）按制品类别，不锈钢可分为不锈钢薄板、不锈钢型材、不锈钢异型材、不锈钢管材等。（图5-19~图5-21）

图5-19　不锈钢板卷

注册商标 生产标准 钢号 规格 炉号
图5-20　不锈钢管

图5-21　不锈钢板

（二）不锈钢制品的装饰特点

不锈钢与所有的其他金属装饰部件一样，具有金属的光泽和质感，特别是不锈钢不易锈蚀，因此可以较长时间地保持最初的装饰效果；同时不锈钢的强度高、硬度大，在施工过程中不易变形。

装饰用不锈钢制品主要是不锈钢薄板，且厚度大多在2 mm以下。根据不同的设计要求，不锈钢饰面板可加工成光面不锈钢板（镜面不锈钢板）、砂面不锈钢板、拉丝面不锈钢板、腐蚀雕刻不锈钢板、凹凸不锈钢板和弧形板等。

不锈钢表面的光泽度是根据其反射率来决定的。反射率达到90%的称为镜面不锈钢，反射率达到50%的称为亚光不锈钢。近几年装饰行业使用的亚光不锈钢的反射率都在24%~28%之间。还可根据设计对不锈钢板进行腐蚀处理，腐蚀深度一般为0.015~0.5 mm。经腐蚀处理后的不锈钢装饰效果比较好。

（三）彩色不锈钢板

彩色不锈钢板是在普通不锈钢板上进行技术及艺术加工，使其表面具有各种绚丽色彩的钢板。彩色不锈钢板具有抗腐蚀性强、机械性能高、彩色面层耐久、色泽不会随光线变换等特点，且彩色面层能耐200℃的高温，耐腐蚀性超过一般不锈钢。（图5-22~图5-24）

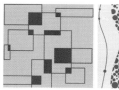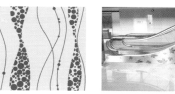

图5-22　彩色不锈钢板　　图5-23　彩色不锈钢自动扶梯　　图5-24　彩色不锈钢板

彩色不锈钢板可用于建筑厅堂的墙壁、天花、电梯轿箱、柱面、车厢等的装饰。

（四）不锈钢的规格

1．不锈钢薄板

不锈钢薄板是指厚度小于2 mm的不锈钢板。它广泛用于装饰装潢行业，如不锈钢包柱、不锈钢门、不锈钢窗、不锈钢操作台、不锈钢橱窗等。不锈钢板的宽度一般为500~1000 mm，长度一般为2000~3000 mm，厚度一般有0.35 mm、0.4 mm、0.5 mm、1.0 mm、1.2 mm、1.4 mm、1.5 mm、1.8 mm、2.0 mm等。

2．镜面不锈钢板

镜面不锈钢板是指有一定光泽度的不锈钢板。它具有光洁豪华、坚固耐用、永不生锈、容易清洗等特点，广泛用于宾馆、商场、办公楼、机场等建筑的柱、墙、天花、橱窗、柜台等的装饰。镜面不锈钢分8 k和8 s两种。厚度一般为0.6~1.5 mm，宽度一般为1219 mm，长度一般为2438 mm和3048 mm两种。

3．不锈钢管材

不锈钢管材有圆管、方管、矩形管三种，它们主要用作门拉手、五金配件、楼梯扶手等部件，也可作为水管。不锈钢管的壁厚一般有0.5 mm、0.6 mm、0.8 mm、1.0 mm、1.2 mm、2.0 mm、2.5 mm、3.0 mm、3.5 mm、4.0 mm、5.0 mm、6.0 mm等。圆形管外径一般有12.7、19 mm、22 mm、38 mm、45 mm、50 mm、80 mm、102 mm、108 mm、114 mm等。方管的规格一般有10 mm×10 mm、20 mm×20 mm、38 mm×38 mm、40 mm×40 mm、50 mm×50 mm、60 mm×60 mm、80 mm×80 mm等。矩形管的规格一般有20 mm×10 mm、25 mm×13 mm、40 mm×20 mm、50 mm×25 mm、60 mm×30 mm、80 mm×45 mm、90 mm×45 mm、100 mm×45 mm等。（图5-25）

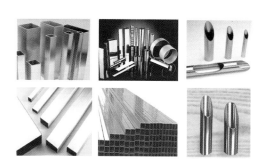

4．彩色不锈钢板材

彩色不锈钢板的厚度一般有0.2 mm、0.3 mm、0.4 mm、0.5 mm、0.6 mm、0.8 mm等，长×宽一般为2000 mm×1000 mm和1000 mm×500 mm

图5-25　不锈钢管材

两种。

不锈钢可用在各种场合（图5-26）。

不锈钢雕塑　　　　不锈钢装饰条　　　　不锈钢盲道钉　　　　不锈钢旱喷泉箅子

不锈钢玻璃隔断　　　　不锈钢雨棚　　　　不锈钢玻璃栏杆　　　　不锈钢隔断扶手　　　　不锈钢室外扶手

图5-26　不锈钢的应用

图 5-27　食品级不锈钢

图 5-28　食品级不锈钢应用于室内整体橱柜

五、食品级不锈钢

食品级不锈钢是指食品机械接触食品的部分，必须符合一定食品安全的要求。（图5-27）因为食品制作过程需要接触大量的酸碱，而不锈钢含铬，不合格的不锈钢，遇酸碱会溶出质量参差不齐的带有毒性的铬；而且会产生超出含量限制的铅、镉等多种合金杂质元素。食品接触用不锈钢的主要安全问题为重金属的迁移。一般情况下不锈钢制品在盛放、烹煮食物或与食品接触过程中，不构成食品安全风险。当不锈钢制品在使用中迁移的重金属超过限量时，有可能危害人体健康。欧盟相关法令规定了不锈钢制品中有害物质的迁移量，国家标准GB 9684—1988《不锈钢食具容器卫生标准》对不锈钢中的重金属迁移量作出了规定。

在食用级不锈钢的选用中重点研究了不同型号不锈钢中铬、镍、镉、砷等重金属的迁移量，以保障人体健康为宗旨，并以国际权威机构的风险评估报告为依据，参考了德国LFGB法规的相关规定修订了重金属的迁移限量，严格控制食品安全风险。

新的国家标准GB 9681—2011《食品安全国家标准不锈钢制品》适用于主体材料为不锈钢的食具容器及食品生产经营用工具、设备，不锈钢制品的非主体材料可采用金属、玻璃、橡胶、塑料等其他材料制成。在室内空间的应用中，食品级不锈钢主要用于室内整体橱柜的选材。（图 5-28 ）

第三节　有色金属装饰材料

有色金属是指除黑色金属以外的金属，如金、银、铜、铅、锡等金属及其合金。

有色金属按密度可分为有色重金属和有色轻金属两大类。有色重金属一般是指密度在4.5 g/cm³以上的金属，如金、银、铜、铅、锡、锌等，在装饰工程中主要使用铜及铜合金。有色轻金属是指密度在4.5 g/cm³以下的金属，如镁、铝、钙、钾、钛等，在装饰工程中主要使用铝及铝合金。

一、铜及铜合金

（一）紫铜

铜是古代就已经知道的金属之一。一般认为人类知道的第一种金属是金，其次就是铜。铜在自然界中以化合物的状态存在，属于易冶炼的金属，所以，古人很早就掌握了铜的冶炼技术，开始使用铜及铜合金。一般铜的表面会形成一层紫红色氧化铜的薄膜，所以纯铜也称为紫铜。它的密度为8.92 g/cm³，熔点为1083 ℃，沸点为2576 ℃。具有良好的导热、导电、耐腐蚀性，导电性为64%，耐腐蚀性为23%，结构强度为12%，装饰性系数为1%，而且延展性好。利用其延展性及锻铜工艺，可制作锻铜雕塑及浮雕。其强度较低，所以不能作为结构材料。铜加入锌则为黄铜，加入锡即成青铜。（图5-29、图5-30）

（二）铜及铜合金的分类和焊接特点

1．分类

（1）纯铜。纯铜常被称为紫铜，具有良好的导电性、导热性和耐腐蚀性。纯铜用T（铜）表示，如T1、T2、T3等，氧的含量极低。氧含量不大于0.01 %的纯铜称为无氧铜，用TU（铜无）表示，如TU1、TU2等。（图5-31、图5-32）

（2）黄铜。以锌为主要合金元素的铜合金称为黄铜。如果只是由铜、锌组成的黄铜就称为普通黄铜。如果是由两种以上的元素组成的多种合金就称为特殊黄铜，如由铅、锡、锰、镍、铁、硅组成的铜合金。特殊黄铜（特种黄铜）有较强的耐磨性能，其强度高、硬度大、耐化学腐蚀性强，切削加工的机械性能也较突出。由黄铜所拉成的无缝铜管，质软、耐磨性能强，可用于热交换器和冷凝器、低温管路、海底运输管等；可制造板料、条材、棒材、管材，铸造零件等。黄铜中含铜62%~68%，塑性强，可制造耐压设备等。普通黄铜用H（黄）表示，如H80、H70、H68等。（图5-33）

图5-29　紫铜板

图5-30　紫铜锭

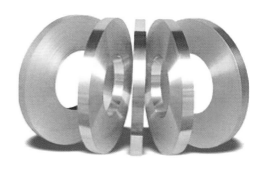

图5-31　铜条

图5-32　铜板卷

图5-33 黄铜锭

图5-34 金星铜铜檐

图5-35 铜殿

紫铜子母门　铜电梯门　铜电梯门　铜艺门　紫铜单开门

图5-36 各式铜门

（3）青铜。以前把铜与锡的合金称为青铜，现在则把除了黄铜以外的铜合金称为青铜。常用的有锡青铜、铝青铜等。青铜用Q（青）表示。

2．焊接特点

铜及铜合金的焊接特点有：

（1）难熔合、易变形；

（2）容易产生热裂纹；

（3）容易产生气孔。

铜及铜合金焊接主要采用气焊、惰性气体保护焊、埋弧焊、钎焊等方法。铜及铜合金导热性能好，所以焊接前一般应预热，并采用大线能量焊接。气焊时，紫铜采用中性焰或弱碳化焰，黄铜则采用弱氧化焰，以防止锌的蒸发。

（三）铜及铜合金装饰制品

欧洲采用铜板制作屋顶和漏檐已有传统。北欧国家中甚至用它做墙面装饰。铜耐大气腐蚀性能很好、经久耐用、可以回收；有良好的加工性，可以方便地制作成复杂的形状；而且色彩美观，因而很适合于房屋装修。它在教堂等古建筑物屋顶上的应用已有悠久历史，于1966年开放的水晶宫运动中心，就曾用60吨铜做成波浪形的屋顶。据统计，做屋顶用的铜板，在德国平均每人每年消费0.8千克，美国为0.2千克。此外，家居用品如门把手、锁、百叶、灯具、墙饰以及厨房用具等都离不开它；另外，还应用于铜柱、铜塔、铜殿、铜家具、金属装饰工程、铜建筑工程、铜城雕工程、铜景区工程、铜寺庙装饰工程以及铜工艺美术品等。铜制品不但经久耐用，消毒卫生，而且能散发出高雅的气息，深受人们喜爱。（图5-34～图5-42）

二、铝及铝合金

铝是银白色有光泽金属，密度为2.702 g/cm³，熔点为660.37 ℃，沸点为2467 ℃。铝具有良好的导热性、导电性和延展性，电离能5.986 eV（电子伏特），虽是较活泼的金属，但在空气中其表面会形成一层致密的氧化膜，使之不能与氧、水继续作用。在高温下能与氧反应，放出大量热。

（一）分类

铝按其化学成分可分为纯铝及铝合金。

1．纯铝

纯铝按其纯度可分为高纯铝、工业高纯铝和工业纯铝三类。焊接主要使用工业纯铝。工业纯铝的纯度为99.7％、98.8％，其牌号有L1、L2、L3、L4、L5、L6等六种。

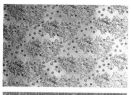

图5-37　刻花铜板　　　　　　　　　　图5-38　铜浮雕　　　　图5-39　铜装饰线条

图5-40　紫铜装饰雕塑　　　　　　　　图5-41　美国某大学铜标牌　　　　　图5-42　大连星海广场铜地景浮雕

纯铝很软，强度不大，有着良好的延展性，可拉成细丝和轧成箔片，大量用于制造电线、电缆，无线电工业以及包装业。它的导电能力约为铜的三分之二，但由于其密度仅为铜的三分之一，因而将等质量和等长度的铝线和铜线相比，铝的导电能力约为铜的两倍，且价格较铜要低。所以，野外高压线多用铝做成，既节约了大量成本，又缓解了铜材的紧张局面。

铝的导热能力比铁大三倍，工业上常用铝制造各种热交换器、散热材料等，家庭使用的许多炊具也由铝制成。与铁相比，它还不易锈蚀，延长了使用寿命。铝粉具有银白色的光泽，常和其他物质混合用作涂料，刷在铁制品的表面，保护铁制品免遭腐蚀，而且美观。由于铝在氧气中燃烧时能发出耀眼的白光并放出大量的热，又常被用来制造一些爆炸混合物，如铵铝炸药等。

冶金工业中，常用铝热剂来熔炼难熔金属。例如，将铝粉和氧化铁粉混合，引发后即发生剧烈反应，常用此法来焊接钢轨。光洁的铝板具有良好的光反射性能，可用来制造高质量反射镜、聚光碗等。铝还具有良好的吸音性能，根据这一特点，一些演播室、现代化大型建筑外立面及室内的天花板等有的采用了铝及铝合金制品。

2．铝合金

在纯铝中加入合金元素就得到了铝合金。为了克服纯铝较软的特性，可在铝中加入少量镁、铜，就可制成坚韧的铝合金。铝合金既保持了铝量轻的特性，同时力学性能明显提高(屈服强度可达210~500 MPa，抗拉强度可达380~550 MPa)，因而大大提高了其使用价值，不仅可用于建筑装修，还可用于结构方面。人们根据不同的需要，研制出了许多铝合金，在许多领域起着非常重要的作用。比如，在某些金属中加入少量铝，便可大大改善其性能。青铜(含铝4％~15％)，该合金具有很强的耐蚀性，硬度与低碳钢接近，且有着不易变暗的金属光泽，常用于珠宝饰物和建筑工业中，也用于制造机器的零件和工具。在铝中加入镁，便制成铝镁合金，其硬度比纯的镁和铝都大许多，而且保

留了其质轻的特点，常用于制造飞机的机身、火箭的箭体，以及门窗、建筑室内外装饰工程、船舶制造等。（图5-43）

根据铝合金的加工工艺特性，可将它们分为形变铝合金和铸造铝合金两类。形变铝合金塑性好，适宜于压力加工。（图5-44～图5-46）

 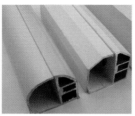 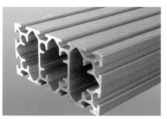 

图5-43　铝板在建筑外立面的　图5-44　铝合金型材1 ········ 图5-45　铝合金型材2 ··········· 图5-46　铝合金窗型材
　　　　　应用效果图

形变铝合金按照其性能特点和用途可分为防锈铝（LF）、硬铝(LY)、超硬铝(LC)和锻铝(LD)四种。

铸造铝合金按加入的主要合金元素，可分为铝硅系(Al-Si)、铝铜系(Al-Cu)、铝镁系(Al-Mg)和铝锌系(Al-Zn)四种。

（二）常用铝及铝合金装饰制品

1．铝合金门窗

20世纪80年代末，门窗是以铝为主的合金型材制作的铝合金门窗，虽然解决了钢窗的一些缺点，但型材本身为金属材料，冷热传导快，没有从根本上解决密封、保温等问题。即使配上中空玻璃，但整窗K值也只能达到4.5 W/(m²·K)左右。（图5-47）

图5-47　铝合金窗

图5-48　弯制好的铝单板

20世纪90年代中后期，门窗市场出现断桥铝合金隔热门窗，是当时门窗市场上的高档产品。型材设计中间采用高强度绝缘绝热合成材料，表面处理采用粉末喷涂、氟碳喷涂及树脂热印等高新技术，可以满足建筑设计及室内装修设计对色彩的需求。

断桥铝合金隔热门窗的突出优点是质量轻、强度高、水密性和气密性好，防火性佳，耐腐蚀、使用寿命长，装饰效果好，环保性能好。断桥式铝塑复合窗的原理是利用塑料型材将室内外两层铝合金既隔开又紧密连接成一个整体，构成一种新的隔热型的铝型材。用这种型材做门窗，彻底解决了铝合金传热快、不符合节能要求的缺点。

2．铝及铝合金装饰板

（1）铝单板。铝单板幕墙由原质铝板加工而成，表层采用氟碳喷涂，能耐受紫外线照射、温度变化和大气侵蚀，具有良好的抗弯强度及优良的抗风压性能，并且能够二次开发使用。铝型材表面经氟碳喷涂，具有颜色众多、性能出色、使用寿命长、美观大方、环保及永不褪色等优点，在现代建筑外立面、装修工程中被广泛应用。（图5-48）

（2）铝塑板。铝塑板（又称铝塑复合板）以铝板作表层，聚乙烯作中层，经过一系列的高科技工艺复合而成，具有隔音、防火、防水、耐腐蚀、防震性强、可减轻建筑负荷、密度小、刚性强、易加工、高档华丽、耐持久等特点。铝塑复合板本身所具有的独特性能，决定了其用途广泛，它可以用于大楼外墙、帷幕墙板、旧楼改造翻新、室内墙壁及天花板装修、广告招牌、展示台架、净化防尘工程等。铝塑复合板在国内已大量使用，属于一种新型建筑装饰材料。铝塑复合板作为一种新型装饰材料，自20世纪80年代末90年代初从韩国和我国台湾地区引进，便以其经济性、可选色彩的多样性、便捷的施工方法、优良的加工性能、绝佳的防火性及高贵的品质，迅速受到人们的青睐。铝塑复合板是由多层材料复合而成的，上下层为高纯度铝合金板，中间层为无毒低密度聚乙烯

（PE）芯板，其正面还粘贴一层保护膜。用于室外时，铝塑复合板正面可涂覆氟碳树脂（PVDF）涂层，用于室内时，其正面可采用非氟碳树脂涂层。铝塑复合板是易于加工、成型的好材料，更是追求效率、争取时间的优良产品，它能缩短工期、降低成本。铝塑复合板可以切割、裁切、开槽、带锯、钻孔、加工埋头，也可以冷弯、冷折、冷轧，还可以铆接、螺丝连接或胶合黏结等。（图5-49、图5-50）

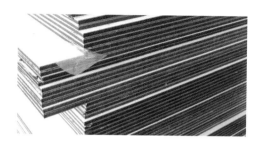

图5-49　铝塑板

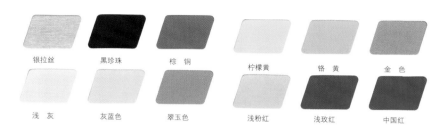

银拉丝　　黑珍珠　　棕铜　　柠檬黄　　铬黄　　金色

浅灰　　灰蓝色　　翠玉色　　浅粉红　　浅玫红　　中国红

图5-50　铝塑板色卡

（3）铝合金花纹板。铝合金花纹板采用防锈铝合金坯料，用具有一定花纹的轧辊轧制而成。其花纹美观大方，筋高适中而不易磨损，防滑性能好，耐腐蚀性好；通过表面处理可获得美丽的色彩，装饰效果好。因其加工方便，易裁剪和安装，被广泛应用在建筑物的室内墙面装饰工程及楼梯踏板的防滑处理上。（图5-51）

（4）铝合金波纹板。铝合金波纹板采用强度高、耐腐蚀性好的防锈铝制成，颜色有多种，装饰效果比较好。铝合金波纹板外立面系统适用于各种建筑物外墙，具有别具一格的建筑曲线美感，将通风、防水、保温、隔音等建筑功能融为一体。材料选择防腐蚀性能强，使用寿命长的铝镁锰合金，系统使用寿命可达50年以上。（图5-52）

（5）铝合金孔板。铝合金孔板采用各种铝合金平板经机械加工穿孔而成。孔型及孔径可根据设计需要而定，一般有圆孔、方孔、条孔、三角孔、多角形孔等。铝合金孔板具有耐腐蚀性好、吸声效果好、光洁度高、材质轻、造型美观、装饰效果好、立体感强等优点，大量应用于建筑室内外装饰及吸声效果要求高的工程中。（图5-53）

（6）铝合金扣板。铝合金扣板又称为铝合金条板，主要有开放式条板和插入式条板两种，有银白色、茶色、彩色(烘漆)等。其简单、方便、灵活的组合可为现代建筑提供更多的设计构思。扣板吊顶由可卡进特殊龙骨的铝合金条板组成。扣板分针孔型和无孔型，有数十种标准颜色系列，特别适合机场、地铁、商业中心、宾馆、办公室、医院和其他建筑使用。所使用的小型配件可和其他各种吊顶型号的吊顶通用。具有良好的性能，能防火、防潮、防腐蚀、耐久、易清洗。且色彩高雅、富于立体感，可根据时代要求来选择花色。（图5-54、图5-55）

（7）铝合金格栅天花。格栅天花造型新颖，通风性好，立体感极强，适用于超级市场、酒吧或商场等场所。常规厚度为0.5 mm，可根

图5-51　铝合金花纹板

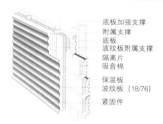

底板加强支撑
附属支撑
底板
波纹板附属支撑
隔离片
吸音棉
保温板
波纹板(18/76)
紧固件

图5-52　铝合金波纹板的安装

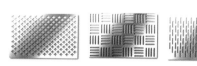

图5-53　铝合金孔板

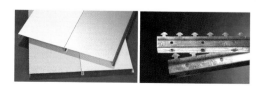

图5-54　铝合金扣板　　图5-55　铝合金扣板龙骨

图5-56　铝合金格栅的应用

图5-57　铝合金方板

据要求加厚。有75 mm×75 mm、100 mm×100 mm、110 m×110 mm、120 mm×120 mm、125 mm×125 mm、200 mm×200 mm、250 mm×250 mm等规格，高度为30 mm、40 mm、50 mm。（图5-56）

（8）铝合金方板。铝合金方板吊顶的装饰效果非常独特，而且，方板的规格尺寸与很多灯具的尺寸协调一致，能使吊顶表面组成一个有机整体。在装修时，一般吊顶板采用铝合金方板，墙边补缺处采用铝合金靠墙板。方板平面尺寸为500 mm×500 mm或600 mm×600 mm。按方板边缘不同可分为嵌入式方板和浮搁式方板。铝合金方板吊顶也可采用T形断面的中龙骨，但必须配装浮搁式方板。龙骨分为大龙骨和中龙骨，大龙骨断面呈U形，中龙骨断面呈Y形。铝合金方板吊顶根据大龙骨承受荷载能力的不同分为轻型、中型和重型三类。（图5-57）

（9）铝合金挂片。铝合金条形挂片天花适用于大面积公共场合使用，结构美观大方，线条明快，并可根据不同环境，使用相应规格的天花挂片，在图形组合上变化多样，且安装方便。（图5-58~图5-64）

图5-58　铝合金挂片　　图5-59　首都机场T3航站楼内铝合金挂片

图5-60　铝合金　　　图5-61　铝合金挂片与　　图5-62　铝合金挂片　　图5-63　铝板天花　　　图5-64　首都机场T2航站
　　　　　　　　　　　　　　　铝扣板　　　　　　　　　　吊顶　　　　　　　　　　　　　　　　　　　　楼天花

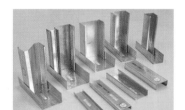

图5-65　各类型号的轻钢龙骨

图5-66　吊顶轻钢龙骨

（10）轻钢龙骨。轻钢龙骨是安装各种罩面板的骨架，是木龙骨的换代产品。轻钢龙骨配以不同材质、不同花色的罩面板，不仅改善了建筑物的热学、声学特性，也直接造就了不同的装饰艺术和风格，是室内设计必须考虑的重要内容。（图5-65）轻钢龙骨从材质上分有铝合金龙骨、铝带龙骨、镀锌钢板龙骨。和薄壁冷轧退火卷带龙骨。从断面上分有V形龙骨、C形龙骨及L形龙骨三种。从用途上分有吊顶龙骨（代号D）（图5-66）、隔断（墙体）龙骨（代号Q）两种（图5-67）。吊顶龙骨有主龙骨（大龙骨）、次龙骨（中龙骨和小龙骨）。主龙骨又称承载龙骨，次龙骨又称覆面龙骨。隔断龙骨有竖龙骨、横龙骨和通贯龙骨之分。铝合金龙骨多做成T形，T形龙骨主要用于吊顶。各种轻钢 薄板多作 成V形龙骨和C形龙骨，它们在吊顶和隔断中均可采用。

图5-67 隔断轻钢龙骨

第四节 新型金属装饰材料

一、新型金属装饰材料发展状况分析

我国新型建材工业是伴随着改革开放的不断深入而发展起来的，经过几十年的努力，基本上完成了从无到有、从小到大的发展过程，在全国范围内形成了一个新兴的行业，成为建材工业中的重要产品门类和新的经济增长点。目前，全国新型建材企业星罗棋布，在市场需求的带动下，不同档次、不同花色品种装饰装修材料的发展，为改变城市面貌提供了材料保证。我国已经形成了新型建材科研、设计、教育、生产、施工、流通的专业队伍。

二、分类

1．新型金属板材类

（1）钛锌板——原色、预钝化板（蓝灰色、青铜色）。

（2）太古铜板——原铜（紫色）、预钝化板（咖啡色、绿色）、镀锡铜。（图5-68）

图5-68 太古铜板

（3）铝锰镁合金板——原色、垂纹氧化、不锈铝板、普通涂层、预辊涂氟碳涂层。

（4）钛金属板——原钛、发丝或垂纹处理、氧化膜发色。

（5）镀铝锌钢板——普通涂层、预辊涂氟碳涂层。

（6）钛铝复合板——钛板与铝合金板用防火聚合物高温挤压而成。（图5-69）

图5-69 钛铝复合板

（7）铜铝复合板——铜板与铝合金板用防火聚合物高温挤压而成。

2．新型金属网材类

新型金属网材类主要包括金属网（图5-70）、金属布和金属帘。

3．新型金属马赛克类

金属马赛克是由不同金属材料制成的一种特殊马赛克，有光面和亚光面两种。新型金属马赛克还包括不锈钢马赛克、金属拼花马赛克等。

三、常用新型金属装饰材料

1．钛锌金属板

钛锌金属板作为室外的建材已经应用得非常广泛，而作为室内的装饰材料目前也越来越得到建筑师和业主的青睐。（图5-71～图5-73）

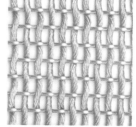

图5-70 金属网

图5-71 钛锌金属板墙面　图5-72 钛锌金属板背景墙　图5-73 钛锌金属板柱面

欧美各国将锌辊轧金属板用于建筑屋面已有200年的历史，锌在中国的使用已经有超过400年的历史。德国莱茵辛克公司根据多年的锌板制作经验和研究，将钛与铜加入锌内，从而创造了钛锌合金。经过辊轧成片、条或板状的建材板，称为莱茵辛克钛锌板。

莱茵辛克钛锌板是由纯度为99.995%的电解锌与1%的钛和铜组成的合金，莱茵锌克钛锌板有原锌、蓝灰色预钝化锌和石墨灰预钝化锌等三种；常用厚度有0.70 mm、0.80 mm、1.00 mm、1.20 mm、1.50 mm等五种。

所有莱茵辛克钛锌板屋面和幕墙系统均为结构性防水、通风透气、且不使用胶的系统，完全通过咬合、搭接、折叠等方式实现。其优点总结如下。

（1）经久耐用。依据使用条件、板厚和正确的安装，莱茵锌克钛锌板的使用寿命预期为80~100年。

（2）自我愈合。莱茵锌克钛锌板在运输、安装或在其寿命周期内如被轻微划伤，可因锌的特性自愈合。

（3）易于维护。由于有特殊的氢氧碳酸锌保护层，在整个寿命周期内，莱茵锌克钛锌板不需特别维护或清洁；此外，莱茵锌克钛锌板具有防紫外线和不退色的特性。

（4）兼容性强。莱茵锌克钛锌板可与铝、不锈钢和镀锌钢板等多种材料兼容。

（5）成型能力好。莱茵锌克钛锌板能被折叠180°而无任何裂纹，再折回到它的原始状态也不会断裂，可以形成任何形状。

（6）环保性好。该材料是绿色建材。

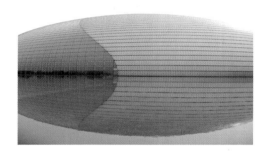

图5-74 国家大剧院远景

图5-75 国家大剧院钛金属壳体

2．钛金属板

钛在地球中含量丰富。钛金属板是一种新型建筑材料，在国家大剧院、杭州大剧院等大型建筑上已得到成功应用，这标志着钛材幕墙时代在我国建筑领域的开始。

钛金属板主要有表面光泽度高、强度高、热膨胀系数低、耐腐蚀性优异、无环境污染、使用寿命长、机械和加工性能良好等特性。钛材本身的各项性能是其他建筑材料不可比拟的。

中国国家大剧院近40000 m²的壳体外饰面，有30800 m²是钛金属板，6 700 m²是玻璃幕墙。2000多块尺寸约2000 mm×800 mm×4 mm的钛金属板是由0.3 mm厚的钛加3.4 mm厚的氧化铝加0.3 mm厚的不锈钢复合而成。（图5-74、图5-75）

外层钛表面经过特殊氧化处理，化学性质稳定、强度高、自重轻、耐腐蚀。由钛金属板往内依次是起防水作用的304垂纹铝镁合金板、起保温作用的玻璃纤维棉板（16 kg/m³）、2 mm厚钢衬板，衬板内层喷K13吸音粉末（100 kg/m³），内饰红木吊顶。起防水作用的铝镁合金具有极强的抗腐蚀能力，特别是在酸性环境下，其防腐蚀性能大大优于钢板和普通铝合金板。内饰红木是经防火处理的宽120 mm、厚13 mm（0.6 mm红木贴皮，内为12 mm厚多层阻燃板）的条板，条板间留有30 mm的空隙用以解决声学和回风问题。

3．太古铜板

铜板也是很好的屋面、墙面装饰材料。太古铜板为半硬状态，具有极佳的加工适应性，特别适合采用平锁扣和立边咬合的金属屋面。太古铜板包括原铜（紫色）、预钝化板（咖啡色、绿色）和镀锡铜，其优点如下。

（1）具有耐久性，因为它自身具有抗侵蚀能力，特别适合用在日渐受到污染侵蚀的大气中。

（2）具有良好的韧性，加工性强，可满足各种造型的屋面。

（3）生命周期长，维护费用少，经济、耐用。

（4）可循环利用，具有环保性。

4．金属雕花板

1）金属雕花板的基本知识

金属雕花板的表面是经特殊图层处理过的优质彩色浮雕饰面金属板，中间层是经阻燃处理的硬质高密度聚氨酯发泡保温断热层，底面是起到隔热保温防潮作用的铝箔保护层，常用作外墙装饰板。由于墙板本身具备着保温隔热、防水阻燃、轻质抗震、施工便捷、隔音降噪、绿色环保、美观耐久等特性，同时因其板体组装方式简单实用，不受季节环境限制，因此安装使用非常安全方便，四季皆宜。（图5-76）这种革新的外墙保温装饰板凸显了它绝对的优势。

图5-76　金属雕花板

百余种浮雕花纹和色彩有百余种的搭配组合。豪华美观的装饰效果，使建筑突显档次与品位。其简便灵活的拆装方式，使墙面设计搭配的更换变得轻而易举。该板材既适用于新建的砖混结构、框架结构、钢结构、轻体房等类型建筑外墙的保温装饰，也适用于既有建筑的装饰节能改造，以及室内装饰。（图 5-77）

金属雕花板材料具备装饰与保温功能，外观上，通过对合金钢板压花和烤漆，可形成红木纹、文化石、大理石、马赛克等多种艺术装饰效果；金属

图5-77　金属雕花板应用于室内墙面

雕花板的复合聚氨酯保温隔热层，有效解决传统装饰材料功能单一的问题，外墙装饰与隔热同步进行；采用金属雕花板装修的房子，因其良好的隔热效果，在夏天，室内温度相对普通建筑要低3～5℃，只需5～8年时间，在空调制冷方面节约的费用就可以收回材料成本。

2）金属雕花板的应用

金属雕花板材料成品化，最大化的减少现场加工，安装更简易更快捷，可有效减少安装费用，加快施工进度、缩短工期；有效消除作业环境和工人带来的不确定性，确保质量优异而且稳定；克服传统材料因辅料、工人操作、基层等原因引起的装饰质量问题，比如涂料开裂、瓷砖脱落等现象。

金属雕花板面漆采用高耐候聚酯漆或氟碳漆，运用烤漆工艺覆涂在基层合金钢板上，面层形成致密的四元结晶层，有效避免普通涂层龟裂、脱落现象；金属雕花板自洁性强，确保外观时刻靓丽，户外使用能达到10～15年不褪色；基层钢板采用镀铝锌合金钢板，其耐蚀性强，使用寿命可达45年以上。

金属雕花板施工采用龙骨干挂，对基层的平整度及清洁程度要求低；板与板之间插接式安装，连接缝、阴阳角有相应配件扣接，基本免除用胶密封、勾缝，对作业温湿度要求低；对砖混、框架、剪力墙、钢结构等各类建筑结构具有极强的适应性。

5．金属网

金属网是一种新型建筑装饰材料，采用优质不锈钢、铝合金、黄铜、紫铜等合金材料，经特殊工艺编制而成。因其具有金属丝和金属线条特有的柔韧性和光泽度，被广泛应用于建筑物的立面、隔断、吊顶以及机场、车站、宾馆、酒店、歌剧院、展厅等高档室内外装饰，效果十分显著，彰显典雅气质，非凡个性，高贵品位。

用于建筑装饰的金属网多用于展厅、酒店、豪华客厅的屏风，高级办公楼、豪华舞厅、营业大厅、大型购物中心、体育中心等的室内外装饰，以及特色建筑的屋顶、墙壁、楼梯、栏杆等。它有很好的装饰效果，同时也能起到一定的防护作用。

金属网被应用于室外幕墙时，由于金属材料独有的坚固性，使它具有很强的抵御风暴等气候灾害侵袭的能力，同时易于维护。单纯从观赏角度看，金属网具有丝织品的特点，给人以视觉享受，用作室内的屋顶或隔断墙时，其材质特有的通透性和光泽感可赋予空间更多的审美乐趣。

图5-78　金属布

图5-79　金属珠帘

6. 金属布

金属布由多个小铝片结合而成，颜色多样，可用作酒店、咖啡厅、宾馆等的屏风隔断、吊顶等，也可用于橱窗装饰，有很好的装饰效果。（图5-78）

7. 金属帘

金属帘颜色多变，在光的折射下，想象空间无限，美丽尽收眼底。金属帘分为金属垂帘和金属珠帘两种。金属垂帘常用于墙面的掩盖装饰，室内的隔断装饰，柱子的覆面装饰，天花的立体装饰。金属垂帘透明，能打褶，可以让光和空气通过，利用光和颜色，想象空间无限，大小任意，色彩很广。金属珠帘色彩齐全，光泽艳丽，线条明快，能烘托出展示物冷暖对应的双面性格，自然大方地融入展示空间，充分营造出现代金属装饰的前卫艺术风格。

金属珠帘有2.3 mm、3.0 mm、4.5 mm、6.0 mm、8.0 mm、10 mm等几种规格，还可根据使用要求定做，材质有铜、铁、不锈钢等，表面可电镀铜、镍、铬等，有仿金、古铜、咖啡等颜色，广泛用于窗帘及酒店装饰装潢。（图5-79）

8. 金属马赛克

说起金属，人们联想到的就是"金光闪闪"，近年来出现的金属马赛克通常给人以这种感觉。金属马赛克可在一个装饰面上，灵活运用各色各样精美的几何排列，既可是颜色的渐变，也可以作为其他装饰材料的点缀，将材料本身的典雅气质和浪漫情调演绎得淋漓尽致。但这种时尚、前卫的马赛克多用于充满现代感的卫生间中。一般的金属马赛克表面烧有一层金属釉；也有的在马赛克表面紧贴一层金属薄片，上面则是水晶玻璃。前者是陶瓷质地，后者是玻璃质地，二者都较为常见，但并非真正意义上的金属马赛克。真正的金属马赛克的材料是纯金属，金属马赛克因其独有的厚重质感可以彰显其尊贵风范。豪华的装饰和时尚前卫的商业空间因金属马赛克而更显奢侈和新潮，无论装饰在哪里都给人一种强有力的视觉冲击和诱惑力；加上其环保、无辐射等特性，使其正式成为越来越多追求高品质生活的人追捧的对象。（图5-80）

随着金属装饰材料的发展，金属马赛克的工艺也得到了一定改进，在建筑装饰中也被广泛应用。金属马赛克颗粒的一般尺寸有：20 mm×20 mm、25 mm×25 mm、30 mm×30 mm、50 mm×50 mm、100 mm×100 mm等。

图5-80　金属马赛克

第五节　金属装饰材料的防腐

一、金属的防护及保护方法

针对金属腐蚀的原因，可采取适当的方法防止金属腐蚀，常用的方法有以下几种。

（1）改变金属的内部组织结构。例如，制造各种耐腐蚀的合金，如在普通钢铁中加入铬、镍等制成不锈钢。

（2）覆盖保护层法。在金属表面覆盖保护层，使金属制品与周围腐蚀介质隔离，从而防止腐蚀。例如，在钢铁制件表面涂上机油、凡士林、油漆或覆盖搪瓷、塑料等耐腐蚀的非金属材料；用电镀、热镀、喷镀等方法，在钢铁表面镀上一层不易被腐蚀的金属，如锌、锡、铬、镍等，这些金属常因氧化而形成一层致密的氧化物薄膜，从而阻止水和空气等对钢铁的腐蚀。（图5-81~图5-83）

  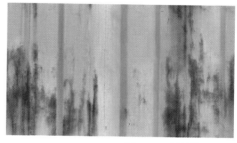

图5-81　锈蚀严重的钢板　　　　　　　　　图5-82　锈蚀的钢板　　　　　　　　　图5-83　锈蚀的彩钢板

（3）化学保护法。使钢铁表面生成一层细密稳定的氧化膜。如在机器零件、枪炮等钢铁制件表面形成一层细密的黑色四氧化三铁薄膜等。

（4）电化学保护法。利用原电池原理进行金属的保护，设法消除引起电化学腐蚀的原电池反应。电化学保护法分为阳极保护法和阴极保护法两大类。应用较多的是阴极保护法。

（5）对腐蚀介质进行处理。消除腐蚀介质，如经常揩净金属器材，在精密仪器中放置干燥剂，在腐蚀介质中加入少量能减缓腐蚀速度的缓蚀剂等。

二、防腐前金属材料处理

通常金属材料表面会附有尘埃、油污、氧化皮、锈蚀层、污染物、盐分或松脱的旧漆膜，其中氧化皮是比较常见但最容易被忽略的部分。氧化皮是在钢铁高温锻压成型时所产生的一层致密氧化层，通常附着比较牢固，但相比钢铁本身则较脆，并且其本身为阴极，会加速金属腐蚀。如果不清除这些物质，直接涂装，势必会影响整个涂层的附着力及防腐能力。据统计，大约有70％以上的油漆问题是由于不适当的表面处理所引起的。因此，合适的表面处理对于金属防腐涂装油漆系统来说是至关重要的。

1．金属材料防腐表面清理步骤

（1）铲除各种松脱物质。

（2）溶剂清洗除去油脂。

（3）使用各种手工或电动工具或喷砂等方法处理表面直至符合上漆标准。

2．金属材料防腐涂装表面处理方法

（1）溶剂清洗。利用溶剂或乳液除去表面的油脂及其他类似的污染物。由于各种手工或电动工具甚至喷砂处理均无法除去金属表面油脂，因此溶剂清洗一定要在使用其他处理方式之前进行。

（2）手工工具清洁。通常使用钢丝刷刷、砂纸打磨、刮、凿或其组合方法等，除去钢铁及其他表面的疏松氧化皮、旧漆膜及锈蚀物。这种方法一般速度较慢，只有在其他处理方法无法使用时才采用。通常用这种方法处理过的金属表面其清洁程度不会非常高，仅适合轻防腐场合。

图5-84　机动工具清洁

图5-85　喷砂处理

（3）机动工具清洁。使用手持机动工具如旋转钢丝刷、砂轮或砂磨机、气锤或针枪等工具进行清洁。使用这种方法可以除去表面的疏松氧化皮、损伤旧漆膜及锈蚀物等。这种方法比起手工工具处理有更高的效率，但不适合重防腐或沉浸场合。(图5-84)

（4）喷砂处理。实践证明，无论是在施工现场还是在装配车间，喷砂处理都是除去氧化皮的最有效方法。这是成功使用各种高性能油漆系统的必要处理手段。喷砂处理的清洁程度必须规定一个通用标准，最好有标准图片参考，并且在操作过程中规定并控制表面粗糙度。表面粗糙度取决于几方面的因素，但主要受到所使用的磨料种类及其粒径和施力方法(如高压气流或离心力)的影响。对于高压气流，喷嘴的压力大小及其对工件的角度是表面粗糙度的决定因素；而对于离心力或机械喷射方法来说，喷射操作中的速率是非常重要的。喷砂处理完成后必须立即上底漆。喷砂处理也有一些局限性。它不能清除各种油脂及热塑性旧涂层如沥青涂料；它不能清除金属表面可能附有的盐分；它还会带来粉尘的问题且处理废弃物的成本较高；磨料本身的成本也比较高。(图5-85)

（5）酸洗清洁。酸洗清洁是一种古老的车间处理方法，用于除去钢铁上的氧化皮。目前仍有几个步骤在被使用，通常为一个双重体系包括酸腐蚀及酸钝化。酸洗清洁的一个缺点是它将钢铁表面清洁了但粗糙度很低，而表面粗糙度高有助于提高重防腐油漆的附着力。

（6）燃烧清洁。此方法是利用高温、高速的乙炔火焰处理表面，可去除所有的松散的氧化皮、铁锈及其他杂质，然后以钢丝刷打磨。处理后表面必须全无油污、油脂、尘埃、盐分和其他杂质。

3．有色金属及镀锌铁的化学防腐

（1）铝材。溶剂清洗、蒸汽清洗及其他认可的化学预处理均为可接受的表面处理方法。上漆前应打磨表面并选用合适的底漆。

（2）铜和铅。溶剂清洗及手工打磨，或非常小心的喷砂处理(使用低压力及非金属磨料)，均可获得满意的表面处理结果。

（3）镀锌铁。应选用相对活泼的金属，使得原来作为阳极的钢铁转变为阴极，从而控制其腐蚀。在这种情况下，作为阳极的活泼金属不可避免地会被腐蚀，因而此方法也称为牺牲阳极防腐控制。富锌涂层或镀锌铁均采用这种机理进行防腐控制。对于新镀锌钢铁表面，在上漆前必须用溶剂清洗以除去表面污染物。同时也推荐使用腐蚀性底漆或富锌底漆进行预处理。镀锌后立即进行钝化处理的镀锌铁必须先老化数月，然后才可用腐蚀性底漆或富锌底漆进行预处理。另一种方法先是打磨，除去其表面钝化处理层。

三、金属防锈颜料的作用

1．常见防腐作用

（1）与成膜剂起反应形成致密的防腐涂层。

（2）防锈颜料是碱性物质，溶于水则形成碱性环境。

（3）水溶性的成分到达金属表面使表面钝化。

（4）与酸性物质反应使其失去腐蚀能力。

（5）水溶性成分或与成膜剂的反应生成物在水中溶解变为防腐成分等。

2．防腐机理

防锈颜料的上述防腐作用通常是同时存在的，其防腐机理包括物理的、化学的、电化学的三个方面。

（1）物理防腐。适当配以与油性成膜剂起反应的颜料可以得到致密的防腐涂层，使物理的防腐作用加强。例如，含铅类颜料与油料反应形成铅皂，使防腐涂层致密，从而减少了水、氧等有害物质的渗透。磷酸盐类颜料水解后形成难溶的碱式酸盐，具有堵塞防腐涂层中针孔的效果。而铁的氧化物或具有鳞片状的云母粉、铝粉、玻璃薄片等颜料填料均可以使防腐涂层的渗透性降低，起到物理防腐作用。

（2）化学防腐。当有害的酸性、碱性物质渗入防腐涂层时，能起中和作用，变为无害物质，这也是有效的防腐方法。尤其是巧妙地采用氧化锌、氢氧化铝、氢氧化钡等两性化合物，可以很容易地中和酸性或碱性有害物质而起防腐作用；或者能与水、酸反应生成碱性物质，这些碱性物质吸附在钢铁表面使其表面保持碱性，在碱性环境下钢铁不易生锈。

（3）电化学防腐。从涂层的针孔渗入的水分和氧通过防腐涂层时，与分散在防腐涂层中的防锈颜料反应，形成防腐离子。含有防腐离子的湿气到达金属表面，使钢铁表面钝化(使电位上升)，可防止铁离子的溶出，铬酸盐类颜料就具有这种特性。也可利用电极电位比钢铁低的金属来保护钢铁，例如，富锌涂料就是由于锌的电极电位比钢铁低，能起到牺牲阳极的作用而使钢铁不易被腐蚀。

四、常用防腐材料

高氯化聚乙烯防腐漆、环氧防腐漆、氯化橡胶漆、氟碳树脂漆、氨基树脂漆、醇酸树脂漆。

第六节　金属装饰材料的施工工艺

一、施工工具

金属材料切割机、台钻、手提曲线锯、角磨机、电锤、手枪钻、抛光机、冲击钻、电动修边机、液压拉铆枪、拉铆枪、射钉枪、电锯、无齿锯、冲击电锤、电焊机、注胶枪、安全带、工具袋、工具箱等。（图5-86）

手提曲线锯　　液压拉铆枪

角磨机　　拉铆枪

金属材料切割机　　台钻

电锤　　手枪钻　　抛光机

卷尺2m
汽车测电笔
小手电
钢丝钳7'/180mm
胎压仪
活扳手8'/200mm
旋具100×6 ⊖ ⊕

工具袋

冲击钻　　电动修边机

钳工锤0.2kg
钢丝钳6'/160mm
绝缘胶布
卷尺2m
电笔
活扳手8'/200mm
旋具75×5 ⊖ ⊕
剪刀
美工刀

工具箱

图5-86　施工工具

二、铝及铝塑板墙面施工工艺

1.施工准备

根据设计要求选择铝塑板，确定龙骨间隔尺寸；选择合适的龙骨断面及尺寸。同时铝材进场后需妥善保管，避免变形。

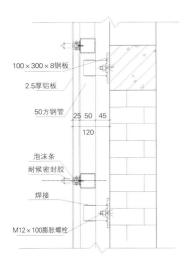

图5-87　铝板干挂墙面

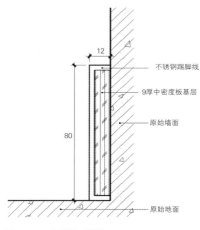

图5-88　不锈钢踢脚

2.工艺流程

龙骨布置与弹线→安装与调平龙骨→安装铝塑板→修边封口。

3.施工操作要点

（1）龙骨布置与弹线。确定标高控制线和龙骨布置线，如果墙面有凹凸变化时，应确定变截面部分的相应位置，接着弹线。根据铝塑板的尺寸规格及墙面的面积尺寸来安排墙面骨架的结构尺寸，要求板块组合的图案要完整。四周留边时，留边的尺寸要均匀或对称，将安排好的龙骨架位置线画在墙面上。根据纵横控制线安装与调平龙骨，从一端开始，边安装边调平，然后再统一精调一次。

（2）块板安装。铝塑板与龙骨架的安装，主要有干挂式或粘贴固定式，也可采用钢丝扎结式，安装时按弹好的板块安排布置线，从一个方向开始依次安装。铝塑板在安装时应轻拿轻放，保护板面不得受碰撞或刮伤。用M5自攻螺钉固定时，先用手电钻打出直径为4.2 mm孔位后再上螺钉。（图5-87）

（3）端部处理。当四周靠顶和地的边缘部分不符合方板的模数时，在取得设计人员和监理的批准后，可不采用以方板和靠墙板收边的方法，而改用条板或木质饰面等方法来处理。

三、不锈钢踢脚安装

1.施工准备

各种材料的材质要符合要求。

2.工艺流程

固定木楔安装→防腐剂刷涂→踢脚板木基板安装→不锈钢踢脚板安装。

3.施工操作要点

（1）木质基层板应在地面铺装完成后再安装，以保证踢脚板的表面平整。（图5-88）

（2）在墙内安装基层板基板的位置，每隔400 mm打入木楔。安装前，先按设计标高将控制线弹到墙面，使木基层板上口与标高控制线重合。

（3）木基层板与地面转角处安装木压条或安装圆角成品木条。

（4）木基层板基板接缝处应作陪榫或斜坡压槎，在90°转角处做成45°斜角接槎。

（5）木基层板背面刷水柏油防腐剂。安装时，木踢脚板基板要与立墙贴紧，上口要平直，钉接要牢固。用气动打钉枪直接钉在木楔上，若用明钉，钉帽要砸扁，并冲入板内2~3 mm。钉子的长度是板厚度的2.0~2.5倍，且间距不宜大于600 mm。

（6）不锈钢饰面工作待室内一切施工完毕后进行。表面保护膜在竣工前撕去，亚光不锈钢饰面板与基层板胶结时，应间隔胶结，间隔距离小于300 mm，接口处应采用压条压平整。

4．质量要求

（1）木基层板应钉牢墙角，表面平直，安装牢固，不应发生翘曲或呈波浪形等情况。

（2）采用气动打钉枪固定木基层板，若采用明钉固定时钉帽必须打扁并打入板2~3 mm，钉时不得在板面留下伤痕。板上口应平整。拉通线检查时，偏差不得大于3 mm，接搓平整误差不得大于1 mm。

（3）木基层板接缝处采用斜边压搓胶黏法。墙面阴、阳角处宜做45° 斜边，平整黏结接缝，不能搭接。木基层板与地坪必须垂直一致。

（4）木基层板含水率应按不同地区的自然含水率加以控制，一般不应大于18%，相互胶黏接缝的木材含水率相差不应大于1.5%。

（5）不锈钢饰面板板缝、接口处高差不大于0.5 mm，平整度不大于0.5 mm、接缝宽度不大于1 mm。

四、金属板吊顶施工工艺

1．材料要求

（1）轻钢龙骨分U 形龙骨和T 形龙骨，吊顶按荷载分上人和不上人两种。

（2）轻钢骨架主件为大、中、小龙骨，配件有吊挂件、连接件、插接件。

（3）零配件有吊杆、膨胀螺栓、铆钉。

（4）按设计要求选用各种金属罩面板，其材料品种、规格、质量应符合设计要求。

2．作业条件

（1）吊顶工程在施工前应熟悉施工现场、图样及设计说明。

（2）查材料进场验收记录和复验报告。

（3）管道、设备安装完成；罩面板安装前，管道、设备应检验、试压验收合格。

（4）安装前，墙面饰面应基本完成，涂料只剩最后一遍面漆，并经验收合格。

3．施工操作要点

（1）弹顶棚标高水平线、划龙骨分档。根据图样先在墙上、柱上弹出顶棚标高水平墨线，在顶板上画出吊顶布局，确定吊杆位置并与原预留吊杆焊接；如原吊筋位置不符或无预留吊筋时，采用M8膨胀螺栓在顶板上固定，吊杆采用ϕ8或ϕ6钢筋加工。

（2）固定吊挂杆件。固定悬吊需经两个过程：吊杆钢筋或镀锌铁丝的固定和吊杆的悬吊。固定悬吊现用得最多的是用直径ϕ6~ϕ8的钢筋，通过固定在楼板的预留钢筋，或用铁膨胀螺栓，将吊挂钢筋焊在结构上，或用射钉将镀锌铁丝固定在结构上，另一端与主龙骨的圆形孔绑牢。镀锌铁不宜太细，如若单股使用，不宜用小于14 号的铅丝，以免强度不够，造成脱落。这种方式适于不上人的活动式装配吊顶，较为简单。伸缩式吊杆、悬吊伸缩式吊杆的做法虽多，但用得较多的是将8号铅丝调直，用一个带孔的弹簧钢片将两根铅丝连起来，靠弹簧钢片调节与固定。其原理为：用力压弹簧钢片时，弹簧钢片两端的孔中心重合，吊杆便可伸缩自如。当手松开时，孔中心错位，与吊杆产生剪力，将吊杆固定。对于铝合金板吊顶，如选用将板条卡到龙骨上、龙骨与板条配套使用的龙骨断面时，应采用伸缩式吊杆。龙骨的侧面有间距相等的孔眼，悬吊时，在两侧面孔眼上用铁丝拴一个圈或钢卡子，吊杆的下弯钩吊在圈上或钢卡上。

（3）安装龙骨。主、次龙骨安装应从同一方向同时进行，施工工序：弹线就位→平直调整→固定边龙骨→主龙骨接长。安装时，根据已确定的主龙骨（大龙骨）弹线位置及弹出的标高线，先大致将其基本就位。次龙骨（中、小龙骨）应紧贴主龙骨安装就位。龙骨就位后，再满拉纵横控制标高线（十字中心线）。先从一端开始，一边安装，一边调整，最后再精调一遍，直到龙骨平整为止。面积较大时，在水平线中间还应考虑适当起拱度，调平时一定要从一端调向另一端，要求纵横平直。

（4）罩面板安装。采用自攻螺钉固定。

4．质量标准

（1）主控项目。金属板的吊顶基底工程必须符合基底工程有关规定。吊顶用金属板的材质、品种、规格、颜色及吊顶的造型尺寸，必须符合设计要求和国家现行有关标准规定。金属板与龙骨连接必须牢固可靠，不得松动变形。设备口、灯具的位置应布局合理，按条、块分格，对称、美观。套割尺寸准确，边缘整齐，不露缝。排列顺直、方正。检验方法：观察、手扳、尺量检查。

（2）一般项目。金属板的安装质量分合格和优良两种。合格：板面起拱度准确；表面平整；接缝、接口严密；板缝顺直，无明显错台错位，宽窄均匀；阴阳角收边方正；装饰线肩角、割向正确。优良：板面起拱度准确；表面平整；接缝、接口严密；条形板接口位置排列错开有序，板缝顺直，无错台错位，宽窄一致；阴阳角收边方正；装饰线肩角、割向正确，拼缝严密；异形板排放位置合理、美观。金属板表面质量分合格和优良两种。合格：表面整洁，无翘角、碰伤，镀膜完好无划痕，无明显色差。优良：表面整洁，无翘曲、碰伤，镀膜完好无划痕，颜色协调一致、美观。检验方法：观察、拉线、尺量检查。

5．成品保护

（1）轻钢骨架及罩面板安装应注意保护顶棚内各种管线。轻钢骨架的吊杆、龙骨不得固定在通风管道及其他设备上。

（2）轻钢骨架、罩面板及其他吊顶材料在入场存放、使用过程中应严格管理，保证不变形、不受潮、不生锈。

（3）施工顶棚部位已安装的门窗，已施工完毕的地面、墙面、窗台等应注意保护，防止污损。

（4）已安装的轻钢骨架不得上人踩踏。其他工种吊挂件，不得吊于轻钢骨架上。

（5）罩面板安装必须在棚内管道、试水、保温、设备安装调试等一切工序全部验收合格后进行。

（6）安装装饰面板时，施工人员应戴线手套，以防污染板面。

6．应注意的问题

（1）弹线必须准确，经复验后方可进行下道工序。金属板加工尺寸必须准确，安装时应拉通线。

（2）安装主龙骨吊杆要调直，长短一致；主龙骨安装后应调平、锁紧扣件和螺母，并拉通线检查标高和平整度，吊顶的平整度应达到设计和施工规范的要求。

（3）在通风、水电检修口等洞口周围应设附加龙骨，附加龙骨的连接用拉铆钉铆固。

（4）大于3 kg的重型灯具、电扇及其他重型设备严禁安装在吊顶工程的龙骨上。

（5）罩面板施工时应注意板块的规格，安装时要拉线找正，保证板缝平正对直。

五、轻钢龙骨铝扣板、铝挂板吊顶施工工艺

1．工艺流程

弹线→安装吊杆→安装主龙骨→安装次龙骨→起拱调平→安装铝扣板或铝挂板。（图5-89~图5-93）

2．施工方法

（1）根据图样先在墙上、柱上弹出顶棚标高水平墨线，在顶板上画出吊顶布局，确定吊杆位置并与原预留吊筋焊接。如原吊筋位置不符或无预留吊筋时，采用M8膨胀螺栓在顶板上固定，吊杆采用ϕ8钢筋加工。

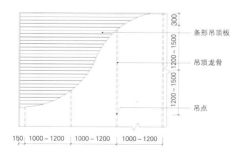

图5-89　铝扣板吊顶

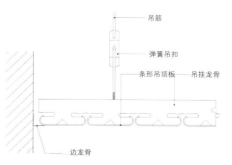

图5-90　铝扣板施工

图5-91　铝挂板龙骨

（2）根据吊顶标高安装大龙骨或安装铝挂板专用龙骨，基本定位后调节吊挂抄平下皮（注意起拱量）；再根据板的规格确定中、小龙骨位置。中、小龙骨必须和大龙骨底面贴紧，安装垂直吊挂时应用钳子夹紧，防止松紧不一。

（3）主龙骨间距一般为1000 mm，龙骨接头要错开；吊杆的方向也要错开，避免主龙骨向一边倾斜。用吊杆上的螺栓上下调节，保证一定起拱度，视房间大小起拱5~20 mm，为房间短向跨度的1/200，待水平度调好后再逐个拧紧螺帽，开孔位置需将大龙骨加固。

（4）施工过程中应注意各工种之间的配合，待顶棚内的风口、灯具、消防管线等施工完毕，并通过各种试验后方可安装面板。

（5）铝扣板安装。注意铝扣板的表面色泽必须符合设计规范要求，对铝扣板的尺寸进行核定，偏差在±1 mm，安装时注意对缝尺寸，安装完后轻轻撕去其表面保护膜。

3．质量标准

（1）主控项目。吊顶标高、尺寸、起拱和造型应符合设计要求。饰面材料的材质、品种、规格、图案和颜色应符合设计要求。暗龙骨吊顶工程的吊杆、龙骨和饰面材料的安装必须牢固。吊杆、龙骨的材质、规格、安装间距及连接方式应符合设计要求。金属吊杆、龙骨应经过表面防腐处理，木吊杆、龙骨应进行防腐、防火处理。

（2）一般项目。饰面材料表面应洁净、色泽一致，不得有翘曲、裂缝及缺损。压条应平直、宽窄一致。饰面板上的灯具、烟感器、喷淋头、风口篦子等设备的位置应合理、美观，与饰面板的交接应吻合、严密。金属吊杆、龙骨的接缝应均匀一致，角缝应吻合，表面应平整，无翘曲、锤印。木质吊杆、龙骨应顺直，无劈裂、变形。吊顶内填充吸声材料的品种和铺设厚度应符合设计要求，并应有防散措施。暗龙骨吊顶工程安装的允许偏差和检验方法应符合《建筑装饰装修工程施工质量验收规范》GB 50210 — 2001的规定：表面平整度为2 mm，接缝直线度为1.5 mm，接缝高低差为1 mm。

六、铝(复合)板幕墙施工工艺

1．材料准备

此部分工作为工程的起始阶段，要以为施工服务为原则，按期、保质、保量地完成，具体工作如下。

（1）设计人员需在合同签订后，根据工程的建筑图和幕墙工程方案图，在最短的时间内提出工程的用料计划表。

（2）依据施工进度计划表和工程现场的实际情况制订工程的加工计划，合理组织、安排生产，保证产品及时到场。

2．工艺流程

放线→固定骨架的连接件→固定骨架→安装铝板→收口构造处理→检验。（图5-94、图5-95）

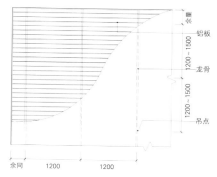

图5-92　铝挂板吊顶

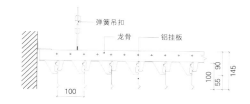

图5-93　铝挂板安装

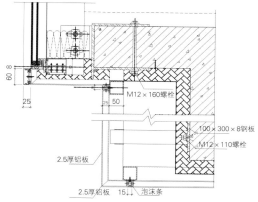

图5-94　铝板安装

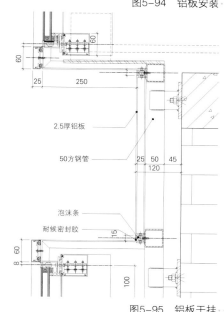

图5-95　铝板干挂

3．施工操作要点

（1）放线。固定骨架，将骨架的位置弹到基层上。骨架固定在主体结构上，放线前检查主体结构的质量。

（2）固定骨架的连接件。在主体结构的柱上焊接连接件。

（3）固定骨架。骨架应预先进行防腐处理。安装骨架位置应准确，结合牢固。安装完检查中心线、表面标高等。为了保证板的安装精度，宜用经纬仪对横梁竖框杆件进行贯通。对变形缝、沉降缝、变截面等处进行妥善处理，使其满足使用要求。

（4）安装铝板。铝板的安装固定要牢固可靠，简便易行。板与板之间的间隙要进行内部处理，使其平整、光滑。铝板安装完毕，在易于被污染的部位，用塑料薄膜或其他材料覆盖保护。

4．安装注意事项

（1）铝板的品种、质量、颜色、花型、线条应符合设计要求，并应有产品合格证。

（2）幕墙墙体骨架如采用型钢龙骨时，其规格、形状应符合设计要求，并应进行除锈、防锈处理。

（3）当设计无要求时，铝板安装宜采用抽芯铝铆钉，中间必须垫橡胶圈。抽芯铝铆钉间距应控制在100~150 mm内。

七、铝板雨棚安装

1．材料准备

同铝（复合）板幕墙的材料准备。

2．工艺流程

搭设脚手架→放线→固定钢架的连接件→焊接钢骨架→安装铝板→收口构造处理→检验。

3．施工操作要点

与铝（复合）板幕墙的施工操作要点基本相同，只是施工前要搭设脚手架。

4．安装注意事项

（1）铝板的品种、质量、颜色、花型、线条应符合设计要求，并应有产品合格证。

（2）雨棚钢骨架的规格、形状应符合设计要求，并应进行除锈、防锈处理。

（3）当设计无要求时，铝板安装宜采用抽芯铝铆钉，中间必须垫橡胶圈。抽芯铝铆钉间距应控制在100~150 mm内。

八、不锈钢楼梯栏杆、扶手安装

1．施工准备

（1）材料。不锈钢管：面管用φ70 mm管，其他按设计要求选用，必须有质量证明书。不锈钢焊条或焊丝：型号按设计要求选用，必须有质量证明书。

（2）作业条件。熟悉施工图，做不锈钢栏杆施工工艺技术交底；护栏镶贴已经施工完毕；施工前应检查电焊工合格证的有效期限，应证明电焊工所能承担的焊接工作；现场供电应符合焊接用电要求。施工环境能满足不锈钢栏杆施工的需要。

2．工艺流程

放样→下料→焊接安装→打磨→焊缝检查→抛光。

3．主要施工方法

（1）施工前应先进行现场放样，并精确计算出各种杆件的长度。

（2）按照各种杆件的长度准确进行下料，其构件下料长度允许偏差为1 mm。

（3）选择合适的焊接工艺、焊条直径、焊接电流、焊接速度等，通过焊接工艺试验验证。

（4）脱脂去污处理。焊前应检查坡口、组装间隙是否符合要求，定位焊是否牢固，焊缝周围不得有油污。否则应选择三氯代乙烯、苯、汽油、中性洗涤剂或其他化学药品用不锈钢丝细毛刷进行刷洗，必要时可用角磨机进行打磨，磨出金属表面后再进行焊接。

(5) 焊接时应选用较细的不锈钢焊条（焊丝）和较小的焊接电流。焊接时构件之间的焊点应牢固，焊缝应饱满，焊缝金属表面的焊波应均匀，不得有裂纹、夹渣、焊瘤、烧穿、弧坑和针状气孔等缺陷，焊接区不得有飞溅物。

(6) 杆件焊接组装完成后，对于无明显凹痕或凸出较大焊珠的焊缝，可直接进行抛光。对于有凹凸渣滓或较大焊珠的焊缝则应用角磨机进行打磨，磨平后再进行抛光。抛光后必须使外观光洁、平顺、无明显的焊接痕迹。

4．质量标准

(1) 所有构件下料应保证准确，构件长度允许偏差为1 mm。

(2) 构件下料前必须检查是否平直，否则必须矫直。

(3) 焊接时焊条或焊丝应选用适合于所焊接的材料的品种，且应有出厂合格证。

(4) 焊接时构件必须放置位置准确。

(5) 焊接时构件之间的焊点应牢固，焊缝应饱满，焊缝表面的焊波应均匀，不得有咬边、未焊满、裂纹、渣滓、焊瘤、烧穿、电弧擦伤、弧坑和针状气孔等缺陷，焊接区不得有飞溅物。

(6) 焊接完成后，应将焊渣敲净。

(7) 构件焊接组装完成后，应适当用手持机具磨平和抛光，使外观平顺光洁。

5．常见的质量问题及预防措施

(1) 尺寸超出允许偏差。对焊缝长度、宽度、厚度不足，中心线偏移、弯折等偏差，应严格控制焊接部位的相对位置尺寸，合格后方准焊接，焊接时精心操作。

(2) 焊缝裂纹。为防止裂纹产生，应选择适合的焊接工艺参数和焊接程序，避免用大电流；不要突然熄火，焊缝接头应搭接10~15 mm；焊接中不允许搬动、敲击焊件。

(3) 表面气孔。焊接部位必须刷洗干净，焊接过程中应选择适当的焊接电流，降低焊接速度，使熔池中的气体完全逸出。

6

第六章
石膏制品装饰材料

SHIGAO ZHIPIN ZHUANGSHI CAILIAO

第六章　石膏制品装饰材料

近年来，"绿色环保"装饰理念成为现代居室装饰装修的一项重要要求，从而也带动了室内装饰材料推陈出新，出现了大量的新材料、新工艺和新品种，并且伴随着时代的步伐不断得到更新和改进。

装饰石膏及制品就是"绿色环保"材料中的一员。石膏制品具有造型美观，表面光滑、细腻，且又有质轻、吸声、保温、防火等特点。近年来随着装饰业的飞速发展，石膏制品也飞快发展。（图6-1）

图6-1　石膏制品装饰图例

图6-2　石膏粉

图6-3　石膏原料

第一节　石膏的基础知识

石膏是一种气硬性胶凝材料（图6-2），能在空气中凝结硬化，并在空气中保持和发展其强度，且不能在水中凝结硬化。建筑装饰工程用石膏，主要有建筑石膏、模型石膏、高强石膏、粉刷石膏等。这里着重介绍建筑装饰石膏。

一、建筑装饰石膏

1．建筑装饰石膏的生产

生产石膏的原料主要是含硫酸钙的天然石膏（又称生石膏，图6-3）或含硫酸钙的化工副产品和废渣，也称二水石膏。制备建筑装饰石膏的方法是将天然或二水石膏在干燥条件下加热至107~170 ℃，脱去部分水即得熟石膏，也称半水石膏，也就是我们说到的建筑装饰石膏。将熟石膏磨细，会呈白色粉末状。

2．建筑装饰石膏的形成

石膏+水→搅拌→石膏与水发生化学反应→二水石膏胶体凝聚并转化为晶体→晶体逐渐变大、交错、共生、搭接→产生强度→硬化→形成制品。

3．建筑装饰石膏的性质

建筑装饰石膏制品有以下几点特征：凝结硬化快，强度较低；体积略有膨胀；孔隙率大、保温、吸声性能较好；耐水性差、抗冻性差；调温、调湿性较好；具有良好的防火性。

通过这几点可以看到，石膏转化为制品的时间快，但其强度和其他材料相比略弱；在硬化过程中有膨胀的特点，正是这样我们才能看到石膏制品造型棱角清晰、饱满，且表面光滑，装饰性好。建筑石膏孔隙率大，导热和保湿隔热性能相对较好，但因孔隙率大，也会导致其耐水性和抗冻性较差。这也其有好处，就是吸热量大，吸湿性较好，因此在室内使用石膏制品，能调节室内温度和湿度，保持室内气温的均衡状态；具有良好的防火性，因为其制品中含有一定数量的结晶水分，当火蔓延时，结晶水分转变为水蒸气蒸发，会吸收大量热能，从而延缓温度升高，有效阻止火势蔓延。

4．建筑装饰石膏的技术要求

建筑装饰石膏制品的技术要求主要有强度、细度和凝结时间，并且按强度、细度和凝结时间可划分为合格品、优等品等级别。

5．建筑装饰石膏的应用

建筑装饰石膏在当今装饰行业运用比较广泛，由于它有膨胀、吸湿的特点，在室内作为装饰材料较为合适，作为绝热、保湿、吸声和防火材料也适宜；同时还可以用作石膏抹面灰浆、装饰制品和石膏板、装饰花、装饰配件、石膏线角等。（图6-4）

图6-4　石膏装饰成品

二、其他石膏

1．模型石膏

模型石膏也称 β 型半水石膏，其杂质少，色白，主要用于陶瓷的制坯工艺，少量用于装饰浮雕，石膏工艺品；同时大量运用在装饰圆雕上，其材料塑性强、价格便宜，多用于一些工艺品及塑像制品。（图6-5）

图6-5　模型石膏

2．高强石膏

将生石膏放置于高压蒸锅内，在压力0.13 MPa，温度124 ℃下蒸炼，形成熟石膏，再磨细，得到的白色粉末称为高强石膏。

高强石膏因其密度高，故强度较高，主要用于室内高级抹灰材料、各种石膏板材料、嵌条、大型石膏浮雕画、大型石膏雕塑等。（图6-6）

图6-6　高墙石膏

3．粉刷石膏

粉刷石膏是一种新型的抹灰材料，是无水石膏和半水石膏的混合型材料。此材料作为建筑施工内墙装修时，操作十分简便，在使用前，只需将清水混凝土墙表面上的灰尘、滑腻、污垢等清除干净，就可使用粉刷石膏进行抹灰，并且一次成功率高，项目进度效率高，速度快。

在施工作业效率上，使用粉刷石膏可减少过去水泥砂浆抹灰时，筛砂、搅拌、运送等繁杂工序，这样就大大节约了人工，缩短了装修作业时间。粉刷石膏的工期是传统水泥砂浆抹灰的二分之一左右。同时，这种新材料施工时无落地灰，有效地降低了工程成本。在质量上，与水泥砂浆相比，粉刷石膏凝结时间快、早期强度高，具有较强的黏结度，克服了传统水泥砂浆抹灰时易出现空鼓、开裂等质量问题的通病，减少了返工现象。用粉刷石膏抹成的墙面质感细腻、白度高、整体墙面装修效果好。

粉刷石膏的经济效益也很可观。该材料在混凝土清水墙抹灰时，价格明显低于传统水泥砂浆的价格，可节约资

图6-7　粉刷石膏

金；在大面积建筑内墙装修时，可取得一定的经济效益。（图6-7）

第二节　石膏装饰制品

石膏装饰制品主要以石膏为主，加入麻丝、纸筋等纤维材料，可以增强石膏强度。石膏装饰制品又分为石膏板材类制品和艺术石膏类制品。石膏板材类制品主要有石膏装饰板、石膏装饰吸声板、石膏耐水板、石膏耐火板等。艺术石膏类制品主要有石膏装饰线、石膏装饰柱头、石膏装饰浮雕、石膏装饰花饰及石膏艺术造型等。

一、石膏板材类制品

（一）性质

石膏板是以石膏为主要原料，加入纤维、胶黏剂、稳定剂，经混炼、压制、浇注、干燥而成，所有的纤维材料加入玻璃纤维，以增加板材的强度。板面可制成平面，也可制成有浮雕图案，以及带有小孔、洞的装饰石膏板。具有防火、隔音、隔热、质量小、强度高、收缩率小的特点，且稳定性好、不老化、防虫蛀、施工简便。

（二）特点

（1）生产能耗低、效率高。生产同等单位的石膏板的能耗比水泥少78%，且投资少生产能力大，便于大规模生产。

（2）质量小。用石膏板做隔墙，质量仅为同等厚度砖墙的1/15，砌块墙体的1/10，有利于结构抗震，并可有效减少基础及结构主体造价。

（3）保温隔热。由于石膏板的多孔结构，其导热系数为0.16 W/（m·K），与灰砂砖砌块相比，其隔热性能显著。

（4）防火性强。由于石膏芯体本身不燃，且遇火时在释放化合水的过程中会吸收大量的热，能延迟周围环境温度的升高，因此，石膏板具有良好的防火阻燃性能。经国家防火检测中心检测，石膏板隔墙耐火极限可达4 h。

（5）隔音性好。石膏板隔墙具有独特的空腔结构，并可填充人工丝绵材料，大大提高了其隔音性能。

（6）装饰功能好。石膏板表面平整，板与板之间通过接缝处理形成无缝表面，表面可直接进行装饰。

（7）可施工性强。仅需要裁纸刀便可随意对石膏板进行裁切，施工非常方便。做吊顶装饰、墙面，可以摆脱传统的湿法作业，极大地提高了施工效率。

（8）居住性能优良、绿色环保。由于石膏板具有独特的"呼吸"性能，可在一定范围内调节室内湿度，使居住环境舒适。纸面石膏板采用天然石膏作为原材料，绝不含对人体有害的石棉。

（9）节省空间。采用石膏板做墙面，墙体厚度最小可达到74 mm，且可保证墙体的隔音、防火性能。

（三）分类

按功能的不同，石膏板基本可分为以下几种：装饰石膏板、纸面石膏板、嵌装式装饰石膏板、耐火纸面石膏板、耐水纸面石膏板、吸声用穿孔石膏板。

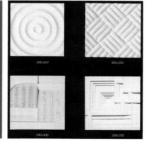

图6-8　装饰石膏板

1．装饰石膏板

装饰石膏板是以建筑石膏板为主要材料，掺入适量的纤维、胶黏剂等，经搅拌、成型、烘干等工艺压制、干燥而成的不带护面纸的板材。装饰石膏板具有质量小、强度高、防潮、防火、防水等性能。这种板材可制成平面型、带有浮雕图案的以及带有小孔、洞的装饰石膏板。（图6-8）

（1）产品常用规格见表6-1。装饰石膏板为正方

表6-1 装饰石膏板产品常用规格

mm

名称及执行标准	尺 寸			应 用 范 围
	厚度	宽度	长度	
纸面石膏板	9	500	500	用于各种轻钢龙骨石膏板，各种平面吊顶
GB/T 9775—2008	11	600	600	

形，其棱角断面形式有直角形、倒角形两种。（图6-9）

（2）产品性质与用途。装饰石膏板表面洁白，花纹图案丰富，孔板和浮雕还具有较强的立体感，质地细腻，给人以清新柔和的感觉，并兼有轻质、保温、吸声、防火、阻燃、调节室内温度等特点。主要用于室内吊顶，一般情况下，层高在2.6～6 m的吊顶，可选用装饰石膏板材料，如用于宾馆、商场、餐厅、礼堂、音乐厅、练歌房、影剧院、会议室、医院、候机室、幼儿园、住宅等建筑的墙面和吊顶装饰。

2. 纸面石膏板

纸面石膏板是以建筑石膏（如天然石膏、脱硫石膏、磷石膏等）为主要原料，掺入适量的纤维和添加剂制成板芯，与特制的护面纸牢固的粘在一起,并添加一定比例的水、淀粉、促凝剂及发泡剂，经混合搅拌、成型、切断、烘干、定尺等工序做成的各种规格的轻质装饰材料。（图6-10）

纸面石膏板具有质量轻、强度高、耐火、隔音、抗震、隔热、便于加工等特点。纸面石膏板具有不同形状的边角，边角形态有直角边、45°倒角边、半圆边、圆边、梯形边等。并且加工简单、施工方便、装饰效果精美漂亮。普通纸面石膏板为象牙色面纸，无论是涂刷底层还是直接作为最终装饰表面均可获得理想的效果。普通纸面石膏板完全符合GB/T 9775 — 2008标准要求。

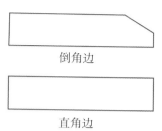

图6-9 图例

图6-10 纸面石膏板

倒角边

直角边

（1）产品常用规格。普通纸面石膏板根据棱边的形状分为矩形、45°倒角形、梯形、半圆形、圆形五种。（表6-2）

表6-2 普通纸面石膏板产品常用规格

mm

名称及执行标准	边 形	长	宽	厚	应 用 范 围
纸面石膏板	梯形边	3660	1220	9.5	用于各种轻钢龙骨石膏板隔墙、贴面墙、曲面墙等，各种平面吊顶及曲面吊顶
		3000	1200	12、85	
GB/T 9775 — 2008	直角边	2440	900	12.7、90	
		2400	900	15	

注：石膏板在厚度为8～25 mm、宽度为1200～1220 mm、长度为2000～3660 mm尺寸范围内，可根据客户要求生产。

（2）产品性质与用途。普通纸面石膏板具有质量轻、抗冲击性强、抗弯强度高、韧性好等特点。采用高性能护面纸，能确保隔墙吊顶的强度；握钉力强、发泡率适中、单位面积重量适中，能提高施工速度，降低劳动强度；护面纸黏结牢固，工艺、配方先进，不脱纸；可干法作业，工期短，施工便捷，经济高效；饰面工序简易，易装饰。主要用于室内吊顶装饰及墙面装饰，一般情况下，层高在2.6~6 m的吊顶，均可选用纸面石膏板材料，如宾馆、商场、餐厅、小礼堂、练歌房、小会议室、医院、幼儿园、住宅等建筑的墙面和吊顶装饰。（图6-11）

图6-11　纸面石膏板装饰效果

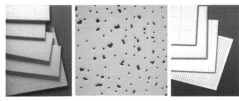

图6-12　嵌装式装饰石膏板

3．嵌装式装饰石膏板

嵌装式装饰石膏板是以建筑石膏为主要原料，掺入适量的纤维增强材料和添加剂，与水一起搅拌成均匀的料浆，经浇注、成型、干燥而成的不带护面纸的石膏板材。板材背面四边加厚，并带有嵌装企口；板材正面为平面、带孔或带浮雕图案。现在市面上多用带孔式吸声嵌装式石膏板，它是一种带一定数量穿透孔洞的嵌装式石膏板板面，在背面复合吸声材料，使其成为具有一定吸声特性的板材。常与T形铝合金龙骨配套用于吊顶工程。（图6-12）

（1）产品常用规格见表6-3。

（2）产品性质与用途。嵌装式装饰石膏板的性质与装饰石膏板相同。此外它也具有各种颜色，浮雕图案，不同孔、洞形式（圆、椭圆、三角形等）及其不同的排列方式。它与装饰石膏板的区别在于嵌装式装饰石膏板在安装时只需嵌固在龙骨上，不再需要另行固定。此

表6-3　嵌装式装饰石膏板产品常用规格

mm

名称及执行标准	尺　寸			应 用 范 围
	长	宽	厚	用于各种轻钢龙骨
纸面石膏板	500	500	9	石膏板，各种平面吊
GB/T 9775 — 2008	600	600	11	顶

图6-13　嵌装式石膏板使用效果图

图6-14　耐火纸面石膏板

（1）产品规格见表6-4。

外，板材相互咬合，龙骨不外露。整个施工全部为装配化，并且任意部位的板材均可随意拆卸或更换，极大地方便了施工并提高了施工效率。嵌装式装饰石膏板主要用于吸声要求高的建筑物内部装饰，如音乐厅、礼堂、教室、影剧院、演播室、录音棚等。使用嵌装式装饰石膏板，必须选用与之配套的龙骨材料。（图6-13）

4．耐火纸面石膏板

耐火纸面石膏板是以建筑石膏为主要原料，掺入适量的耐火材料和大量的玻璃纤维制成耐火芯材料，与建筑石膏牢固黏结成型，并与耐火的护面纸紧固的连接在一起，压制而成。耐火纸面石膏板采用经特殊防火处理的粉红色纸面作为护面纸，石膏板芯内添加耐火添加剂及耐火纤维，具备优良的防火性能。耐火纸面石膏板完全符合GB/T 9775 — 2008标准要求。（图6-14）

表6-4　耐火纸面石膏板品常用规格

mm

名称及执行标准	边　形	长	宽	厚	应 用 范 围
纸面石膏板	楔形边	3660	1220	9.5	用于各种轻钢龙骨
		3000	1200	12、85	石膏板隔墙、贴面墙、
GB/T 9775 — 2008	直角边	2440	900	12.7、90	曲面墙等各种平面吊顶
		2400	900	15	及曲面吊顶

注：对纸面石膏板的规格，有特殊要示时，可预订按设计尺寸定尺生产，如厚度为8～25 mm、宽度为1200～1220 mm、长度为2000～3660 mm。

（2）产品性质与用途。在具备普通系列纸面石膏板所有优良特性的基础上，耐火纸面石膏板还具有以下功能：①高耐火性能，加入耐火玻璃纤维及特殊添加剂，遇火稳定性达到45 min，达到国家标准要求，保证了优异的耐火性能；②多样化选择，规格品种齐全，可根据不同耐火要求选择不同厚度（最高可达25 mm）及不同规格的石膏板。耐火纸面石膏板主要用作防火等级要求高的建筑物室内的装饰材料，特别适合防火性能要求较高的吊顶、隔墙，如厨房，幼儿园、博物馆、展览馆、娱乐场所、影剧院等公共场所及电梯和楼梯通道、柱、梁的外包防火。（图6-15）

5．耐水纸面石膏板

耐水纸面石膏板是以建筑石膏为原材料，采用高性能耐水护面纸与建筑石膏牢固黏结在一起，压制成型。面纸呈绿色（参照国家标准），护面纸及板芯均经过特殊处理，具有良好的耐水性能和憎水效果，并掺入适量的耐水外加剂制成耐水芯材料（图6-16）。为适用于室内高湿度环境而开发生产的耐水防潮类轻质板材，在石膏芯内加入高效有机疏水剂，以及采用经过有机防水材料特殊处理过的护面纸，可以改善和增强石膏板的抗水性和憎水效果。耐水纸面石膏板完全符合GB/T 9775—2008标准的各项要求。

（1）产品常用规格见表6-5。

图6-15　耐火纸面石膏板装饰效果

图6-16　耐水纸面防水板

表6-5　耐水纸面石膏板产品常用规格

mm

名称及执行标准	边形	长	宽	厚	应用范围
纸面石膏板 GB/T 9775 — 2008	楔形边	3660	1220	9.5	用于外衬墙板，卫生间、厨房等房间瓷砖墙面衬板
		3000	1200	12、85	
	直角边	2440	900	12.7、90	
		2400	900	15	

注：对纸面石膏板的规格，有特殊要求时，可预订按设计尺寸定尺生产，如厚度为8~25 mm、宽度为1200~1220 mm、长度为2000~3660 mm。

（2）产品性质与用途。在具备普通系列纸面石膏板所有优良特性的基础上，耐水纸面石膏板还具有以下功能：①具有高耐水性能，特殊配方，确保耐水性能，降低板芯吸水率，符合国家标准规定的不大于10%的要求；②采用特殊护面纸，经特殊工序处理过的护面纸，能有效降低表面吸水量，符合国家标准规定的不大于160 g/m²的要求；③多样化选择，规格多样，可根据耐水需要选择不同规格的耐水纸面石膏板。耐水石膏板适用于卫生间、厨房及湿度较高的空间。（图6-17）

6．吸声用穿孔石膏板

吸声用穿孔石膏板是以装饰石膏板和纸面石膏板为基础板材，并有贯通于石膏板正面和背面的圆柱形孔眼，在石膏板背面粘贴具有透气性的背覆材料和能吸收入射声波的材料等组合而成。吸声用穿孔石膏板的棱边形状有直角形和倒角形两种。（图6-18）

图6-17　图例

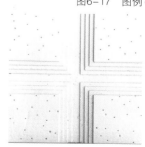

图6-18　吸声用穿孔石膏板

吸声用穿孔纸面石膏板采用特制高强度纸面石膏板为基材，板芯加入特殊增强材料，经穿孔、切割、粘贴纤维层、涂布、干燥等工序制造而成，是理想的吊顶隔墙吸声材料。

（1）产品常用规格见表6-6。

表6-6　吸声用穿孔石膏板产品常用规格

mm

名称及执行标准	尺　寸			应　用　范　围
	长	宽	厚	用于各种轻钢龙骨石膏板，各种平面吊顶
纸面石膏板	500	500	9	
GB/T 9775 — 2008	600	600	11	

（2）产品性质与用途。由于板面穿孔，能吸收声波能量。通过不同孔径、孔距、穿孔率及孔腔的组合能有效调整室内混响时间，对低频声波的吸收尤为显著。特殊配方、特制基材，能满足强度要求。孔形多样、组合丰富，可根据吸声及装饰需要进行不同选择。采用干法作业，工期短，施工便捷，经济高效。饰面工序简易，可直接滚涂涂料。

此材料饰面图案多样，纹理丰富，颜色齐全，美观环保。作为高档装饰装修材料，可满足个性化装饰需求，广泛应用于对吊顶隔墙的视觉效果、清洁度、声环境有较高要求的公用建筑、政府、酒店、写字楼、体育馆、金融单位、企业、商场、厂房、学校、医院、住宅等。

图6-19　布面石膏板

7. 石膏板新材料

下面介绍一种不裂缝的石膏板——布面石膏。

1）适用范围

室内装饰吊顶、做造型、轻质隔墙等。（图6-19）

2）产品特征

（1）采用布纸复合新工艺，板身不裂纹，接缝不开裂，附着力等方面远远超过纸面石膏板。因为布面石膏板根据纤维纸热胀冷缩、化纤布热缩冷胀的原理，并用接缝带处理，由于是同种材质，所以板与板接缝处不开裂。

（2）柔性好，抗折强度高。因为除石膏板本身的高强度外，加上表层为网状布凹凸设计，刮上装修腻子灰后犹如一张钢网，强度超出普通纸面石膏板数倍。

（3）技术含量高，荣获国家九项专利技术，已入选"中国政府绿色产品采购网"。

（4）具有防火、保温、隔音的作用，是国家提倡的新型墙体材料。

（5）安装方便，不易变形，不易脱落。因为表面腻子填补在网状布的网格中，相互吸收，布与腻子牢固地黏结在一起形成一个整体。

（6）表面是经高温处理过的化纤布，经久不腐，刚性强、不开裂、耐酸碱。

（7）以石膏为凝固材料，用改性糯米等为特殊黏合剂，应用国际先进工艺技术研制和生产，通过ISO 9001：2000国际质量体系认证、中国环境标志产品认证。

3）规格

产品规格：1200 mm×2400 mm×8.0 mm。

二、艺术石膏类制品

(一)石膏造型

石膏造型是指以石膏为原材料制成的石膏圆雕或石膏立体造型；多用高强石膏浇筑成型；规格尺寸比较宽泛；使

用类型上单独用或配合廊柱用，也有人体或动物造型。

（二）装饰石膏线角

装饰石膏线角以石膏为主，加入骨胶、麻丝、纸筋等纤维，可以增强石膏的强度，用于室内墙体构造，是断面形状为一字形或L形的长条状装饰部件，多用高强石膏或加筋建筑石膏制作，用浇铸法成型。其表面呈现弧形和雕花形。

1．规格尺寸

线角的宽度为45~300 mm，长度一般为1800~2300 mm。

2．使用类型

装饰石膏线角主要在室内装修中组合使用，如采取多层线角黏合，形成吊顶后空间高度不变的造型处理；线角与贴墙板、踢脚线合用可构成代替木材的石膏墙裙，即上部用线角封顶，中部用带花式的防水石膏板，底部用条板作踢脚线，粘好后再刷涂料；在墙上用线角镶裹壁画、彩饰后形成画框等。（图6-20）

图6-20　装饰石膏线角

（三）石膏壁画

石膏壁画是集雕刻艺术与石膏制品于一体的饰品。整幅画面可大到1.8 m×4 m，画面有山水、松竹、飞鹤、腾龙等造型。石膏壁画由多块小尺寸预制件拼合而成。（图6-21）

图6-21　石膏壁画

（四）石膏艺术顶棚、灯圈、角花

一般用于灯座处及顶棚四角粘贴。顶棚和角花多为雕花形或弧形石膏饰件；灯圈多为圆形花饰，直径为0.9~2.5 m，美观、雅致。（图6-22）

（五）石膏艺术廊柱

属于仿欧洲建筑流派风格造型，分上、中、下三部分。上为柱头，有盆状、漏斗状或花篮状等；中为方柱体或空心圆；下为基座。多用于营业门面，厅堂及门、窗、洞口处。（图6-23）

图6-22　石膏艺术角花

（六）石膏砌块

石膏砌块以建筑石膏和水为主要原料，经搅拌、浇铸成型和干燥制成；或加轻质料以减小其质量，或加水泥、外加剂等以提高其耐水性和强度。石膏砌块分为实心砌块和空心砌块两类，品种规格多样。目前行业标准规定的主要规格为666 mm×500 mm×（60 mm、80 mm、90 mm、100 mm、110 mm、120 mm），四边均带有企口和榫槽，施工非常方便，是一种优良的非承重内隔墙材料。

1．特点

石膏砌块具有石膏建筑材料固有的特点，由于它的厚度大，其特点更为突出。石膏建材的特点可概括为八个字——安全、舒适、快速、环保。

（1）安全。主要是指其耐火性好。

石膏建材的最终水化产物是二水硫酸钙（$CaSO_4 \cdot 2H_2O$），遇到火灾时，只有等其中的两个结晶水全部分解完毕后，温度才能在其分解温

图6-23　石膏艺术廊柱

度140 ℃的基础上继续上升，分解过程中产生的大量水蒸气幕对火焰的蔓延还起着阻隔的作用。

（2）舒适。主要是指它的"暖性"和"呼吸功能"。

石膏建材的导热系数在0.20~0.28 W／（m·K）之间，与木材的平均导热系数相近。材料的导热系数小，其传热速度慢；反之，其传热速度就快。导热系数大，人体接触时感觉"凉"，导热系数小，感觉就"暖"。这也就是人们特别钟爱在室内使用木材的原因。石膏建材具有与木材相近的导热系数。

（3）快速。主要是指石膏建材的生产速度快、施工效率高。

一般建筑石膏的初终凝时间在6~30 min之间，与水泥制品相比，其凝结硬化快，生产石膏制品的脱模周期可达一小时4~5次；如采用石膏快速煅烧工艺，其凝结时间可进一步缩短，更加快了石膏砌块的生产速度。

（4）环保。主要是指石膏建材节能、节材、可回收利用、卫生、不污染环境。

2．用途

石膏砌块主要用于框架结构和其他结构建筑的非承重墙体，一般作为内隔墙用。若采用合适的固定及支撑结构，墙体还可以承受较大的荷载（如挂吊柜、热水器、厕所用具等）。掺入特殊添加剂的防潮砌块，可用于浴室、厕所等空气湿度较大的场合。

第三节　玻璃纤维加强石膏板

一、玻璃纤维加强石膏板的定义

玻璃纤维加强石膏板（英文缩写GRG），是一种特殊改良纤维石膏装饰材料，其造型的多变性使之成为个性化建筑师的首选，材料独特的构成方式足以抵御外部环境造成的破损、变形和开裂。此种材料可制成各种平面板、各种功能型产品及各种艺术造型，是目前国际上建筑材料装饰界正流行的更新换代产品。为抵抗高的冲击并增加其稳定性，常应用在工商业建筑中的吊顶处。（图6-24）

二、玻璃纤维加强石膏板的特点

玻璃纤维加强石膏板（GRG材料）主要以材料壁薄、质量轻、硬度高、韧度高及不燃性（A级防火材料），且对室内环境的湿度可调节，能满足最终被制成任意造型，成为现代舒适环境装饰设计材料的首选。

1．GRG具有无限可塑性

玻璃纤维加强石膏板选形丰富，可做成任意造型，是因为材料的生产工艺是根据工程项目的图样转化成生产图，先做模具，流体预铸式生产方式。出于人们对于建筑装饰审美艺术的要求，设计师可运用此材料充分发挥想象力进行创新设计。采用预铸式加工工艺的可以定制单曲面、双曲面、三维覆面各种几何形状、镂空花纹、浮雕图案等任意艺术造型。同时，GRG材料任意形状的可塑性为建筑装饰的造型实现了材料应用时的无缝对接，是许多设计师设计梦想的完美实现。（图6-25）

2．GRG具有可呼吸，自然调节室内湿度的能力

GRG材料是表面有大量微孔结构的板材，在自然环境中，多孔体可以吸收或释放出水分。当室内温度高、湿度小的时候，板材逐渐释放出微孔中的水分；当室内温度低、湿度大的时候它就会吸收空气中的水分。这种吸收和释放就形成了材料的"呼吸"作用。这种吸湿与释湿的循环变化起到调节室

图6-24　GRG室内异型吊顶及装饰

图6-25　GRG曲型装饰隔栅

内相对湿度的作用，能够为工作和居住环境创造舒适的小气候。

3．GRG质量轻，强度高

GRG材料平面部分的标准厚度为3.2～8.8 mm（特殊要求可以加厚），每平方米质量仅为4.9～9.8 kg，能满足大板块吊顶分割需求的同时，减轻主体质量及构件负荷。GRG材料强度高，断裂荷载大于1 200 N，超过国际JC/T799—2007装饰石膏板断裂荷载118 N的10倍。材料的弯曲强度达到20～25 MPa（ASTM D790测试方式）。拉伸强度达到8～15 MPa（ASTM D256测试方式）。

4．GRG具有极强的声学反射性能

GRG材料具有良好的声波反射性能，经同济声学研究所测试：30 mm单片质量为48 kg的GRG板，声学反射系数$R \geqslant$ 0.97，符合专业声学反射要求，经过良好的造型设计，可构成良好的吸声结构，达到隔声、吸音的作用，适用于大剧院、音乐厅等声学原声厅。

5．GRG具有不变形、不开裂的优良特性

因石膏本身热膨胀系数低、干湿收缩率小于0.01％，使制成的GRG材料不受环境冷、热、干、湿变形影响，性能稳定且不变形。独特的布纤加工工艺使材料不龟裂、使用寿命长。

6．GRG具有优越的防火性能

GRG材料防火性能优越，阻燃性能达到A级，可按GB 8624—2012标准施工；环保性能突出，放射性核素限量达到A级，可按GB 6566—2011标准施工；GRG材料均为无机材料，防潮性能强，不会发生霉变、发黄现象。

三、玻璃纤维加强石膏板的应用

玻璃纤维加强石膏板（GRG材料）可以制成各种板类，包括带饰面的外墙板、吊顶板、隔板、人行道板、水刷面板、水磨石板、人造大理石板以及人造花岗石板等。适用于需要频繁清洁和声音传输的场所，例如高档剧院、音乐厅、宾馆、高档办公楼、会议室、报告厅、学校、医院、商场等场所的吊顶、墙面、外饰墙及艺术造型等。材料具有良好的防水性，广泛应用于卫生间装饰。GRG石膏板配以装饰性涂料，可以仿制成各种金属饰面板、木饰面板。同时，曲面成型结合良好的表面仿制性能，极大拓展了它的使用领域。

在居室空间与商业空间中，除吊顶外，还可做扇形隔断、厨房隔断、背景墙造型（图6-26）、造型浮雕墙、造型立柱（图6-27）等。

图6-26 GRG装饰墙面

图6-27 GRG装饰立柱

第四节 石膏制品的施工工艺与选购

石膏制品的施工工艺及效果，直接关系到其工程的外观质量和使用要求。随着工艺的不断改进，当代石膏工艺也不断提高，施工更加方便。同时随着时代的进步，市场上也会出现不同质量的石膏制品，需要我们擦亮眼睛，来辨别石膏制品的好坏。

一、主要施工机具

直流电焊机、电动无齿锯、手电钻、螺丝刀、射钉枪、线坠、靠尺等。（图6-28）

图6-28 主要施工机具

图6-29　施工照片

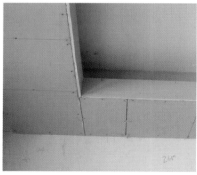

图6-30　石膏板施工照片

二、施工工艺

（一）装饰石膏板（矿棉板）吊顶

1．工艺流程

弹线→安装吊杆→安装主龙骨→安装次龙骨→起拱调平→安装装饰石膏板（矿棉板）。

2．施工方法

（1）根据图样先在墙上、柱上弹出顶棚标高水平墨线，在顶板上画出吊顶布局，确定吊杆位置并焊接在原预留吊筋上，如原吊筋位置不符或无预留吊筋时，采用M8膨胀螺栓在顶板上固定，吊杆采用ϕ8钢筋加工。

（2）根据吊顶标高安装大龙骨，基本定位后调节吊挂，抄平下皮（注意起拱量）；再根据板的规格确定中、小龙骨位置。中、小龙骨必须和大龙骨底面贴紧，安装垂直吊挂时应用钳子夹紧，防止松紧不一。

（3）主龙骨间距一般为1 000 mm，龙骨接头要错开；吊杆的方向也要错开，避免主龙骨向一边倾斜。用吊杆上的螺栓上下调节，保证一定起拱度，视房间大小起拱5~20 mm，为房间短向跨度的1/200，待水平度调好后再逐个拧紧螺帽，在开孔位置需将大龙骨加固。

（4）施工过程中应注意各工种之间的配合，待顶棚内的风口、灯具、消防管线等施工完毕，并通过各种试验后方可安装面板。

（5）装饰石膏板、矿棉板安装。应注意石膏板、矿棉板的表面色泽，必须符合设计规范要求，对石膏板、矿棉板的几何尺寸进行核定，偏差在±1 mm；安装时注意对缝尺寸，安装完后轻轻撕去其表面保护膜。

3．安装方法

（1）搁置平放法。采用T形铝合金龙骨或轻钢龙骨，可将装饰石膏板或矿棉板搁置在由T形龙骨组成的各个格栅上，即完成吊顶安装。（图6-29、图6-30）

（2）螺钉固定法。当采用U形轻钢龙骨时，装饰石膏板或矿棉板可用镀锌自攻螺钉固定在U形龙骨上，孔眼用腻子补平，再用与板面颜色相同的色浆涂刷。

如用木龙骨时，装饰石膏板可用镀锌圆钉或木钉与木龙骨钉牢，钉子与板面距离应不小于15 mm，钉子间距为150 mm左右，宜均匀布置。钉帽嵌入石膏板深度0.5~1 mm为宜，应涂刷防锈漆；钉眼用腻子补平，再用与板面颜色相同的色浆涂刷。

（3）粘贴安装法。采用轻钢龙骨组成隐蔽式装配吊顶时，可采用胶黏剂将装饰石膏板、矿棉板直接粘贴在龙骨上。

4．质量要求

（1）吊顶标高、尺寸、起拱和造型应符合设计要求。饰面材料的材质、品种、规格、图案和颜色应符合设计要求。

(2) 暗龙骨吊顶工程的吊杆、龙骨和饰面材料的安装必须牢固。

(3) 吊杆、龙骨的材质、规格、安装间距及连接方式应符合设计要求。金属吊杆、龙骨应经过表面防腐处理，木吊杆、龙骨应进行防腐、防火处理。

(4) 饰面材料表面应洁净、色泽一致，不得有翘曲、裂缝及缺损。压条应平直、宽窄一致。饰面板上的灯具、烟感器、喷淋头等设备的位置应合理、美观，与饰面板的交接应吻合、严密。

(5) 金属吊杆、龙骨的接缝应均匀一致，角缝应吻合，表面应平整，无翘曲、锤印。木质吊杆、龙骨应顺直，无劈裂、变形。

(6) 吊顶内填充吸声材料的品种和铺设厚度应符合设计要求，并应有防散措施。

(7) 暗龙骨吊顶工程安装的允许偏差和检验方法应符合GB 50210 — 2001 《建筑装饰装修工程施工质量验收规范》的规定：表面平整度2 mm，接缝直线度1.5 mm，接缝高低差1 mm。

5．常见施工缺陷及预防措施

(1) 吊顶不平。主龙骨安装时吊杆调平不认真，会造成各吊杆点的标高不一致；施工时应认真操作，检查各吊杆点的紧挂程度，并拉通线检查标高与平整度是否符合设计要求和规范标准的规定。

(2) 轻钢骨架局部节点构造不合理。吊顶轻钢骨架在留洞、灯具口、通风口等处，应按图样上的相应节点构造设置龙骨及连接件，使构造符合图样上的要求，以保证吊挂的刚度。

(3) 轻钢骨架吊固不牢。顶棚的轻钢骨架应吊在主体结构上，并应拧紧吊杆螺母，以控制及固定设计标高。顶棚内的管线、设备件不得吊固在轻钢骨架上。

(4) 罩面板切块间隙缝不直。罩面板规格有偏差、安装不正都会造成这种缺陷。施工时应注意板块规格，拉线找正，安装固定时保证平整对直。

(5) 压缝条、压边条不严密、不平直，加工条材规格不一致。使用时应经过选择，操作拉线，找正后固定、压粘。

(6) 颜色不均匀。石膏板、矿棉板吊顶要注意板块的色差，以防止颜色不均的质量弊病。

(二) 轻钢龙骨石膏板隔墙

1．材料准备

(1) 轻钢龙骨主件。沿顶龙骨、沿地龙骨、加强龙骨、竖向龙骨、横向龙骨应符合设计要求。

(2) 轻钢骨架配件。支撑卡、卡托、角托、连接件、固定件、附墙龙骨、压条等附件应符合设计要求。

(3) 紧固材料。射钉、膨胀螺栓、镀锌自攻螺丝、木螺丝和黏结嵌缝料应符合设计要求。

(4) 填充隔音材料。

(5) 罩面板材。纸面石膏板规格、厚度由设计人员或按图样要求选定。

2．作业条件

(1) 轻钢骨架、石膏罩面板隔墙施工前应先完成基本的验收工作，石膏罩面板安装应等屋面、顶棚和墙抹灰完成后进行。

(2) 设计要求隔墙有地枕带时，应等地枕带施工完毕，并达到设计程度后，方可进行轻钢骨架安装。

(3) 根据设计施工图和材料计划，查实隔墙的全部材料，使其配套齐备。

(4) 所有的材料必须有材料检测报告、合格证。

3．工艺流程

放线→安装门洞口框→安装沿顶龙骨和沿地龙骨→竖向龙骨切挡→安装竖向龙骨→安装横向龙骨卡挡→安装石膏罩面板→接缝→面层施工。

4．施工方法

(1) 放线。根据设计施工图，在已做好的地面或地枕带上，放出隔墙位置线、门窗洞口边框线，并放好顶龙骨位置边线。

（2）安装门洞口框。放线后按设计，先将隔墙的门洞口框安装完毕。

（3）安装沿顶龙骨和沿地龙骨。按已放好的隔墙位置线，安装顶龙骨和地龙骨，用射钉固定于主体上，射钉间距为600 mm。

（4）竖龙骨切挡。根据隔墙放线门洞口位置，在安装顶、地龙骨后，按石膏罩面板的规格900 mm或1 200 mm板宽，切挡规格尺寸为450 mm，不足模数的切挡应避开门洞框边第一块石膏罩面板位置，使破边石膏罩面板不在靠洞框处。

（5）安装龙骨。按切挡位置安装竖龙骨，竖龙骨上下两端插入沿顶龙骨及沿地龙骨，调整垂直及定位准确后，用抽心铆钉固定；靠墙、柱边龙骨用射钉或木螺丝与墙、柱固定，钉间距为1 000 mm。

（6）安装横向卡挡龙骨。根据设计要求，隔墙高度大于3 m时应加横向卡挡龙骨，用抽心铆钉或螺栓固定。

（7）安装石膏罩面板。① 检查龙骨安装质量、门洞口框是否符合设计及构造要求，龙骨间距是否符合石膏板宽度的模数。② 安装一侧的纸面石膏板，从门口处开始，无门洞口的墙体由墙的一端开始，纸面石膏板一般用自攻螺钉固定，板边钉距为200 mm，板中间钉距为300 mm，螺钉距石膏板边缘的距离不得小于10 mm，也不得大于16 mm。用自攻螺钉固定时，纸面石膏板必须与龙骨紧靠。③ 安装墙体内电管、电盒和电箱设备。④ 安装墙体内防火、隔音、防潮填充材料，与另一侧纸面石膏板同时进行。⑤ 安装墙体另一侧纸面石膏板。安装方法同第一侧纸面石膏板，其接缝应与第一侧面板错开。⑥ 安装双层纸面石膏板。第二层板的固定方法与第一层相同，但第三层板的接缝应与第一层错开，不能与第一层的接缝落在同一龙骨上。

图6-31　石膏板隔墙石膏照片

（8）接缝。纸面石膏板接缝做法有三种形式，即平缝、凹缝和压条缝。可按以下程序处理。① 刮嵌缝腻子。刮嵌缝腻子前先将接缝内浮土清除干净，用小刮刀把腻子嵌入板缝，将板面填实刮平。② 粘贴拉结带。待嵌缝腻子凝固即行粘贴拉结带，先在接缝上薄刮一层稠度较稀的胶状腻子，厚度为1 mm，宽度为拉结带宽，随即粘贴拉结带，用中刮刀从上而下一个方向刮平压实，赶出胶腻子与拉结带之间的气泡。③ 刮中层腻子。拉结带粘贴后，立即在上面再刮一层比拉结带宽80 mm左右，厚度约1 mm的中层腻子，使拉结带埋入这层腻子中。④ 括找平腻子。用大刮刀将腻子填满楔形槽，并与板抹平。

（9）墙面装饰、纸面石膏板墙面，根据设计要求，可做各种饰面。（图6-31）

5．质量要求

以 GB 50210—2001 的规定为准，并应严格遵守。

6．成品保护

（1）在轻钢龙骨隔墙施工中，工种间应保证已装项目不受损坏，墙内电管及设备不得碰动错位及损伤。

（2）轻钢骨架及纸面石膏板入场、存放、使用过程中应妥善保管，保证不变形、不受潮、不污染、无损坏。

（3）施工部位已安装的门窗、地面、墙面、窗台等应注意保护，防止损坏。

（4）已安装完的墙体不得碰撞，以保持墙面不受损坏和污染。

7．常见施工缺陷及预防措施

（1）墙体收缩变形及板面裂缝。原因是竖向龙骨紧顶上下龙骨，没留伸缩量；超过 2 m长的墙体未做控制变形缝，造成墙面变形。隔墙周边应留 3 mm的空隙，这样可以减少因温度和湿度影响产生的变形和裂缝。

（2）轻钢骨架连接不牢固。原因是局部节点不符合构造要求，安装时局部节点应严格按施工图样规定处理。钉固间距、位置、连接方法应符合设计要求。

（3）墙体罩面板不平。多数由两个原因造成：一是龙骨安装横向错位，二是石膏板厚度不一致。

（4）明凹缝不均。原因是纸面石膏板拉缝未很好掌握尺寸；施工时应注意板块切挡尺寸，以保证板间拉缝一致。（图6-32）

超级暗架

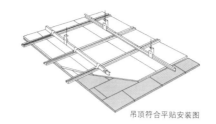
吊顶符合平贴安装图

暗龙骨安装图

图6-32 轻钢龙骨拼接方法

（三）艺术石膏制品

1．基础工程

在安装前，首先应将墙面处理干净。将石膏制品摆正位置，画出边缘线，然后拿下石膏制品，在墙面或顶面用2 cm×2 cm木龙骨根据石膏造型的大小位置固定几个或十几个点，再准备好适当长度的螺丝固定石膏制品。

2．安装施工

在固定前应将石膏制品背面涂上石膏黏合剂，粘贴好，然后将备好的螺丝轻轻旋入粘贴在墙面的石膏制品，固定在木龙骨上，固定的螺丝帽应涂一点油漆进行防锈处理，并用腻子将螺丝眼及其他外露的缝隙补平。注意石膏线接缝和对角要按花型和线条衔接好，用腻子补平，待腻子干后用细砂纸轻轻磨平扫净，最后粉刷涂料两遍。

（四）玻璃纤维加强石膏板的施工

1．玻璃纤维加强石膏板（GRG）的施工注意事项

（1）玻璃纤维加强石膏板施工要求达到装饰材料表面光滑、装饰效果佳，需运用先进的模具制作与脱模工艺，使成品材料表面光洁、白度高、不需修补，且可以和各种涂料和面饰材料（木皮、织品等）良好地黏结，形成较好装饰效果。

（2）要求施工方便、损耗低。GRG材料成品全部由工厂预制完成，不需现场二次加工，安装采用预埋件吊装，施工便捷。

2．GRG保养注意事项

（1）GRG墙体。GRG墙体在竣工交付使用后，一般情况下不需要进行保养，但在使用过程中还需注意以下几点。

①保持室内的通风。尽可能保持室内的温度、湿度与环境温度、湿度的一致。②避免重物撞击墙体。轻度冲击会在墙体留下痕迹、麻点；当撞击力超过GRG产品最大断裂荷载时，会导致墙体开裂，重者可能导致墙体脱落。③在清理墙体时，尽量少用湿物清理。湿物接触有可能会导致GRG墙体表面涂料发生化学反应，产生变色；尽可能用柔软、干燥的物品进行清理。④如因外力原因造成墙体损害后，可对损害部位进行裁减、维修。

（2）GRG砂岩浮雕。砂岩浮雕是雕塑与绘画结合的产物，是在平面上雕刻出凹凸起伏形象的一种雕塑，在GRG制品上也有非常丰富的体现形式。（图6-33）

图6-33 GRG砂岩浮雕

GRG制品上的浮雕作品保养注意事项有以下几点。

①避免沾上灰尘和污渍：可以用吸尘器来清洁砂岩背景墙而且要确保吸尘器是软毛刷，因为硬设备可能会刮伤砂岩。②安装好后尽快密封：密封口可以充当砂岩背景墙的保护层，防止灰尘和污渍的进入以及砂岩内的水分蒸发，因其和空气中的化学物质发生反应可能会损坏砂岩背景墙。③避免接触油污：油或污垢会导致砂岩背景墙染色，如果不小心接触到，应尽快清理避免被砂岩吸收。④避免使用瓷砖清洗剂清洁：瓷砖清洗剂会使墙壁瓷砖褪色应该用干净

的软布和温水擦拭，经常擦拭可以防止有害化学物质的沉积。

三、石膏制品的选购

目前，室内石膏装饰材料的应用越来越受到人们的重视。石膏装饰用品的品种多达几十个，如装饰天花板的石膏花、替代挂镜线的石膏线、装饰吊灯的灯盘、装饰吸顶灯的灯圈，以及角花、石膏柱、花盘、花柱、镜框、人物造型等。

1．石膏板材的选购

不同品种的石膏板应该使用在不同的部位。例如，普通的纸面石膏板适用于无特殊要求的部位，如室内吊顶等；耐水纸面石膏板由于其板芯和护面纸均经过了防水处理，适用于湿度较高的潮湿场所，如卫生间、浴室等。

在选用石膏板时，应注意以下几点。

（1）观察纸面。优质纸面石膏板用的是进口的原木浆纸，纸轻且薄，强度高，表面光滑，无污迹，纤维长，韧性好。劣质的纸面石膏板用的是再生纸浆生产出来的纸张，较重较厚，强度较差，表面粗糙，有时可看见油污斑点，易开裂。纸面的好坏还直接影响到石膏板表面的装饰性能的高低。优质纸面石膏板表面可直接涂刷涂料，劣质纸面石膏板表面必须做满后才能做最终装饰。

（2）观察板芯。优质纸面石膏板选用高纯度的石膏矿作为芯体材料，而劣质的纸面石膏板对原材料的纯度缺乏控制，并且纯度低的石膏矿中含有大量的有害物质。好的纸面石膏板的板芯白，而劣质的纸面石膏板的板芯发黄，颜色暗淡。

（3）观察纸面黏结。用裁纸刀在石膏板表面划一个45°的口，然后在交叉的地方揭开纸面观察，优质的纸面石膏板的纸张依然黏结在石膏芯上，石膏芯体没有暴露在外；而劣质纸面石膏板的纸张则可以撕下大部分甚至全部纸面，石膏芯完全暴露出来。

（4）掂量单位面积重量。相同厚度的纸面石膏板，优质的板材比劣质的一般都要轻。劣质的纸面石膏板大都在设备陈旧、工艺落后的工厂中生产出来，故而其中掺杂的杂质比较多。

（5）查看石膏生产厂家的检测报告。正规的石膏生产厂家每年都会安排国家权威的质量检测机构赴厂家的仓库进行抽样检测，并出具检测报告。

2．石膏线条的选购

目前，市场上出售的石膏线条所用石膏质量存在很大的差异。好的石膏线条洁白细腻，光亮度高，手感平滑，干燥结实，背面平整，用手指弹击，有清脆响声。而一些劣质石膏线条是用石膏粉加增白剂制成的，颜色发青；还有用含水量大并且没有完全干透的石膏制成的石膏线条，这些石膏线条的硬度、强度都会大打折扣，使用后会发生扭曲变形，甚至断裂。

选择石膏线条最好看其断面。成品石膏线条内要铺数层纤维网，这样石膏附着在纤维网上，就会增加石膏线条的强度。劣质石膏线条内铺网的质量差，不满铺或层数很少，甚至以草、布代替，这样都会减弱石膏线的附着力，影响石膏线条质量，而且容易出现边角破裂，甚至断裂。

3．其他顶面石膏材料的选购

普通房间高度所选用的石膏装饰材料有角线、平线、角花和灯盘。房间高度在2.6 m以下的不适合用灯盘，因为灯盘只适合放吊灯。在选购石膏装饰线条时要选择线条花型明快、表面不破损、凹凸清楚、干净整齐的材料；在运输、存放和安装时要注意防止磕碰，注意防潮。

如果准备装饰的房间较大，可选用壁饰、柱饰石膏制品，经过巧妙地结合，可使室内体现出古朴、庄重、典雅、豪华的装饰效果。

7

第七章
油漆装饰材料

YOUQI ZHUANGSHI CAILIAO

第七章　油漆装饰材料

　　涂料，中国传统称之为油漆，是一种可以用不同的施工工艺涂覆在物件表面并形成牢固附着的连续固态薄膜。这样形成的膜通称涂膜，又称漆膜或涂层。现今，在具体的涂料品种命名时常用"漆"字表示"涂料"。

　　建筑油漆是在一定的可操作条件下，涂覆于建筑表面形成的漆膜，能起到保护、装饰的作用以及具有某些特殊功能（绝缘、防锈、防霉、耐热等），从而提升建筑材料的价值。

　　建筑油漆能够阻止或延迟空气中的氧气、水分、紫外线以及有害气体等引起的锈蚀、风化等破坏现象，延长建筑物的使用寿命。具有保护功能。

　　建筑油漆的目的首先在于遮盖建筑物表面的各种缺陷，保护建筑物表面，使其与周围的环境协调并美化环境。室内装饰和室外装饰通过不同的装饰手法能起到的不同的装饰效果。具有装饰作用。

　　部分室内涂层要求具有隔音、防结露、防霉、防藻功能，部分建筑外涂层要求具有防火、防水、防腐、防辐射、隔热等功能。对现代油漆而言，这种功能在当今油漆领域发挥着越来越显著的作用。相信今后油漆将在更多方面提供和发挥更多的特种功能。

　　油漆作为建筑装饰中必不可少的材料，通过新的生产技术和新的施工工艺，给建筑增加了生机、活力，为人们提供了更心旷神怡的生活和工作环境。

　　本章主要介绍油漆装饰材料的内外墙漆、顶棚漆、地面漆、特殊功能漆、木器漆、金属漆及其施工工艺等。

第一节　油漆的基础知识

一、油漆的分类

　　油漆涂饰在物体表面，与基层黏结，可改变其颜色、花纹、光泽、质感等并形成坚韧的保护层。建筑油漆分类方式多样。

　　（1）按使用部位可分为：墙漆、木器漆。墙漆包括外墙漆、内墙漆、顶面漆和地面漆，它主要是乳胶漆等品种；木器漆主要有硝基漆、聚氨酯漆等。

　　（2）按主要成膜物质可分为：有机涂料、无机涂料、有机-无机复合涂料。

　　（3）按所用稀释剂可分为：水溶性油漆、乳液类油漆、溶剂性油漆、粉末型油漆。

　　（4）按装饰功能可分为：平壁状油漆、砂壁状油漆、立体花纹状油漆等。

　　（5）按特殊功能可分为：防火油漆、防水油漆、防霉油漆、防结露油漆等。

二、油漆的种类

1.天然漆

　　天然漆又称大漆，是从漆树上取得的棕黄色黏稠汁液。天然漆形成的漆膜特征是：坚硬而富有光泽，具有良好的耐久、耐磨、耐油、耐水、耐腐蚀、绝缘、耐热性能。漆膜容易与基层表面结合，但缺点是黏度高而不易施工。由于漆膜色深且性脆，所以很少直接使用。天然漆有生漆、熟漆之分。生漆有毒，漆膜粗糙，也很少直接使用。熟漆是指经过再加工后的生漆，改善了生漆的很多性能。例如，漆膜光泽好、坚韧、稳定性高，耐酸、耐水性强，干燥速度也可进一步加快。

2.调和漆

调和漆是一种常用的人造漆，是熟干性油经过调和处理后形成的漆，它质地较软，均匀，稀稠适度，可直接涂刷。调和漆分油性调和漆和瓷性调和漆两种，后者现名多丹调和漆。在室内适合使用磁性调和漆，这种调和漆干燥性能要比油性调和漆好，漆膜较硬，遮盖力强，长久不裂，细腻有光泽，但耐候性较油性调和漆差，容易失去光泽。（图7-1）

3.清漆

清漆以树脂为主要成膜物质，涂覆于基层表面后形成具有保护、装饰和特殊性能的透明漆膜。它分为油基清漆（"凡立水"）和树脂清漆（"泡立水"）两大类。在清漆的基础上加入无机颜料可制成漆膜光泽、平整、细腻、坚硬，外观类似陶瓷或搪瓷的漆；或加入着色颜料制成有色清漆等。清漆适用于涂饰室内外的木装修、板壁、金属表面、家具等。品种有酯胶清漆、酚醛清漆、醇酸清漆、硝基清漆、虫胶清漆、丙烯酸清漆等。（图7-2）

图7-1　调和漆效果图

图7-2　清漆效果图

三、油漆的组成

油漆种类繁多，不同特性的油漆成分各不相同。各种成分按照其在漆膜中的作用可分为主要成膜物质，次要成膜物质、辅助成膜物质三大类。

1.主要成膜物质

主要成膜物质是指油漆的基础物质，是树脂、乳液等起黏结作用的物质，也称为基料或黏结剂。它决定油漆的主要性能，如油漆的坚韧性、耐磨性、耐候性以及化学稳定性等。油漆的主要成膜物质多属于高分子化合物或成膜时能形成高分子化合物的物质，如天然树脂、人造树脂、合成树脂和植物油料及硅溶胶。

2.次要成膜物质

次要成膜物质主要是指颜料和填料，其本身不具备成膜能力，但可依靠主要成膜物质的黏结作用成为漆膜的主要组成部分。能起到赋予漆膜颜色，增加漆膜质感，提高漆膜性能等作用。

按照在油漆中所起作用的不同，次要成膜物质可分为着色颜料、体质颜料和防锈颜料三类。

（1）着色颜料是细微粉末状的无机和有机物质，在油漆中的作用是着色和遮盖物体；建筑油漆经常在碱性基层（如砂浆或混凝土表面）上使用，常与大气环境接触，因此要求着色颜料具有较好的耐碱性、耐光性和耐候性。

（2）体质颜料又称为填料，常为一些白色粉末状的天然或工业副产品。它们不具备着色能力，只在漆膜中起填充骨架作用，以减少漆膜的固化收缩，增加漆膜厚度，提高漆膜的耐磨性、抗老化性、耐久性等。

（3）防锈颜料的作用是使漆膜具有良好的防锈能力，主要用于防止建筑工程中的水暖管道、钢门窗等金属表面发生锈蚀。防锈颜料的主要品种有红丹、锌铬黄、氧化铁红、铝粉等。

3.辅助成膜物质

辅助成膜物质是指油漆中的溶剂和各种助剂，对于涂饰施工有重要影响，可以改善漆膜的某些性质。

油漆中的辅助成膜物质包括分散介质和助剂两类。

（1）分散介质（稀释剂）。无论在生产过程中还是涂饰施工中都需要对主要成膜物质的原料进行稀释，以调节油漆的黏度，使油漆便于涂饰，使其容易在涂物表面形成一层薄膜，所以油漆中须含有大量的分散介质。在漆膜的形成过程中，分散介质中小部分将被基层吸收，大部分将在大气之中挥发，不保留在漆膜之内。分散介质有两类：一类是有机溶剂，另一类是水。有机溶剂应既能溶解油漆的主要成膜物质，又能控制油漆的黏度，具有一定的挥发性。用有机溶剂做分散介质的油漆称为溶剂型油漆。用水做分散介质的油漆称为水性油漆。稀释水性油漆时可采用矿物杂质含量较少的饮用自来水。

（2）助剂。助剂是为了改善油漆的性能而加入的辅助材料。它们的加入量虽少，但对改善油漆性能的作用显著。油漆中常用的助剂参见表7-1。

表7-1　油漆常用助剂

助剂名称	适用漆种	工作原理	作用及效果
催干剂	以油料为主要成膜物质的漆类	加速油料的氧化、聚合、干燥成膜过程	缩短油漆干燥时间，改善漆膜质量
增塑剂	以合成树脂为主要成膜物质的漆类	填充到树脂结构的内部	克服漆膜过硬和过脆，增加塑性和柔韧性
固化剂	不同成膜物质所需固化剂不同	与成膜物质发生反应并固化成膜物质	使成膜物质凝固
流变剂	主要用于乳液型油漆	建立防流挂结构	有效防止湿漆膜产生流挂现象
分散剂	用于乳液型油漆	促使物料颗粒均匀分散于介质中	提高成膜物质在溶剂中的分散程度
增稠剂	用于乳液型油漆	提高物系黏度，形成凝胶	增加乳液黏度，保持乳液稳定性，改善油漆的流平性
消泡剂	用于乳液型油漆	降低溶液的表面张力，防止形成或减少泡沫	消除气泡
防冻剂	用于乳液型油漆	降低冻胀力	改善乳液的防冻性，降低成膜温度
紫外线吸收剂 抗氧化剂 防老化剂	用于各类油漆	吸收阳光中的紫外线，抑制、延缓有机高分子化合物的降解、氧化破坏过程	提高漆膜的保光性、保色性和抗老化性能，延长漆膜的使用年限
防腐剂 防霉剂 阻燃剂	用于有特殊功能要求的漆类	抑制微生物腐败、生长及发霉。阻燃剂通过吸热作用、覆盖作用、抑制链反应、不燃气体的窒息作用等机理发挥阻燃作用	提高漆膜的特殊性能，延长使用寿命

四、漆膜的主要技术要求

油漆只有经涂饰后形成漆膜才能起到保护、装饰等作用。影响漆膜性能的主要因素是油漆的组成成分及其体系特征。良好的漆膜应满足一定的技术要求。

1. 漆膜颜色

漆膜颜色与标准样品相比，应符合色差范围。

2. 遮盖力

影响漆膜遮盖力的因素包括油漆的配方和施工工艺。油漆稀释量过大，会导致漆膜太薄，遮盖力差；漆中颜料的着色力以及含量影响遮盖力，如颜料和色漆基料两者折光率之差大，颜料的遮盖力就强；另外，颜料的颗粒大小、分散程度及结构都会影响油漆的遮盖力；施工时应保证漆膜厚度适当、平整均匀并且注意先涂饰浅色漆再刷相对深色漆，这样遮盖效果比较好。

遮盖力通常用色漆均匀地遮盖在黑白格表面所需的油漆质量表示，需要量越多遮盖力越小。建筑漆的遮盖力范围是100~300 g。

3. 附着力

附着力表示漆膜与基层表面的黏结力，影响漆膜附着力的因素包括油漆主要成膜物质本身、基层表面的性质及油漆处理方法。通常用十字划格法检测附着力性能。即在漆膜表面用特殊的划刀，以阵图形切割并穿透漆膜，然后用软毛刷沿格子对角线方向前后刷，以检查漆膜从底材分离的抗性。漆膜附着力大的油漆涂刷后不容易脱落。附着力大小对涂覆金属表面的油漆要求尤为重要，这主要是因为金属表面容易被氧化。（图7-3）

4. 黏结强度

黏结强度影响施工性能，不同的施工方法要求油漆有不同的黏度。如要求油漆具有触变性，上墙后不流淌，抹压又很容易。黏度的大小主要决定于油漆内成膜物质和填料的性质好坏及含量比例的多少。

5.耐污染性

漆膜有污迹流挂，灰尘黏附等，会破坏其美观。漆膜出现污迹的原因是漆膜的耐污性差，使漆膜污染的速度过快。影响油漆耐污性的主要因素有以下四个方面：①漆膜表面不平整，导致积污；②漆膜表面发黏易附飘落污物；③漆膜硬度低，污染物侵入漆膜；④漆膜亲水、疏松多孔，污水、携带污物的雨水渗透进入漆膜而沉积。

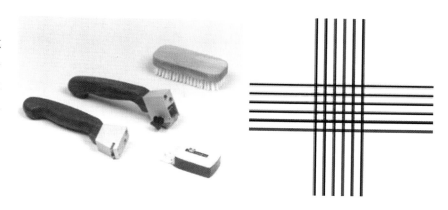

图7-3 十字划格法使用工具及阵图

提高漆膜耐污性的途径：①油漆施工时不应任意兑水，以降低挥发量；②形成的漆膜要确保密度高，应选用高玻璃化温度的乳液,以减少漆膜的高温回黏；③保证遇潮气或雨水不溶、不黏、不渗透、减少因漆膜发黏而增加灰尘的黏附性和污水将污物携带入漆膜的几率；④提高漆膜硬度，以提高漆膜耐污性。

6.耐久性

耐久性是指漆膜的经久耐用程度，一般耐久性包括三种含意：耐冻融、耐洗刷、耐老化。

（1）耐冻融性主要针对外墙漆而言，外墙涂料由于季节气温的变化，引起反复的冻冰和融化，易使漆膜脱落、开裂、粉化或起泡。若油漆中成膜物质的柔性好，有一定延伸性，耐冻融性就较好。

（2）耐洗刷性主要指外墙漆膜在受雨水反复冲刷时的性能。经擦洗最终完全露底时，被擦洗的次数越多说明它的性能越好。

（3）耐老化性主要指漆膜受大气中光、热、臭氧等因素作用使涂层发黏或变脆，失去原有强度和柔性，从而造成涂层老化（开裂、脱落、粉化、变色、退色等)。

7.耐候性

油漆的耐候性是指油漆经受气候考验的能力，具体指主要成膜物质在光照、冷热、风雨、细菌等造成的综合破坏作用下,发生强度、黏结性、保色保光性等性能变化,导致油漆出现脆化、粉化、变色、失光、剥落等现象。目前，我国外墙漆一般要求耐候8~10年以上。在此期间，漆膜必须能保持良好的视觉效果。

影响漆膜耐候性的主要因素有以下几个方面：①油漆自身的质量是影响油漆耐候性的主要因素；②助剂的添加对漆膜的耐候性也有一定的影响，如添加抗老化剂，可以增强漆膜的耐候性。

8.耐水性

耐水性是油漆的一项重要质量指标。耐水性欠佳的漆膜会导致变色或退色、失光、发花、水印、泛碱、粉化、起泡、起皮、起粒、开裂、脱落等破坏现象，直接影响到漆膜的使用寿命。油漆的耐水性与防水漆的防水性是两项完全不同的指标，耐水性好的油漆并不一定具有防水功能。

增加漆膜耐水性可以采取以下措施：①漆膜抗水来源于成膜物疏水，成膜物疏水要求选用疏水乳液；②漆膜表面要致密、连续、完美、光滑平整，并有一定厚度的涂层，可以减少水分渗透；③油漆配方应尽量减少水分，以提高油漆不挥发成分的比重；④在油漆中添加适量的疏水剂，使其在漆膜表面形成一层疏水膜,能有效阻挡水分渗透。

9.耐碱性

耐碱性是指漆膜对碱侵蚀的抵抗能力。建筑油漆大多以水泥混凝土、含石灰抹灰等碱性基层为装饰对象。耐碱性差的油漆漆膜会产生变色、退色、皱褶、剥离、脱落等。"耐碱性""返碱"是两个不同概念。"耐碱性"倾向于考察漆膜在碱性条件下是否被破坏；而"返碱"指漆膜在碱性基材上出现碱性物质析出，漆膜一般并没有被破坏。

此外，由于不同的油漆有着不同的特殊用途，可能会需要其他性能要求。同时以上提及的主要技术要求也会在不同用途的油漆漆膜中占有不同的比重。

第二节　内墙和顶面漆

一、内墙漆

一般的内墙建筑油漆的涂装体系分为底漆和面漆两层。

图7-4　内墙漆使用效果图

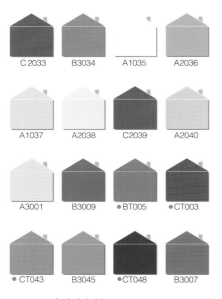

C 2033　B3034　A1035　A2036

A1037　A2038　C2039　A2040

A3001　B3009　●BT005　●CT003

●CT043　B3045　●CT048　B3007

图7-5　乳胶漆色板

图7-6　内墙乳胶漆使用效果图

1.底漆

底漆具有封闭墙面碱性、增加油漆的附着力、增进漆膜丰满度及延长油漆使用寿命的作用。它的处理程度对涂装最后性能及表面效果有较大影响。

2.面漆

面漆是涂装体系中的最后涂层，具有装饰、保护和对恶劣环境的抵抗功能。

二、内墙漆性能要求

内墙墙面漆要保护及装饰内墙墙面，营造舒适的生活、工作、学习环境，使其美观整洁。因此，此类油漆要具有色彩丰富；漆膜细腻，遮盖力良好；耐碱性、耐水性、耐擦洗性好，不易粉化；透气性好，保证不会发生涂层起鼓等弊病；涂刷方便，确保无刷痕、无流挂等性能。

三、内墙漆种类

内墙油漆主要可分为水溶性漆、乳胶漆、多彩漆、仿瓷漆和艺术漆。一般装修采用的是乳胶漆。（图7-4）

1.水溶性内墙漆

水溶性油漆漆膜平滑且光泽度好、硬度适中，并有良好的耐水性、耐候性；施工方便，价格便宜，可用于水泥、石材、木材及金属表面涂装。

水溶性内墙油漆主要分为聚乙烯醇水玻璃内墙漆和聚乙烯醇缩甲醛内墙漆两大类。

（1）聚乙烯醇水玻璃内墙漆（"106"漆）的主要成膜物质是聚乙烯醇树脂和水玻璃。聚乙烯醇水溶液有较好的成膜性，生成的膜无色透明、无毒、无味、不燃、耐磨性好，与墙面有很强的黏结力，干燥快、涂层表面光洁、施工方便，而且价格低；但耐水性与耐刷洗性差，漆膜表面不能用湿布擦洗，容易起粉脱落。

（2）聚乙烯醇缩甲醛内墙漆（"803"漆）是继"106"漆后出现的又一种价廉物美的内墙漆。这种漆具有干燥快、遮盖力强、涂层光洁等特点，在较低温度下施工不宜结冻，涂刷方便，耐水性、耐洗刷性优于"106"漆，对墙面有一定的附着力。近年来"803"漆的使用面越来越广。

2.合成树脂乳液内墙漆（乳胶漆）

乳胶漆即乳液性油漆，以水为稀释剂。它是一种施工方便、安全、耐水性好、透气性好、颜色种类丰富的薄质内墙漆。这种油漆的制作基本上由水、颜料、乳液、填充剂和各种助剂组成，这些原材料是不含毒性的。高级乳胶漆还可以随意配色，具有多种光泽（高光、亚光、无光、丝光等）。乳胶漆适用于在混凝土、水泥砂浆、灰泥类墙面，加气混凝土等基层上涂刷。（图7-5、图7-6）

内墙乳胶漆之所以常用，主要是因为它有以下显著优点：①价格适中，经济实惠；②施工方便，消费者可自己涂饰；③颜色种类繁多并且形成的漆膜不易退色、变色；④耐碱性强，不易返碱；⑤覆盖力强，高档乳胶漆还具有水洗功能，易清洁、维护。

3.多彩漆

多彩漆由不相混溶的两个液相组成，其中一相为分散介质，常为加有稳定剂的水相；另一相为分散相，由大小不等的两种或两种以上不同颜色的着色粒子构成。涂饰干燥后能形成坚硬结实的多彩花纹漆膜，目前十分流行。（图7-7、图7-8）

图7-7　多彩墙面漆

这种油漆的漆膜色彩繁多、富有立体感，兼具油漆和壁纸的双重优点，具有独特的装饰效果。漆膜较厚且有弹性，耐洗刷性、耐久性较好。它适用于建筑物内墙和顶棚的水泥混凝土、砂浆、石膏板、木材、钢、铝等多种基面。

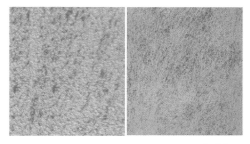

图7-8　多彩饰面

4.仿瓷漆

仿瓷漆通过薄抹与压光施工后，漆膜光滑、平整、细腻、坚硬，其装饰效果很像瓷釉饰面。仿瓷漆色彩丰富，附着力强，但是施工工艺繁杂，耐湿擦性差。根据使用要求，可在仿瓷漆中加入不同剂量的消光剂，制成半光或无光仿瓷漆。它主要适用于涂饰室内墙面，木材、金属、家具及木装修表面等。在厨房、卫生间等内墙装修中可代替瓷砖，广受欢迎。仿瓷漆按主要成膜物质的不同，可分为溶剂型树脂和水溶型树脂两类。（图7-9）

（1）溶剂型树脂类仿瓷漆的主要成膜物质是溶剂型树脂，有瓷白、淡蓝、奶黄、淡绿、金属、粉红等多种颜色，其耐水性、耐污染性、耐碱性、耐磨性、耐老化性、附着力都很好。

（2）水溶型树脂类仿瓷漆的主要成膜物质是水溶性聚乙烯醇，是近年出现的一种以刮涂与抹涂为主要施工方法的内墙漆，多以白色为主。正是由于需要技术性强的刮涂与抹涂施工工艺，再加上多次用力压光，其涂膜坚硬致密，附着力强。但此类漆漆膜较厚，性能较差，使用寿命短，而且施工较麻烦，因此一般只适用于建筑物内墙、走廊、楼梯间等部位。

图7-9　仿瓷漆

5.艺术漆

艺术漆是一种图案性强，可直接涂在墙面上自然产生粗糙或细腻立体艺术形式的漆种。凭借其变化无穷的立体化纹理和多种选择的个性搭配，已引起国内建筑行业内人士的极大关注。另外我们可通过不同的施工工艺、手法和技巧，制作出更丰富、更独特的装饰效果，令人耳目一新。它在一定程度上可以替代布艺、墙纸、木材和石材，而且更环保，更经济。

艺术漆具体可分为：马来漆、真石漆、复层肌理漆、金属箔质感漆、液体壁纸、质感涂料、仿石漆、彩石漆、艺术帛、平面艺术漆、特殊漆、彩绘壁画等。

（1）马来漆是高档、新兴墙面装饰漆，批刮到墙面上会产生各类艺术纹理。马来漆具体包括单色马来漆、混色马来漆、金银线马来漆、金银马来漆、幻影马来漆（彩韵马来漆）等。（图7-10）

图7-10　马来漆

（2）真石漆以特殊合成树脂乳液与天然石砂（彩色石）为主要成分，大多以喷涂为主，装饰效果具有天然石材的质感和色彩。真石漆价格低廉，施工方便且同样具有典雅、高贵、立体感强等天然石材的装饰效果，并具有优越的耐

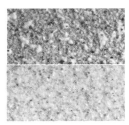

图7-11　真石漆

图7-12　复层肌理漆

图7-13　金属箔质感漆

图7-14　液体壁纸

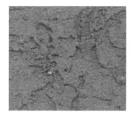

图7-15　刮砂

图7-16　仿页岩漆

图7-17　艺术帛

图7-18　乱丝漆

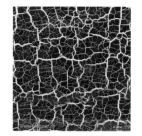

图7-19　裂纹漆

候性、耐久性、耐退色性，美观又牢固。真石漆包括小碎彩石漆、岩片漆（漆片漆）、羽衣片、彩石拼图等。（图7-11）

（3）复层肌理漆是一种新型墙面装饰漆种，因其具有独特的立体肌理、色彩、造型、花纹而广受客户欢迎。复层肌理漆包括拉毛漆、立体浮雕漆、金属浮雕漆、珠光肌理漆、梳刷痕纹理漆、薄浆艺术肌理漆、厚浆墙体艺术漆等。（图7-12）

（4）金属箔质感漆是在油脂中添加珠光颜料形成的，能创造出各种光泽效果。金属箔质感漆包括金箔漆、艺术金箔漆、银箔漆、彩绘铜箔漆等。（图7-13）

（5）液体壁纸是一种新型艺术漆，也称壁纸漆。它是通过专用模具上的图案把面漆印制在干燥后的墙面上从而具有壁纸的装饰效果。从原料上来讲，它比壁纸环保性好得多。漆膜具有良好的防潮、抗菌性能，不易生虫，不易老化。液体壁纸包括单色液体壁纸、双色液体壁纸、多色液体壁纸、幻彩液体壁纸等。（图7-14）

（6）质感涂料是市面上新型装饰材料，它的制作方式是在已涂饰漆面上，用不同的质感工具进行造型，产生立体化纹理。此类漆可个性搭配，能创造无穷特殊装饰效果。质感涂料包括颗粒质感漆、标准质感（树皮拉纹、树叶纹理、蟹爪纹理）漆、刮砂漆、质感肌理（滚筒压花）漆、砂壁艺术漆（含米兰石）等。（图7-15）

（7）仿石漆是艺术漆中制作难度非常大的一类漆，是用油漆仿做天然石材，其效果接近天然石材，但在硬度上略有欠缺。仿石漆与真石漆的区别在于：仿石漆具有造型仿石效果，属于弹性涂料，黏结性和触变性很强。它可塑性单一，没有真石漆那种坚硬的感觉。仿石漆包括仿花岗岩漆、仿大理石漆、仿页岩漆、仿砂岩漆、仿荧光洞石漆、仿风化石漆、仿云石漆等。（图7-16）

（8）艺术帛是用帛、宣箔、肌理壁纸等造型材料在墙面上进行造型处理，待完全干燥后，用多色普通水性漆进行面涂即可获得类似帛的效果。艺术帛包括素色宣箔、双色艺术帛、艺术锦帛、轩帛漆、钻石漆（水性）等。（图7-17）

（9）平面艺术漆是用专用喷枪在墙面或其他各种板材表面喷涂出的一种艺术效果。喷涂时，根据不同的处理方式产生各种平面且自然的纹理。平面艺术漆包括新梦幻粉彩漆、珍珠彩喷漆、欧式复古漆、梳刷痕纹理漆、印花纹理漆、拍花纹理漆、木纹漆（水纹漆）、乱丝漆（云丝漆、彩丝漆）、彩云漆等。（图7-18）

（10）特殊漆是根据油漆性能，利用特殊施工方法形成特殊效果的漆种。特殊漆包括裂纹漆、贝母漆、砂岩雕刻漆、墙体浮雕漆等。（图7-19）

（11）彩绘壁画是用油漆绘制出壁画效果来装饰室内外。

四、顶面漆

顶面漆又称天花板漆，其中包含薄漆、轻质厚漆及复层漆三类。

一般来说，内墙漆均可用作顶棚漆。顶棚漆正朝着无毒、吸声性好、耐污性好的方向发展。（图7-20）

第三节　外墙漆

外墙漆的主要功能是保护和装饰建筑物的外墙面，使建筑物外墙保持外貌整洁美观并延长其使用寿命。外墙漆比其他外墙材料施工更方便，并且色彩丰富。由于外墙漆要经受日晒、雨淋、风吹、温变等老化作用，因此，外墙漆要求达到的指标比内墙漆高。（图7-21）

一、外墙漆性能要求

外墙漆要有优良的耐水性、耐碱性、耐污性、耐候性、耐霉变性和防风化性，要能有效防止漆膜粉化、开裂、脱落，能抑制潮湿环境下霉菌和藻类繁殖生长。同时，漆膜也要具有良好的耐光性、保色性。

二、外墙油漆种类

外墙漆主要分为合成树脂乳液外墙装饰漆、合成树脂乳液砂壁外墙装饰漆、溶剂型外墙装饰漆、复层外墙漆、无机外墙漆和弹性建筑外墙漆。（图7-22）

1.合成树脂乳液外墙漆

合成树脂乳液外墙漆又称为外墙乳胶漆，是以合成树脂乳液为主要成膜物质，涂刷后，随着油漆中水分的蒸发，成膜物质与其他不挥发物质共同形成均匀连续的漆膜。这种油漆使用颇为广泛。

外墙乳胶漆的主要特点有：①以水为分散介质，无毒，不易燃；②施工方便，可调色性好；③漆膜透气性好；④具有良好的耐水抗水性、耐沾污性、耐候性；⑤漆膜具有良好的耐光性、保色性；⑥具有良好的耐碱性、防风化性。

从理论上讲，外墙乳胶漆可以在室内使用，但反之不行。因为外墙乳胶漆具有一项内墙乳胶漆不具备的技术要求——抗紫外线照射性。而内墙漆大多没有这种功能。

2.合成树脂乳液砂壁外墙漆

砂壁外墙漆是漆膜像砂壁状的粗面厚质油漆，所以又称仿石漆、真石漆。它由基料、粒径和颜色不同的彩砂配制而成。由于不同骨料的组成和搭配，可以使漆膜形成不同的色彩层次。这种漆多采用喷涂方法涂饰，不仅具有天然石材丰富的质感和鲜艳色彩，而且具有典雅、高贵、立体感强等艺术效果。（图7-23）

这种漆的特点有：①无毒、无溶剂污染；②成膜时间短、不易燃；③耐光性、保色性好；④防火性、耐久性好；⑤施工方便、容易修补；⑥在一定程度上可代替天然石材的装饰效果，具有庄重美观、经济、环保等特点。

3.溶剂型外墙装饰漆

溶剂型外墙装饰漆是以有机溶剂为分散介质的外墙漆。在施工现场要禁止烟火，注意通风，施工人员要注意自身安全。

这种油漆对墙面渗透性、润湿性好，附着力强。它施工方便，可以在低温条件下施工。这种漆的涂层硬度高，光

图7-20　顶面漆

图7-21　外墙漆

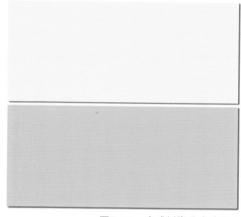

图7-22　合成树脂乳液外墙漆

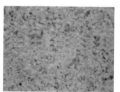

图7-23　合成树脂乳液砂壁外墙漆

图7-24 氟碳外墙漆使用效果图

图7-25 丙烯酸酯外墙漆使用效果图

图7-26 外墙弹性线拉毛复层漆

图7-27 外墙弹性漆

泽、耐水性、耐沾污性、耐洗刷性、装饰性都很好，耐用性多在十年以上，是一种颇为实用的漆类。目前常用的溶剂型外墙漆主要有聚氨酯丙烯酸外墙漆、丙烯酸酯有机硅外墙漆和氟碳外墙漆等。（图7-24、图7-25）

4. 复层外墙漆

复层外墙漆是一种中高档漆种，它以水泥、硅溶胶、合成树脂乳液等黏结料和骨料为主要原料。在建筑外墙上以刷涂、喷涂等施工方法涂覆2~3层，能形成凸凹状花纹或平状面层。复层外墙漆无毒无害，具有良好的耐水、耐候、耐擦洗性。这种漆由三层组成：封底层为抗碱底漆，可提高基层与漆膜的黏结力；中涂层能形成凸凹或平状装饰效果，增加了外墙质感，因这层漆具有防裂增强纤维作用，所以其漆膜有较好的抗裂性、耐久性和防火性；面层用于赋予涂层颜色和光泽，以提高漆膜的耐久性和耐沾污性、耐候性。

5. 无机外墙漆

无机外墙漆是以碱金属硅酸盐或硅溶胶为主要成膜物质，加入相应的固化剂，或有机合成树脂、颜料、填料等配制而成的薄质涂层的漆。这种漆性能优异，生产工艺简单，原料丰富，价格便宜。由于漆中不含有机溶剂，所以此漆无毒、不易燃、施工容易。它主要用于外墙装饰，是一种中档漆，并常以喷涂为主要施工方法，也可用刷涂或辊涂。

6. 弹性建筑外墙漆

弹性建筑外墙漆是以一种具有弹性的合成树脂乳液为基料，与颜料、填料及助剂配置而成的油漆。漆膜厚，能遮盖施工表面的缺陷，是一种防护和美化效果兼备且使用寿命长的漆种。漆膜表面坚硬，内里柔软，因而可以兼得耐沾污性与高延伸率之利，具有很高的耐久性。（图7-26、图7-27）

三、影响外墙漆寿命的因素

油漆涂覆于建筑外墙具有装饰、保护功能。一旦漆膜出现严重的变色、退色、被污染、起泡、开裂、粉化、脱落等现象，则表明漆膜使用寿命将结束。影响漆膜使用寿命的因素很多，例如，油漆本身的附着力、保色性、耐水性、耐碱性、耐沾污性、耐候性、耐久性等性能的优劣；施工环境及工艺的合理性；基材性能；使用环境及其中的维护管理情况等。在油漆生产过程中要考虑油漆使用环境和基层条件等情况来决定油漆本身需要具备的特殊性能，使之在配方阶段就加以弥补，力争延长漆膜的装饰和保护寿命。

第四节 地面漆

地面漆是以树脂或乳液为成膜物质，主要涂覆于水泥砂浆地面形成一种耐磨的装饰漆膜，以保护和装饰地面。地面漆通常又称地坪漆。

一、地面漆的特点

地面漆具有如下特点：①能使地面无缝，整体性强，易于清洁；②漆膜较厚且有弹性；③耐磨性、抗冲击性能好，经久耐用；④耐化学腐蚀性能好且化学物品不渗漏，易彻底清除；⑤无毒，安全性好；⑥施工方便，容易维护保养；⑦表面平整光洁，色彩丰富，价格合理。

二、地面漆种类

地面漆按主要成膜物质的化学成分可分为乙烯类地面漆、环氧树脂类地面漆、聚氨酯地面漆、丙烯酸硅树脂地面漆、合成树脂厚质地面漆等。现在，地面漆正向水性、无溶剂、弹性、自流平及浅色导电等方向发展。

1.乙烯类地面漆

乙烯类地面漆是一种较早的地面漆，主要用107胶等作为黏结剂，与水泥掺和形成装饰效果好、强度高、柔韧性好的地面漆，这种漆俗称为"777地面漆"。乙烯类地面漆中过氯乙烯地面漆最常用，其特点是价格低，施工方便，黏结力好，具有良好的耐水性、耐磨性、耐蚀性。由于漆中含有大量易挥发、易燃的有机溶剂，施工时要注意通风。

图7-28 环氧树脂类地面漆

2.环氧树脂类漆

这类漆与基层黏结力强，固化过程短且在固化过程中收缩性低。它具有良好的抗冲击性、耐化学腐蚀性、耐霉菌性、耐磨性、耐久性，并且施工容易、维护方便、造价低廉。漆膜平整光滑、伸展性好，还是一种优良的绝缘材料。但施工时应注意通风、防火。主要适用于生产车间、办公室、厂房、仓库及停车场等场合。（图7-28）

图7-29 弹性聚氨酯地面漆

3.聚氨酯地面漆

聚氨酯地面漆主要为薄质面漆和厚质弹性地面漆，前者主要应用于木质地板，后者用于水泥地面。这里主要介绍聚氨酯弹性地面漆。该漆为双组分漆，施工前应按比例混合、搅拌后使用。其特点是与基层黏结力强、弹性高、柔韧性好，行走舒适。漆膜光洁平滑，容易清理，具有良好的装饰性，耐磨性、耐水性、耐化学药品性和耐蚀性。聚氨酯地面漆耐潮湿性差，施工不当易出现漆膜剥离、起小泡等弊病。它主要适用于车间、停车场、体育场等弹性防滑地面。（图7-29）

图7-30 丙烯酸地面漆

4.丙烯酸地面漆

丙烯酸地面漆，也称亚克力，涂饰后形成无缝漆面。采取滚涂法或喷涂法均可。这种漆的特性是附着力强、耐弱酸碱、耐候性好，防尘、防水、施工方便、价格便宜、色彩多样，是一种装饰效果好的多功能漆种。丙烯酸地面漆适用于制药、微电子、食品、服装和化工等厂房，也适用于室外运动场等场所的地面。（图7-30、图7-31）

图7-31 丙烯酸地面漆

第五节　特种功能漆

特种功能漆是具有各种特殊用途的油漆的总称。所谓特殊用途，是指除了保护和装饰作用以外，这类漆还兼有某些特别的功能，以满足被涂覆产品性能的需要。在建筑装饰油漆中，它们不仅要具备建筑装饰油漆的各项必要指标，还要具备各自独特的功能，如防水、防火、防霉、防腐等功能，成为油漆工业中不可缺少的品种。

特种功能漆主要包括：防水漆，如屋面防水漆、地下工程防水漆等；防火漆，如木结构防火漆、钢结构防火漆等；防霉漆，如一般建筑物防霉漆、食品加工厂车间内墙防霉漆等；耐油漆，如工业厂房地面耐油漆；杀虫漆，如灭

图7-32 防水漆使用效果图

图7-33 钢结构防火漆

图7-34 制药厂防毒漆

蚊漆、防白蚁漆、杀菌漆等；隔热漆，如屋面热反射漆、保温漆等；隔音漆，如吸声漆等；防锈漆；防静电漆；耐高温漆；发光漆；防震漆；防结露漆；防辐射漆，等等。我们可以根据具体需求使用这些漆种。

一、防水漆

防水漆在常温条件下施涂于建筑物基层后，通过溶剂的挥发，水分的蒸发，固化后形成一层无接缝的防水漆膜。漆膜使建筑物表面与水隔绝，对建筑物起到防水与密封作用。防水漆大量运用于建筑物屋面、阳台、厕所、浴室、游泳池、地下工程以及外墙墙面等需要进行防水处理的基层表面上。（图7-32）

1.种类

防水漆主要有聚氨酯类防水漆、丙烯酸类防水漆、橡胶沥青类防水漆、氯丁橡胶类防水漆、有机硅类防水漆以及其他防水漆等品种。

2.基本特点

（1）经涂饰固化后，能形成无接缝、连续的防水漆膜。

（2）操作简便，维修比较方便。

（3）由于固化后形成自重轻的漆膜，常用于轻型薄壳等异型屋面。

（4）耐水、耐候、耐酸碱性强。

（5）漆膜有较好的抗拉伸强度，能适应基层局部变形的需要，容易对基层裂缝、预制板节点松动、管道根等一些容易渗漏的细节部位进行保护和维修。

二、防火漆

防火漆集装饰性和防火性于一体，涂刷在建筑物某些易燃材料表面上，当遇到明火或高温时涂层会发泡，可有效阻止火焰蔓延、传播，从而减少火灾的发生几率。饰面型防火漆一般可以配成多种颜色，附着力强，柔韧性、耐水性好，涂覆500 g/m²，耐燃烧时间可在20分钟以上。防火漆按其组成材料不同，一般可以分为非膨胀型防火漆和膨胀型防火漆两大类。按其涂层厚度可分为厚涂型、薄涂型和超薄涂型防火漆三类。防火漆通常适用于宾馆、娱乐场所、公共场所、医院、办公大楼、机房、大型厂房等建筑的钢结构、混凝土、木材饰面、电缆上，可起到防火阻燃的作用。（图7-33）

三、防毒漆

防毒漆是一种通过在油漆中添加抑菌剂而起到抑制霉菌繁殖和生长的功能性建筑漆。常处于温湿环境下的建筑物外墙面以及恒温、恒湿的室内墙面、地面、顶棚，例如食品加工厂、酿造厂、制药厂等车间及库房都应使用防毒漆，以防止因细菌作用而引起菌变。一般外墙防毒漆也具备防藻功能。（图7-34）

四、抗静电漆

抗静电漆是双组分漆，由树脂、防锈颜料、导电剂、助剂及固化剂组成。它能有效解决墙面、地面及其他表面的静电问题。抗静电漆有水性抗静电漆和聚氨酯等溶剂型抗静电漆。漆膜具有优良的附着力，耐水性、柔韧性、抗冲击性、耐蚀性好，电阻率低。它主要应用于机房，精密仪器、通信设备、电子元器件生产车间等需要防静电场所的墙面和地面。（图7-35）

图7-35　抗静电漆

五、耐高温漆

耐高温漆是一种能够在一定时限内和一定温度内，暴露于高温环境下，能避免被氧化腐蚀或被介质腐蚀，达到保护被涂物表面的功能性油漆，一般分有机硅系列和无机硅系列。主要适用于钢铁冶炼、石油化工等高温生产车间及高温热风炉内外壁等需要抗高温保护部位。（图7-36）

耐高温漆的基本特点如下。

（1）能有效抑制太阳和红外线的辐射热。

（2）漆膜耐热性和耐候性好。

（3）具有抗氧化、耐腐蚀、绝缘、防水的功效。

（4）附着力强、自重轻、施工方便、使用寿命长。

图7-36　耐高温漆

六、防锈漆

防锈漆是一种可保护金属表面免受大气、海水等腐蚀的油漆。因它具有斥水作用，因此能彻底除锈。这类漆施工方便，无粉尘，价格合理并且使用寿命长。漆膜更是坚韧耐久，附着力强。它适用于潮湿地区的金属制品表面涂装。防锈漆可分为利用物理性防腐蚀的铁红、铝粉、石墨防锈漆，利用化学性防腐蚀的红丹、锌黄防锈漆两大类。（图7-37）

第六节　木器漆和金属漆

现代油漆的品种繁多，除了内外墙、地面装饰漆外，木器漆、金属漆等也是常用建筑漆。

木材作为中国古代就开始使用的建筑材料，它与我们的生活是密不可分的。但由于木材结构复杂，会根据环境的潮湿度产生膨胀和收缩效应，以致最后变形，污浊物也极易侵入木材内部。为了使木材保持它特有的装饰效果，就需要涂刷木器漆以维护木材本身的质感美，重新赋予木材更多采、更丰富的表现效果。

图7-37　防锈漆

一、木器漆性能

木器漆具有优良的附着性、耐水性、耐冲击性、耐磨性、耐碱性、耐污性、耐候性和耐霉变性，能延长木材的使用寿命。漆膜饱满，有光泽，具有良好的耐光性、保色性。它无毒、安全性好、施工方便，易维护保养。（图7-38）

二、木器漆种类

1.硝基漆

硝基漆有硝基清漆（清喷漆、腊克）和硝基实色漆（手扫漆）两种。属挥发性油漆，特点是干燥快、光泽柔和、耐磨性和耐久性好，是一种高级油漆。硝基清漆可分为亮光、半亚光和亚光三种。硝基漆的缺点是高湿天气容易导致漆膜泛白、丰满度降低、硬度降低。（图7-39）

图7-38　红本色效果——清漆效果——胡桃木效果

图7-39 硝基漆

图7-40 聚氨酯漆

2.聚酯漆

聚酯漆是用聚酯树脂作为主要成膜物质制成的一种厚质漆。它包括聚酯清漆和不饱和聚酯漆等品种。聚酯漆的漆膜丰满且厚实，有较高的光泽度、保光性、透明度，耐水性、耐化学药品性和耐温变性好。但缺点是附着力不强，漆膜硬而脆，抗冲击性差。聚酯漆在固化过程中，因其固化剂组成成分，会使家具漆面及邻近的墙面变黄。另外，固化剂组成成分还会对人体造成伤害。聚酯清漆能充分显现木纹质感，不饱和聚酯漆只适用于平面施涂，在垂直、曲线上涂刷容易流挂。主要用于高级家具、钢琴等表面涂装。

3.聚氨酯漆

聚氨酯漆包括聚氨酯清漆和聚氨酯实色漆。聚氨酯漆的优点是漆膜坚硬、光泽好、附着力强且耐磨性、柔韧性、耐水性、耐寒性都比较好。缺点是这种漆干燥慢，保色性能差，遇潮漆膜易起泡、粉化等。另外，与聚酯漆一样，存在变黄问题。它被广泛用于高级木器家具、木地板的表面涂装。（图7-40）

4.醇酸漆

醇酸漆主要是以醇酸树脂为主要成膜物质制成的一种漆。醇酸漆包括醇酸清漆和醇酸实色漆，是目前国内生产量最大的一类木器漆。其优点是光泽度好、附着力强，耐候性好，价格便宜，施工也简单。但漆膜脆、干燥速度慢，耐水性和耐热性差，不易达到较高的要求。主要用于涂刷一般要求不高的木质门窗、家具和金属表面等。目前这种漆在油漆行业中的地位是举足轻重、无法替代的。

5.丙烯酸树脂漆

丙烯酸树脂漆是高级木器漆，它的漆膜饱满光亮、坚硬，具有良好的耐候性、耐光性、耐热性、防霉性、耐水性、耐化学性、保色性及较强的附着力，施工方便。但它的缺点是漆膜较脆，耐寒性较差。

三、金属漆

金属漆，又称为金属质感漆或铝粉漆。这种漆里加有金属粉末，所以经过涂装后的漆膜在不同角度的光线折射下，会形成更丰富、新颖的闪烁感觉。通过改变铝粒的形状和颗粒大小，可以控制金属漆的闪光程度和方式，也可通过不同的施工方法创造出丰富的装饰效果。通常，金属漆的外表面可加一层清漆予以保护。金属漆具有很好的抗腐蚀性、耐磨性和装饰效果。因此，它愈来愈得到大众的普遍欢迎。这种漆不仅适用于建筑装饰还是目前流行的一种汽车面漆。（图7-41）

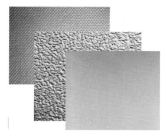

图7-41 金属漆

第七节 油漆装饰材料的施工工艺

涂饰工程质量的优劣，首先取决于油漆本身质量的好坏。油漆的各项性能指标必须符合国家规定标准，产品要有合格证书和性能检测报告。另外工程质量还取决于施工工艺及施工工具的质量。只有把施工过程中的每一个环节做好，才能取得最终的理想效果。

一、施工工具

油漆施工工具主要包括各型号刷子、刷辊、海绵辊、花样辊、喷枪、弹涂枪，各类基层清理清除工具等。（图7-42）

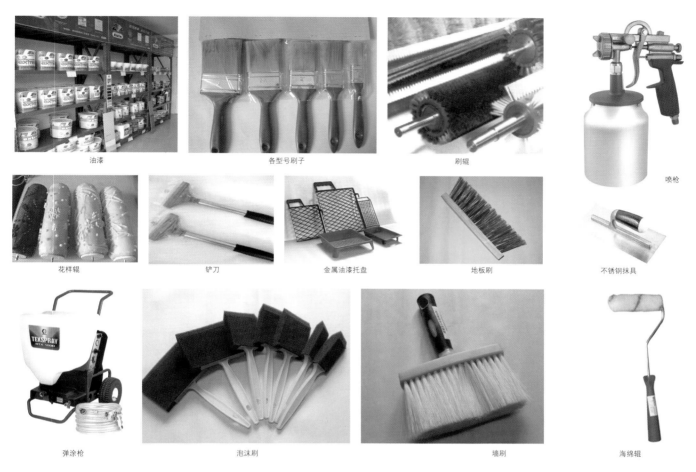

油漆　　各型号刷子　　刷辊　　喷枪

花样辊　　铲刀　　金属油漆托盘　　地板刷　　不锈钢抹具

弹涂枪　　泡沫刷　　墙刷　　海绵辊

图7-42　油漆施工工具

二、施工方法

建筑漆的施涂方法一般有刷涂法、滚涂法、喷涂法、抹涂法、刮涂法、弹涂法、擦涂法等几种，这些施涂方法可单独使用也可相互结合使用。例如，一般的乳胶漆可采用刷涂、辊涂或喷涂方法施工；而带有粗骨料的漆类（如砂壁状涂料、真石漆）可采用喷涂或抹涂施工方法，也可以两者结合使用；另外，采用滚涂、刮涂等方法还可做出理想的装饰效果。

（一）刷涂法

刷涂法是一种最早采用且最简便的施工方法。一般用刷子（油漆刷、羊毛排笔等）蘸上油漆在基层表面涂刷。刷子可分为硬毛刷和软毛刷两种。黏度大的漆宜用硬毛刷，黏度小且干燥快的漆则适宜用软毛刷。

1.刷涂法的特点

刷涂法的优点是节省油漆，工具简单，施工方便，易于掌握，对各种油漆均适用，没有基层限制。缺点是劳动强度大，效率低，不适合快干性油漆，容易产生刷痕、流挂、涂刷不均等现象。

2.涂刷时的注意事项

（1）漆刷浸漆不应超过毛长的一半，刷毛根不能沾上漆，以免漆刷变形。刷毛要理顺，含油要适中，既保证刷后不流淌也要确保刷痕不明显。

（2）应注意油漆黏度，可加入适量的稀释剂调节。

（3）应注意涂刷的方向。涂垂直表面应由上向下进行；涂水平表面应按光线照射的方向进行；涂木材表面应顺木纹进行。应确保先刷的部位不被后面工序所污染。

（4）应掌握好漆刷的用力大小，使漆膜厚度均匀适中，过厚容易起皱，过薄则会露底。

（5）如果施工短期中断，要把漆刷棕毛垂直悬挂，并放进液体，保证不干。施工完成后应洗净漆刷。

（二）滚涂法

滚涂法是用辊子蘸漆涂刷基层表面的施工方法，是较大面积的平面施工时常用的施工方法。施工用的辊子大体上可以分为用于涂黏度较低漆种的刷辊（毛辊），用于高黏度漆种厚涂的布料辊（海绵辊），在厚质漆膜未完全干燥以前涂饰最后一层时可以用能滚出花样的花样辊。（图7-43）

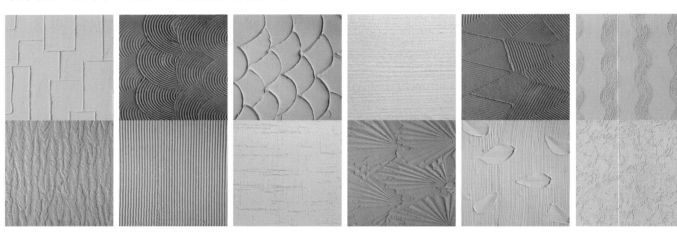

图7-43　滚涂创作的艺术效果

图7-44　滚涂效果

图7-45　喷涂效果

1.滚涂法的特点

滚涂法的优点是施工方便，效率高，易于掌握，不容易产生刷痕、不均匀等现象。用这种施工方法可以涂饰出丰富的样式，也可避免漆料飞溅散失而污染环境。（图7-44）

2.涂刷时的注意事项

（1）选择刷毛长度适当的辊筒，漆料不能堆积在辊筒末端。

（2）将蘸取漆液的毛辊按"M"或"W"方式运动，贴近基层表面均匀涂敷。

（3）涂刷顺序是从天花板边缘或墙角开始向下滚涂，对于毛辊涂不到的部位要用刷子补刷。

（4）最后一遍漆应用蘸取少量漆液或不蘸取漆液的毛辊按一定方向满滚，使漆液在基层上均匀展开。

（三）喷涂法

喷涂法是利用压缩空气产生的压力将油漆喷涂于基层表面的机械化施工方法。施工工具为适用于一般液漆和含有粗骨料油漆的单斗或双斗喷枪。喷枪喷嘴直径为4~8 mm，装有自动压力控制器的空气压缩机（压力宜控制在0.4~0.8 MPa范围内，排气量可选0.6 m³/min）、高压胶管（规格可为外径15 mm、内径8 mm）和料勺。根据施工处理手段的不同可以形成丰富的肌理效果和不同颜色及大小颗粒的叠加效果。（图7-45）

1.喷涂法的特点

喷涂法的优点是喷涂设备容易操作，涂装效率高、漆膜均匀。缺点是喷涂前必须将油漆按比例调节到适宜的黏度；成膜较薄，需经多次喷涂；漆的渗透性和附着力稍差；喷涂时会扩散漆料，对人体和环境有害，所以要注意通风，保证安全。

2.涂刷时的注意事项

（1）喷涂时喷枪口要与基层垂直，距离宜在40~60 cm左右。

（2）将不喷涂部位进行遮挡，检查并调整喷枪的喷嘴，将压力控制在所需要范围内。

（3）喷涂时手握喷枪要稳，喷枪有规律地匀速平行移动。

（4）每行喷涂重叠时，搭界宽度应保持在喷涂宽度的1/3，以防颜色不均匀，产生条纹和斑痕。

（5）注意分格线两边颜色一致、厚薄均匀，且要防止漏喷、流淌。

（四）抹涂法

抹涂法是将漆抹涂成薄层饰面，形成硬度高，类似汉白玉、大理石等天然石材饰面的施工方法。这种方法工艺要求严格，窗门口部位的阴阳角更是要抹涂垂直、美观。施涂工具为各种型号的抹具。

1.抹涂法的特点

操作技术性强，装饰效果好。

2.涂刷时的注意事项

（1）抹涂顺序一般由上而下依次平行抹涂，抹涂一面墙要一气呵成。

（2）一般抹涂每面层厚度约1.5~2.5 mm。

（3）抹子必须用不锈钢或硬塑料制作，以免饰面留下锈色。

（4）抹子抹面时要求方式、顺序一致，用力均匀，不宜过大。

（五）刮涂法

刮涂法是针对特殊厚浆涂料的施工方式，如地坪漆。刮涂法施涂工具为抹子、刮板。刮涂时要保证漆膜与基层接触紧密，使漆面牢固和光洁。

1.刮涂法的特点

涂层平整光滑，填充效率高，填充效果好。

2.涂刷时的注意事项

（1）施工时需用专用钢型刮板。

（2）基层吸收性强时，应在刮涂前涂封固底漆，以免漆料被基层过多的吸收，影响漆膜的附着力。

（3）掌握工具使用倾斜度，用力均匀，保证涂层饱满。

（4）刮涂层一次不应过厚，均匀刮涂1.0~1.2 mm，避免漆膜开裂和脱落。

（5）不宜过多地往反批刮，以免漆膜卷皮。

（6）选择适当刮涂工具，调整厚漆的稀释度，以确保刷痕不明显。

（六）弹涂法

弹涂施工是借助专用的弹涂枪，将油漆弹到基层上的施工方法，可以形成大小、颜色各异，错落排列的圆粒状肌理的彩色饰面。（图7-46）

1.弹涂法的特点

装饰效果好，对基层的适应性较广，黏结力强。

2.涂刷时的注意事项

（1）每遍油漆不宜太厚，不得流挂。面漆厚度一般为2~3 mm。

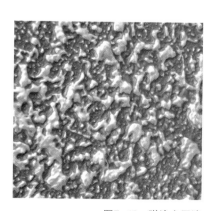

图7-46　弹涂金属漆

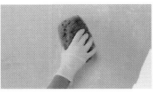

图7-47　海绵上色法和海绵脱色法

图7-48　布涂上色法和布涂脱色法

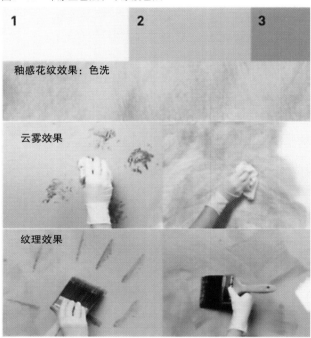

釉感花纹效果：色洗

云雾效果

纹理效果

图7-49　色洗法

图7-50　印花法

图7-51　拖拽法

（2）第一遍应至少覆盖70%，最后罩一遍甲基硅醇钠憎水剂。

（七）其他方法

除上述方法外还有海绵涂刷法、布涂法、色洗法、印花法、拖拽法等艺术处理手法。

1.海绵涂刷法

海绵涂刷法分为海绵上色法和海绵脱色法。海绵上色法是用漆刷将油漆涂在潮湿的海绵上，同时用干净的抹布将过量的涂料抹去。轻轻、快速地将漆抹在已涂有背景色的干燥墙面上。涂时应保持各涂块衔接均匀。海绵脱色法是把已滚刷好的墙面用湿润的海绵快速且轻微地沾掉部分未干油漆。（图7-47）

2.布涂法

布涂法分为布涂上色法和布涂脱色法。布涂上色法是指用湿布蘸取油漆，并拧出过多的漆。不必展开抹布，沿墙面轻拍从而形成不规则花纹。涂时应保持各涂块衔接均匀，避免局部留下痕迹。布涂脱色法即用抹布将墙面已有油漆部分沾掉，形成不规则花纹。（图7-48）

3.色洗法

色洗法是三种不同颜色的混合搭配。背景色一般为浅色，中间色为中等深度的色彩，最后一色为较深色。应根据色彩及图案效果，用漆刷、抹布等将漆涂于背景颜色上，形成肌理效果。（图7-49）

4.印花法

印花法是指在已经涂好并干燥的墙面上滚涂色漆，用揉搓好的塑料布覆盖在未干的色漆表面，用刷子轻轻向外扫，以形成纹理。每涂刷一块时，应注意与上一块有所重叠，保证衔接均匀。（图7-50）

5.拖拽法

拖拽法是指在已涂有背景色的干燥墙面上涂色漆，之后用干漆刷，保持一定角度在未干漆面上轻轻扫出均匀纹理。可水平扫结合垂直扫，以达到理想的效果。（图7-51）

三、不同漆种施工工艺

（一）内墙漆和顶面漆

1.施工条件

建筑漆的施工环境通常为施工时当地的气象条

件,环境会影响油漆成膜的质量。具体来说,内墙漆施工和保养温度应高于5 ℃,湿度低于85%,以保证成膜良好。一般内墙漆的保养时间为7天(25 ℃),低温应适当延长。室内要保证良好的通风,避免在灰尘大的环境下施工。

2.工艺流程

基层处理→第一遍满刮腻子→干燥、抹灰面打磨→第二遍满刮腻子→干燥、抹灰面打磨→涂刷封固底漆→第一遍涂刷乳胶漆→干燥、抹灰面打磨→第二遍涂刷乳胶漆。

3.施工方法

(1)基层处理。清理墙面的灰尘、残浆和油渍以及旧墙面的渗碱和霉菌滋生物。墙面要保证无粉化松脱物。如旧墙原有涂层完好,清洁表面后可按工艺步骤直接进行。如旧涂层有粉化、起泡、开裂、剥落现象,需彻底清除旧漆膜后再重新涂刷。凡有缺棱、吊角之处,应用水泥砂浆修补平整。基层要求有八成干,太湿会造成涂层迟干,遮盖力差,涂层结膜后会出现水渍或色泽不一致现象。贴有墙纸的墙面应先撕掉墙纸,洗去胶水,晾干后再施工;而玻璃纤维表面,可直接涂刷面漆。

(2)批腻子。腻子按基层材料配制,一般采用双飞粉、108胶水、熟胶粉等按合理比例调制。基层表面的缝隙、孔眼、麻面和塌陷不平处,用腻子进行刮涂,批腻子施工要求抹灰面密实平整。要注意的是批腻子时宜薄批而不宜厚刷。

(3)干燥、打磨。墙面、天棚面批腻子后,应干燥12 h,待其干燥后用400#砂纸打磨腻子表面,磨平凸出部位、修补凹陷。

(4)涂刷封固底漆。 涂刷顺序为先顶棚后墙面,涂刷时应连续迅速操作,一次刷完。涂刷时应均匀,不能有漏刷、流挂等现象。封固底漆可有效地封固墙面,形成耐碱防霉的漆膜以保护墙壁。其附着力强,可防止乳胶漆咬底、龟裂。

(5)涂刷面漆。涂刷顺序为先顶棚后墙面。第一遍涂刷干后用砂纸打磨,将腻子灰扫干净,再涂刷第二遍。刷时要注意接槎严密,一面墙应一气呵成,以免色泽不一致。

4.工序衔接

(1)施工前,门、窗边框,地脚线,玻璃等都要粘纸予以保护,防止污染。

(2)应对已完成的地面石材、瓷砖面进行保护,以防止对成品造成污染。

5.注意要领

在涂层成膜前应注意保护,避免影响漆膜质量。涂刷时要注意油漆的正确使用方法及保存方法,严格执行各项安全要求。

6.验收

油漆毕竟是半成品,只有质量好的油漆加上合理的施工工艺才能达到预期目的及理想效果,所以验收必不可少。首先,室内漆不应有掉粉、起皮、漏刷、透底、泛碱、返锈、咬底、流挂、起疙瘩等现象。颜色应一致,无砂眼,无发花,刷纹不明显,漆膜要细腻、平整。 另外,门窗、灯具、洁具表面不应有污迹。

(二)外墙漆

1.施工条件

外墙漆施工时必须考虑天气因素,降雨前后或空气相对湿度较大时不应施工,这样才能保证基层干燥;施工时要防止阳光直射;当风力级别等于或超过4级时,应停止施工;施工过程中,如发现有特殊的气味(SO$_2$或H$_2$S等强酸气体)或飞扬的灰尘时,应停止施工;施工温度不能高于35 ℃或低于5 ℃,以确保施工质量。

2.工艺流程

基层处理→第一遍满刮腻子→干燥、抹灰面打磨→第二遍满刮腻子→干燥、抹灰面打磨→涂刷封固底漆→第一遍涂刷外墙漆→干燥、抹灰面打磨→第二遍涂刷外墙漆。

3.施工方法

(1) 基层处理。清理墙面的灰尘、泥土、"白霜"、脱膜剂、残浆和油渍,旧的腻子层或旧的漆膜如有疏松、起壳、裂纹、粉化、渗碱和霉菌滋生物等应全部铲除并清除干净。墙面基层要保证坚实牢固,不应有起砂、裂缝、疏松等缺陷,平整而不宜太光滑。凡有缺棱、吊角、裂缝之处,应用水泥砂浆修补平整,保证无松脱物、无空鼓处等。新的水泥砂浆、混凝土外墙经充分干燥后根据需要可刷抗碱底漆。基层表面处理好后应尽快涂刷油漆以免重新污染。

(2) 批腻子。腻子按基层材料使用专门外墙腻子,腻子采用防水型白乳胶配制,配合比为白水泥:白乳胶:水=5:1:1,不能用内墙腻子代替。基层表面的缝隙、孔眼、麻面和塌陷不平处,用腻子进行刮涂,批腻子施工要求抹灰面密实平整。第一遍批刮腻子时应尽可能厚批,使其填充好裂缝及修补处;作业时保证批刮平整,减少刮痕、接痕。

(3) 干燥、打磨。墙面批腻子后,至少干燥6 h,待其干燥后用200#~400#砂纸打磨腻子表面,磨平凸出部位、修补凹陷。打磨后腻子表面应平整密实。

(4) 涂刷封固底漆。涂刷顺序为自上而下,涂刷时应连续迅速操作,先细部,后大面。涂刷时应均匀,不能有漏刷、流挂等现象。封固底漆可有效地封固墙面,形成耐碱防霉的漆膜以保护墙壁,其附着力强,可防止漆咬底龟裂。

(5) 涂刷面漆。按10%~20%的配比稀释,以保证漆膜的有效厚度。施工时要自上而下均匀涂装,避免流挂和产生色差等现象。严格要求张贴分色线,避免产生接痕。采用辊筒滚涂或无气喷涂均可。第一遍涂刷干后用砂纸打磨,将灰扫干净,再涂刷第二遍。刷时要注意接槎严密,以免色泽不一致。

4.工序衔接

(1) 施工中,门、窗边框,玻璃等都应保护好,尽量防止污染。

(2) 利用墙面拐角、装饰分格线、落水管背后进行分区,一个分区内的墙面或一个独立墙体应一次施涂完毕。

5.注意事项

在抓好质量的同时,更要杜绝安全事故的发生。施工监理人员应负责施工现场人员的安全,禁止工作人员垂直作业,保证无疲劳作业,以排除各种安全隐患。施工后应保证现场整洁。

6.验收

室外涂装验收可参照《建筑外墙涂料施工与验收规程》。首先,室外涂装无大面积透底、流挂、皱皮,应平整、光滑均匀一致;应在漆膜实干后,通过目测或手感,确保无大面分色楞,分色装饰线应在5m的长度内检查,达到颜色一致,刷纹通顺;不允许有脱皮、漏刷、泛锈。

(三) 地面漆

1.工艺流程

基层处理→涂刷封固底漆→第一遍满批腻子→干燥、抹灰面打磨、修整→第二遍满刮腻子→干燥、抹灰面打磨、修整→第一遍涂刷地面漆→干燥、打磨、修整→第二遍涂刷地面漆。

2.施工方法

(1) 基层处理。清理地表的灰尘、残浆和油渍以及旧漆及黏附垃圾。地表孔洞及明显缺陷之处应修补平整并用水泥砂浆找平地面。平整地面允许空隙为2~2.5 mm,含水率要小于6%,pH值为6~8。

(2) 涂刷封固底漆。地面封固底漆采用高压喷涂或滚涂法施工,局部涂饰不到的地方用刷子补刷。涂刷时应连续快速,用量以达到漆面饱和为准。封固底漆渗透到基层增强了涂层与基层的附着力。

(3) 批腻子。底漆干燥后满批或局部批刮,以弥补地面缝隙、孔眼、麻面处。抹灰前要充分搅拌腻子,使其均匀。批刮施工要求抹灰面密实平整,以增强地面的平整度、耐磨性及抗压性。

(4) 干燥、打磨、修整。地坪漆用腻子一般在25 ℃环境下4 h后可干燥。待干燥后用砂纸打磨面层,磨平突出部位,直至抹灰面平整为止。如有麻面和裂缝缺陷,腻子或面漆应先进行修补再打磨。

（5）涂刷地坪漆。待基层表面修补、打磨、清洁后，均匀涂饰地坪漆，可采用刷涂、批刮、喷涂等涂饰方法。涂第一遍漆后如发现问题仍需要修补或面层找平。面层如存在气泡应用消泡刷轻刷，最后让其自行流平即可。

3．注意事项

（1）施工环境温度应高于5 ℃，相对湿度低于85%。

（2）施工现场10 m内严禁明火。

（3）在涂层成膜前要注意保护，严禁蹬踩，以防污染。

4．验收

漆膜无表面颜色不一致、接槎、漏涂、透底等现象。不涂饰面应保持清洁。

（四）裂纹漆

裂纹漆以其独特的装饰效果，得到广大用户的青睐。但它的施工方法不同于一般常用油漆。裂纹漆的成纹原理是由于漆本身粉性含量高，溶剂挥发性大，使得它收缩性大，柔韧性小，喷涂后内部产生高强度拉扯作用，形成均匀的裂纹图案。（图7-52、图7-53）

图7-52　裂纹漆施工图示

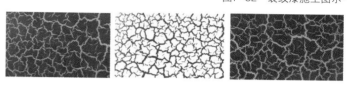

图7-53　裂纹漆效果

1．裂纹漆工艺流程

基层处理→涂硝基封闭底漆（1~2遍）或白色硝基手扫漆（2~3遍）→干燥、打磨→涂硝基白（或有色）底漆（2~3遍）或铝粉、珠光粉、金粉等有色底漆（1~2遍）→干燥、打磨→刷裂纹面漆→干燥、打磨→涂刷罩面漆。

2．施工方法

（1）基层处理。与一般墙面及木器基层处理要求标准一致。

（2）涂刷封固底漆。裂纹漆封固底漆多采用喷涂法施工。涂刷时应均匀，不能有漏刷、流挂等现象。裂纹漆的封固底漆采用专用的硝基封闭底漆。

（3）涂刷有色底漆。底漆可采用同厂生产的配套硝基白（或有色）底漆，也可以用铝粉、珠光粉、金粉等打有色底漆，但后者打底之前要涂刷白色硝基手扫漆。底漆与面漆二者颜色反差越大，裂纹效果越好。

（4）干燥、打磨。裂纹漆干燥速度快，漆膜一般在25 ℃环境下6 h后就可干燥。待封闭底漆干燥后用400#砂纸打磨面层，磨平突出部位。裂纹效果成型且漆膜干燥后要用600#砂纸打磨。

（5）涂刷裂纹面漆。在已涂刷好的干燥底漆上均匀地喷涂裂纹漆，大约30~50 min后，由于漆膜内部拉扯作用即可自行露出有色底漆。当然只有在裂纹漆与底漆配合协调的前提下，才能得到很好的花纹和色彩。作业过程中，裂纹面漆的黏度、漆膜的厚度，喷枪的形状、气压、出漆量都会对裂纹大小产生影响。喷涂裂纹面漆时，其黏度要统一，裂纹面漆黏度大、漆膜厚，则裂纹产生的速度慢，裂纹纹理大；反之，裂纹面漆黏度小、漆膜薄，则裂纹产生的速度快，裂纹纹理小。如施工后裂纹效果不佳，可直接在裂纹面漆上重涂底漆（须在清漆罩面工序前），再均匀喷涂裂纹面漆。同一种裂纹漆施工黏度要统一。

（6）涂刷罩面漆。裂纹面漆干燥、打磨后要用半亚光、亚光硝基清漆或聚酯漆、聚氨酯漆、双组分PU光油等罩光。清面漆涂装遍数要控制在能达到优质效果时方可停止，但至少应该涂刷两次。

3．注意事项

在抓好质量的同时，更要杜绝安全事故的发生。施工监理人员应负责施工现场人员的安全，禁止工作人员垂直作业，保证无疲劳作业，以排除各种安全隐患。施工后应保证现场整洁。

（1）油漆开罐后，须马上密封，以免挥发、吸潮、变质。漆液现配现用，一经配制，应在4 h内用完。

（2）大面积施工前必须先在已喷涂底漆的小样板上喷涂试样。

（3）裂纹漆在环境湿度过大、温度过高或过低时均不宜施工，一般以温度25℃，相对湿度75%为佳。气温太低，裂纹细小甚至不开裂；气温太高，花纹太大。

（4）在喷涂过程中纹裂尚未终止前，可在裂纹上再喷，以控制裂纹大小。

（5）裂纹漆以喷涂施工效果最佳。喷枪走枪速度、空气压力、间隔距离要一致，并要把握好排气量及出油量，一次不要喷得太厚。

4.验收

裂纹漆的裂纹要适中，不应太小、太大或裂纹面不开裂；漆膜无皱皮、起皮、剥落等现象。不涂刷裂纹漆的墙面要保持清洁，不被污染。

（五）特种功能漆

1．防水漆施工方法

这种油漆的施工方法与一般建筑漆涂刷方法基本相同，但要注意以下几点：

（1）基层接缝、节点部位要用密封胶封闭；

（2）应确保漆膜厚度均匀，达到漆膜防水层的施工质量，但第一次涂刷厚度不宜过厚，应保证在1 mm左右；

（3）防水膜之上要加附覆盖层，并在两层之间满涂一层0.15 mm以上的聚乙烯漆膜，以防覆盖层破裂而破坏防水层。

2.防火漆施工方法

防火漆施工方法与一般建筑油漆的施工方法基本相同。一般采用喷涂、刷涂、滚涂施工，涂覆量为500 g/mm²。施工中注意事项如下。

（1）防火漆在储存和运输存放过程中要保证干燥、通风、防雨和防潮。

（2）防火漆施工时要注意防冻。

（3）防火漆膜初期强度较低，应防止强烈震动和碰撞等，以免损坏漆膜。

3．防毒漆施工方法

防毒漆施工方法与一般建筑油漆的施工方法基本相同。但需要注意以下几点。

（1）基层要经过杀菌处理，彻底清除毒斑，以防霉菌孢子生长。

（2）批腻子时要采用防毒腻子。

（3）要用配套防毒底漆封底。

4.抗静电漆施工方法

抗静电漆施工方法与一般建筑油漆的施工方法基本相同。一般采用喷涂、刷涂和滚涂。但需要注意的是：施工验收时除了要符合一般油漆验收标准外，还特别要检查漆膜的表面电阻，其值必须符合防静电的要求，在$10^6 \sim 10^9 \Omega$之间。另外，施工现场应注意通风。

5.耐高温漆施工方法

耐高温漆施工方法与一般建筑油漆的施工方法基本相同。一般采用无气喷涂、空气喷涂或刷涂。但需要注意的是：施工时基层温度必须高于露点以上3℃，但不得高于60℃；涂覆用量为120 g/m²。

6.防锈漆施工方法

防锈漆施工方法与一般建筑油漆的施工方法基本相同。但要注意的是基层处理时应彻底清除已锈漆膜。

（六）木器漆

木器漆施工工艺分为清漆和混色漆施工。（图7-54）

1.清漆工艺流程

木器表面处理→第一遍满批透明腻子→干燥、抹灰面打磨→第二遍满批透明腻子→干燥、抹灰面打磨→刷清漆封

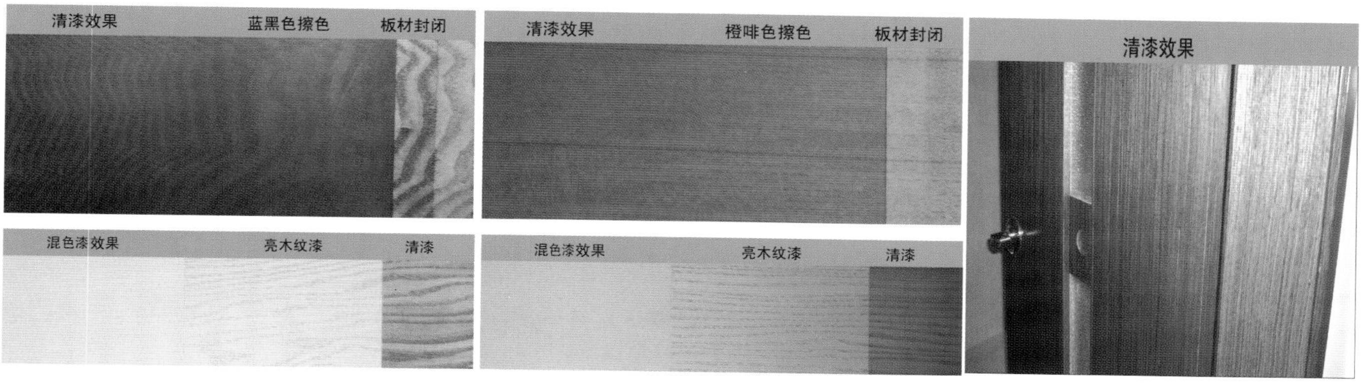

图7-54 木器漆施工效果

固→干燥、打磨→上着色油或调色油（此步仅限于有变色需求的工程）→干燥、打磨→第一遍涂刷清漆→拼找颜色，腻子修补钉眼和树疤等→干燥、打磨→第二遍涂刷清漆→水磨→第三遍涂刷清漆→水磨→打蜡，擦亮。

2.混色漆工艺流程

清理木器表面→第一遍满批腻子→干燥、抹灰面打磨→第二遍满批腻子→干燥、抹灰面打磨→刷封固底漆（面漆或专用底漆）→干燥、抹灰面打磨→第一遍涂刷混色漆→腻子修补钉眼和树疤等→干燥、打磨→第二遍涂刷混色漆→水磨→第三遍涂刷混色漆→水磨→打蜡，擦亮。

3.施工方法

（1）基层处理。清理木制品及木基层的灰尘、泥土和油渍等污物，木基层表面的毛刺、掀岔等缺陷需用砂纸打光，修整边角。但磨面时要把握度，防止露底，并应顺木纹打磨。基层表面处理好后应尽快涂刷油漆以免重新污染。

（2）批腻子。用经过调配的色粉、熟胶粉、双飞粉调合成腻子，修补钉眼和树疤等，要基本接近本色。批腻子施工要求抹灰面密实平整，作业时保证批刮平整，减少刮痕、接痕。

（3）干燥、打磨。基层批腻子并干燥后，用细砂纸打磨抹灰面，磨平凸出部位、修补凹陷，打磨后抹灰面应平整密实。水磨是指把基层表面抹湿，用湿水后的砂纸打磨表面。

（4）涂刷封固底漆。涂刷顺序为自上而下，涂刷时应连续迅速操作，先细部，后大面。涂刷时应均匀，不能有漏刷、流挂等现象。封固底漆可有效地封固基层表面，形成保护膜，其附着力强。

（5）涂刷面漆。采用刷涂、滚涂或无气喷涂均可。第一遍涂刷干后，用砂纸打磨，将灰扫干净，再涂刷第二遍。刷时要注意衔接严密，以免色泽不一致。一般来说，面漆涂刷遍数达到优质的效果方可停止，一般共需要刷4~8遍，不宜超过10遍。如在潮湿天气施工，漆膜会有发白现象，适当加入10%~15%的硝基磁化白水稀释剂，便可消除。

4.验收

腻子与基层要求结合坚实牢固，漆膜不皱皮、脱皮，无粉化及裂纹。检查漆面平滑度、硬度、光泽度、饱和度是否合格，应无漏刷、发白、泛锈和明显刷纹。装饰线、分色线偏差不大，阴阳角整齐，顺直。另外，清漆工艺中，清漆检验时还要注意做到木纹清晰，棕眼刮平，颜色基本均匀一致。擦色漆施工还要检查漆面底部擦色的均匀度，漆面颜色是否达到要求，确保无透底现象。

（七）金属漆

金属漆施工要求较高，主要采用喷涂施工方法。（图7-55~图7-58）

1.金属漆工艺流程

基层处理→第一遍满批腻子→干燥、抹灰面打磨→第二遍满批腻子→干燥、抹灰面打磨→涂刷封固底漆→第一遍涂刷金属漆→第二遍涂刷金属漆→涂刷罩面漆。

图7-55　矿物浮点闪光漆

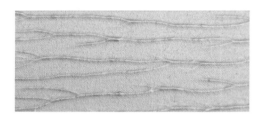

图7-56　标准型金属拉纹金属漆

图7-57　弹性拉毛金属漆（中、大花）

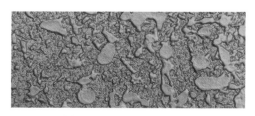

图7-58　弹性金属漆

2.施工方法

（1）基层处理。与一般墙面及木器基层处理要求标准基本一致。要求基层平整、光滑、无灰尘、无油污、无裂纹、无空鼓、无缺角和吊角、无返碱现象。含水率要小于10%。

（2）涂刷封固底漆。金属漆封固底漆多采用滚涂法施工。应采用专用金属漆底漆进行施工，以增强墙体与面涂的黏结力和抗碱功能。涂刷时应均匀，不能有漏刷、流挂等现象。

（3）批腻子。按基层选用专用腻子进行批刮，修补局部细缝、塌陷处；基层整体批刮，抹灰层要平整、细致。

（4）干燥、打磨。金属漆底漆漆膜一般在25℃环境下12 h后可干燥。待干燥后用400#砂纸打磨面层，磨平突出部位，直至表面平整为止。

（5）涂刷金属漆。在已涂刷好的干燥底漆上均匀地喷涂或弹涂金属漆并进行复层效果处理。

（6）涂刷罩面漆。金属漆面干燥后（至少12 h），用专用喷枪连续喷涂无色透明罩面漆。要求漆膜平整、厚度均匀，无漏喷。涂刷遍数要控制在能达到优质效果时方可停止，但至少应该涂刷两次。

3.注意事项

（1）在施工中，应对门窗及不施工部位进行遮挡保护。

（2）严禁从下往上施工，以免造成颜色污染。

（3）在涂层成膜前要注意保护，以防污染。

4.验收

漆膜无表面颜色和造型不一致、掉粉、接槎、漏涂、透底、流挂、起皮、剥落等现象。不需要涂刷金属漆面的地方要保持清洁，不被污染。

四、常见施工问题及处理措施

在涂装过程中，难免会遇到问题。其中一些问题会在涂装后立即出现而另一些问题则随着时间的推移才会慢慢显现出来。（图7-59~图7-61）

涂装中常见问题见表7-2。

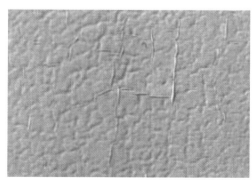

图7-59　咬底

图7-60　薄片状剥落起皮、剥落

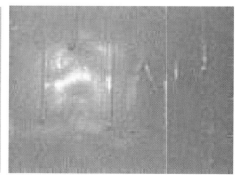

图7-61　流挂

表7-2　涂装中常见问题

问题名称	成　因	解 决 办 法
流挂	油漆黏度过低，稀释比例过大，边线、转角上漆过多；漆膜一次性涂刷太厚；冬季低温施工，受雨雾以及露水浸湿	待干燥后，用砂纸打磨，再涂刷一遍面漆，涂抹均匀，一般膜厚在20～25μm为宜。应在温度5℃以上，湿度80%以下施工。注意减少油漆稀释比例，清除边角线多余的油漆
发黑	潮气从墙体渗透进来，油漆封死后潮气又无法向外散发	刮去痕迹，磨去结节，干后重新涂刷
皱纹	油漆质量差，催干剂过多，溶剂挥发太快；油漆太稠，涂刷过厚或不均匀；环境温度过高；第一层油漆未干就涂刷第二层	应刮去皱纹漆膜并重新涂刷油漆。选用合格油漆，不得随意加入催干剂，严格控制油漆黏度。涂刷要均匀，厚薄一致
砂砾	基层未处理干净；油漆中含有杂质，使砂砾包于漆膜	用细砂纸轻磨并重涂
起疤	表面未处理好	除去原漆(若有缝隙则先填补)，打底子，涂底漆后再涂油漆
涂覆不均匀	材料质量差，漆液有杂质，漆液过稠	最后一遍面漆涂刷前，漆液应过滤后使用。漆液不能过稠，发生涂层不平滑时，用细砂纸打磨光滑后，再涂刷一遍面漆
裂纹	基层未处理干净就上漆，两层油漆不相容，油漆附着力差，一次涂刷过厚或不均匀	刮去原漆重新清理基层后重涂。确保两层油漆相容且稠度适中，黏结性强。涂刷要均匀，每次不可太厚
黑点	基层未处理干净、油漆中含杂质	抹去黑点并修饰，干燥后打磨及重涂
起泡	基层处理不当，底材潮湿且疏松；施工时环境湿度过大；腻子耐水性差；涂层过厚	使用前要搅拌均匀，掌握好漆液的稠度，将起泡、脱皮处清理干净；若有缝隙则先用107胶水修补，再涂刷一遍面漆
反碱、掉粉	基层碱性太大或基层未干燥就潮湿施工；未刷封固底漆或油漆过稀	检查是否有水渗漏等现象，或除去原漆，待基层干透后重涂。施工中必须用封固底漆先刷一遍，特别是对新墙，面漆的稠度要合适,白色墙面应稍稠些
透底	涂刷时油漆过稀、次数不够或材料质量差	应增加面漆的涂刷次数,以达到墙面要求的涂刷标准
咬底	底漆和面漆不配套，使面漆漆膜出现膨胀、收缩、移位，甚至底层漆膜失去附着力；涂层未干透就涂下一遍；在涂装下一遍漆时，采用了过强的稀释剂或漆膜过厚	清理咬底部位漆膜，按油漆配套原则进行涂装。涂装时应选用适当的稀释剂，用量不能超过总油漆量的5%。前一遍涂刷形成的漆膜不能受到后一遍油漆中所用溶剂的浸蚀。也就是说，不能在底层用弱极性稀释剂，上层涂料采用强极性溶剂。第一遍涂装要较薄，待彻底干燥后再涂第二遍
变色、退色	基层pH值高；含水率过大；油漆耐候性差或受紫外线长期照射而变色；基底碱性渗出，破坏漆膜中的颜料；深色漆膜出现掉粉现象使墙面颜色变浅	选用质量好的腻子和封固底漆，以保证墙面基底碱性符合施工要求。最好选用较暗的漆色，会有较好的耐候性和抗碱性
泛黄、发花	基层碱性过大并夹杂有色物质，有水迹渗漏，油漆本身有浮色	清理基层，确保无污染物，除去已碱化的漆膜，并涂封固底漆。施工前应充分搅拌油漆
起粉	油漆稀释过量，涂层被砂纸打过后未清理，有其他粉尘吸附在涂层表面	彻底清理基层，确保油漆厚度，除去已起粉漆膜，重新涂饰
薄片状剥落、起皮、剥落	基层表面未清除干净，基层疏松引起粉化，导致油漆附着力差；基层未干燥就施工；漆膜初期受冻	应彻底清除基层表面杂物，铲除松动不牢固的基层并修补，重涂刷油漆。严禁低温施工
木纹不清晰	油漆存放时间太长，操作前没有搅拌均匀，涂刷施工方法不规范	清漆使用前应充分搅拌，使其均匀一致。根据木材种类选择恰当的处理方式和涂刷方法
龟裂	在弹性漆上使用非弹性的面漆，上层漆膜未干透就继续涂刷下一遍，涂层的自然老化，施工时温度过低	清除旧漆膜，打磨表面，重涂刷油漆

第八章

织物装饰材料

ZHIWU ZHUANGSHI CAILIAO

第八章　织物装饰材料

织物装饰材料在建筑装饰材料中占极为重要的地位，凭借其质地柔韧、富有弹性等其他装饰材料不具备的特质，赢得广大业主的青睐。合理运用墙布、地毯、窗帘、家具及器具披覆等装饰织物会让家居空间及室内公共空间更具温馨、豪华感。

第一节　装饰织物的基础知识

一、装饰织物产品的分类

装饰织物产品按其使用环境和用途分类，一般可分为墙面装饰织物、地面铺设装饰织物、窗帘帷幔、家具披覆织物、床上用品、卫生盥洗织物、餐厨用纺织物品与装饰织物工艺品八大类。（图8-1）

图8-1　装饰织物

1.墙面装饰织物

墙面装饰织物主要是指装饰墙布。墙布具有吸声、隔热、改善室内空间感受的作用。常见的装饰墙布有织物壁纸、玻璃纤维印花墙布、无纺墙布等。

2.地面铺设装饰织物

地面铺设装饰织物主要指的是地毯。地毯具有吸声、吸尘、保温、行走舒适和美化空间等作用。地毯种类很多，按编织手法主要有手工地毯、机织地毯两大类。

3.窗帘帷幔

作为室内空间装饰必备品，窗帘帷幔可起到调节室内色彩、遮蔽光线、分隔室内空间等作用。根据形式，窗帘帷幔主要分为成品窗帘和布艺窗帘两种。成品窗帘包括卷帘、折帘、垂直帘和百叶帘。常用的布艺窗帘有薄型窗纱，中、厚型织布窗帘。

4.家具披覆织物

家具披覆织物是覆盖于家具之上，起到保护及美化作用的织物。主要包括沙发套、椅套、坐垫、靠垫、台布、器皿垫等。

5.床上用品

床上用品除了具有舒适、保暖等实用功能外，对营造整个室内空间氛围有着重要的作用。床上用品主要包括床单、被子、被套、枕套、毛毯等织物。

6.卫生盥洗织物

卫生盥洗织物以巾类为主，有毛巾、浴巾、浴衣、浴帘等。其特征是柔软、舒适、吸湿、保暖。

7.餐厨用纺织物品

餐厨用纺织物品在注重实用性能与卫生性能的同时，其装饰效果也是不可忽视的。一般包括餐巾、方巾、围裙、餐具存放袋等。

8.装饰织物工艺品

装饰织物工艺品是用各种纤维编结而成的艺术品，主要用于装饰墙面。常见装饰织物工艺品有挂毯、壁挂等。

二、装饰织物纤维的分类

装饰织物从原料上可分为天然纤维和化学纤维两类。这两类纤维各有特性。天然纤维又分为动物纤维和植物纤维，包括毛、麻、丝、棉、纸。化学纤维又分为合成纤维和各种人造纤维。合成纤维包括聚酯纤维（涤纶）、铜氨纤维（氨纶）、聚丙烯腈纤维（腈纶）、聚丙烯纤维（丙纶）、尼龙纤维（锦纶）。人造纤维包括人造棉、人造丝、人造毛等。

1.天然纤维

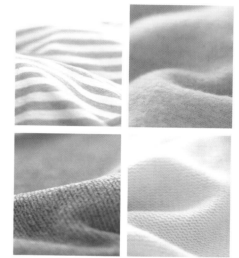

（1）毛纤维即动物毛，主要指绵羊身上卷曲的毛和山羊身上直状的毛，商业上简称为"呢绒"。它们细软而富有弹性，缩绒性好，可塑性强，便于染色和编织。毛织物给人温暖、厚重的感觉，但易虫蛀。（图8-2）

图8-2　毛织物

（2）麻纤维是从麻类植物中提取的，具有耐磨性强、吸湿性好、干燥快、抗霉菌性良好、刚性好等特点，其强度居天然纤维之首。它对碱、酸都不太敏感。凭借它的凉爽透湿性能和织物形成的粗犷的艺术效果，为大众所青睐。麻类织物品种较少，主要有苎麻织物、亚麻织物、黄麻布、剑麻布、蕉麻布及一些麻混纺织物。（图8-3）

图8-3　麻织物

（3）丝纤维是一种高档的织物材料，具有高贵、华丽、光滑、细腻的特点。丝可分为桑蚕丝、柞蚕丝和绢丝。桑蚕丝在天然纤维中最长最细，大多为白色，光泽良好，手感柔软而光滑细腻，手摸有冷凉感。在干燥和湿润状态下拉断蚕丝，所用的力无明显区别。但其耐光性差，常曝露于日光下会变黄。柞蚕丝手感柔软而具弹性（比桑蚕丝略粗），具有天然的黄褐色。其耐酸碱性、耐热性、耐湿性、耐光性均优于桑蚕丝。湿润状态下拉断丝，所用的力会明显增加。但其织物缩水率大且生丝不易染色。绢丝是经过绢纺工艺特殊加工而成的真丝织物，质地细腻、柔软、有光泽，给人以富贵、华丽的感觉。（图8-4）

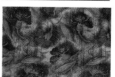

图8-4　丝织物

（4）棉纤维是棉植物种子上的纤维，商业上简称为"棉布"。棉纤维从细度和长度上分可分为粗绒棉、细绒棉、长绒棉三类。棉纤维质地柔软，弹性好，但易皱，易污染。棉织物按染色方式分为原色棉布、染色棉布、印花棉布、色织棉布；按织物组织结构分为平纹布、斜纹布、缎纹布。（图8-5）

（5）纸纤维作为织物材料，颜色丰富，可视、可触性强，纸质织物别有一番魅力。

2.化学纤维

（1）涤纶纤维织物耐磨性好，仅次于耐磨性最好的锦纶。其耐光性好，仅次于腈纶。具有抗皱性好、耐热性强、弹性好、易洗快干、

图8-5　棉织物

图8-6 涤纶

图8-7 氨纶　　　图8-8 腈纶

耐腐蚀等优点。但它吸湿性能差，染色性较差。涤纶具有优良的定形性能，无论是平挺、蓬松或褶裥等形态，在使用中经多次洗涤，都可经久不变。（图8-6）

（2）氨纶是一种合成纤维，组成物质含有85%以上组分的聚氨基甲酸酯。氨纶一般不单独使用，而是少量地掺入织物中。这种纤维既具有橡胶的性能又具有纤维的性能，又称弹性纤维。其延伸性可高达500%~700%，断裂伸长内的伸长恢复率可达到90%以上。它耐化学降解性、热稳定性、耐日晒和风雪性好，但不耐氧化，易变黄和降低强度。（图8-7）

（3）腈纶国际上称为奥纶、开司米纶。腈纶性能极似羊毛，有人造羊毛之称，以短纤维为主，蓬松卷曲而柔软、易染色、色泽丰富、抗菌性、弹性、保暖性都较好，耐热、耐光性能优良，露天暴晒一年，强度下降仅20%，能耐酸、耐氧化剂和一般有机溶剂，但耐碱性较差。腈纶具有的热弹性甚为特殊。拉伸后，如遇骤冷则难回缩，但将其处于高温环境下便可以大幅度回缩。（图8-8）

（4）丙纶是用石油精炼的副产物丙烯为原料制得的合成纤维。其原料来源丰富，生产工艺简单，强度高，相对密度小，产品价格低廉，所以发展得很快。近火焰即熔缩，易燃，并会散发石油味。它具有良好的耐化学腐蚀性、耐磨性、强伸性、保暖性、电绝缘性，并且吸湿性很小，因此使用较为广泛。但它的染色性、热稳定性、耐光性较差，不耐日晒，易于老化脆损。（图8-9）

图8-9 丙纶

由于其性能优良，原料资源丰富，一直被广泛使用。锦纶强度高，耐磨性、回弹性好，居所有纤维之首。因此，其耐用性极佳。锦纶吸湿性、耐腐蚀性较好，吸湿性和染色性也都比涤纶好。另外，锦纶有热定型特性，能保持住加热时形成的弯曲变形。但其耐碱而不耐酸；通风透气性差，易产生静电；耐热耐光性差，长期暴露在日光下其纤维强度会下降，会产生变黄和变脆现象；锦纶织物的弹性及弹性恢复性极好，使用过程中易皱折。（图8-10）

（5）锦纶国际上多称为尼龙、耐纶，是世界上最早的合成纤维。

3.混纺化纤织物

混纺化纤织物是棉、毛、丝、麻等天然纤维与其他化学纤维或其他天然纤维混合纺织成的织物。这样可节约天然纤维资源，降低成本，

图8-10 锦纶

同时也改善了天然纤维织物的性能。

（1）棉混纺织物包括：涤棉织物，俗称"的确凉"，通常采用35%的棉与65%的涤纶混纺；维棉织物，维纶与棉混纺的织物；丙棉织物，丙纶短纤维与棉混纺的织物。

（2）毛混纺织物包括：毛涤织物，涤纶与羊毛混纺的织物；毛腈织物，腈纶与羊毛混纺的织物；毛粘织物，羊毛与30%左右的人造丝混纺的织物。

（3）麻混纺织物包括：毛麻织物，采用不同毛麻混纺比例纱织成的各种织物；丝麻织物，丝麻砂洗织物是近年来利用砂洗工艺研发的新型织物，能产生爽而有弹性的手感；棉麻织物，棉麻混纺布一般采用55%的麻与45%的棉或麻、棉各占50%的比例进行混纺；麻与化学纤维混纺织物，包括麻与一种化学纤维混纺的织物、麻与两种以上化纤混纺的织物，如涤麻、维麻织物、"三合一"织物等。

（4）丝混纺织物包括：仿丝织物，由聚酯复丝混用而制成的织物，具有丝般的柔滑感，有光泽、弹力，且膨松；化纤长丝织物，由各种化学纤维长丝交织的交织绸。这种织物不易起皱，免烫，易洗快干。

三、纤维鉴别方法

市场上织物纤维繁多，鉴别纤维种类及真伪的方法主要有感官鉴别法和燃烧法。感官鉴别法主要是通过眼看、手

摸来鉴别纤维织物的光泽、粗细、长度、柔软性、弹性和褶皱等情况。看、摸有时难鉴别织物品种，还是要借助燃烧鉴别法。燃烧法是指剪一块小布条或抽几根纤维点着燃烧，可以根据其纤维燃烧速度，有无收缩及熔融，产生气味，灰烬颜色和性状来判断。（表8-1）

表8-1　常见织物纤维的特征

纤维名称	感 官 特 征	燃 烧 特 征	产 品 举 例
羊毛	纤维粗长，呈卷曲状态，弹性好，有光泽，手感温暖，其织物揉搓时不易出现折皱	燃烧不快，火焰小，离火即熄灭，燃烧后有蛋白质臭味，灰烬呈卷曲状，黑褐色结晶，膨松易碎	冬装面料、毛毯等
棉	纤维较细而短并天然卷曲，弹性较差，手感柔软，光泽暗淡	燃烧很快，火焰高，呈黄色，能自动蔓延，留下少量柔软的白色或灰色灰烬，不结焦	服装面料
麻	纤维细长，强度大，质地粗糙，缺少弹性与光泽，有冷凉感	燃烧比棉慢，发出黄色烟雾，有烧纸般气味，燃烧时火焰中有爆裂声	夏装面料及窗帘、沙发布等
丝	有光泽而不刺眼，手感柔软，有弹性，揉搓时有嘶鸣声，用水浸湿后手感较强硬并有韧性。揉搓织物，放松后不易出现皱褶	燃烧速度慢，有烧毛发气味，燃后呈黑褐色小球，一压即碎	夏装面料、围巾及窗帘等
涤纶	织物手感挺滑且弹性好。揉搓织物，放松后不易出现皱褶。干、湿时强度无明显差别，柔软程度一般	燃烧时纤维卷缩，熔融再燃烧，火焰呈黄色并冒烟，伴有微弱甜味，灰烬为黑褐色硬块	各类衣料和装饰材料，传送带、帐篷、帆布等，耐酸过滤布、医药工业用布等
氨纶	含氨纶的织物手感柔软，弹性好	近火边熔缩边缓慢燃烧，呈蓝色火焰，离火能继续熔燃，有特殊刺激性臭味，灰烬为软蓬松黑灰	运动服、游泳衣、紧身衣、松紧带类、弹性绷带等
腈纶	织物蓬松性好，手感柔软，有毛料感但有干燥感，色泽不柔和，弹力较低	近火边熔缩边缓慢燃烧，呈白色明亮火焰，略有黑烟和微弱腥味，灰烬为黑褐色硬块	毛线、毛毯、针织运动服、篷布、窗帘等
丙纶	色泽鲜艳美观，质地轻而保暖，毛感强	近火焰即熔缩及燃烧，火焰明亮，呈蓝色，有略似燃沥青气味，燃烧后灰烬呈浅黄褐色，并散发石油味	帆布，冬季服装的絮填料或滑雪服、登山服等
锦纶	织物色泽艳丽，手感柔软丰满有弹性，质地不松不烂，是保暖轻松的毛型织物	近火焰先熔缩后燃烧，离火即自灭，燃烧时略有芹菜味，灰烬为坚硬黄色圆球状	春秋冬季大衣、便服等

　　一般来说，天然纤维织物光泽自然，柔和淡雅，分布均匀，富有弹性，有重量感，悬垂感强，捏紧织物放松后能自然恢复，并无明显折痕；人造纤维织物手感光滑硬挺，织物发轻，无悬垂感，弹性较差，捏紧放松后，皱褶多而明显。

第二节　墙面装饰织物

　　墙面装饰织物是指以纺织物和编织物为面料制成的墙布或壁纸。墙布采用羊毛、丝、棉、麻等天然纤维和涤纶、腈纶等化学纤维为基料，表面涂以树脂，并印以图案，具有美化墙面、增加舒适性和吸声隔音等功能，是一种广泛适用的室内装饰材料。

一、分类

　　根据面料不同，墙面装饰织物可分为织物壁纸、玻璃纤维印花墙布、棉纺装饰墙布、化纤装饰墙布及绸缎、丝绒、呢料装饰墙布等。

　　1.织物壁纸

　　织物壁纸是一种把已制成的各种样式的织物与木浆基纸贴合形成的一种墙面壁纸。织物壁纸具有无毒、吸声、透

气、调湿、防墙面结露长霉等特质，其装饰效果好，已作为一种高级装饰材料在各类室内墙面广泛应用。（图8-11）

（1）纸基织物壁纸是把棉、毛、麻、丝等天然纤维及化学纤维经编织、印染等工序制成的织物与纸基层黏结，从而形成的墙面装饰材料。这种装饰织物形式多样，具有耐日晒、无毒无害、无静电、不反光等特点。纸基织物壁纸的规格、尺寸及施工工艺与一般壁纸相同。通常宽为0.90~0.93 m，长度有30 m和50 m两种规格。（图8-12）

（2）植物纤维壁纸是把扁草、竹丝或麻皮条等植物纤维漂白或染色，再与棉线交织后同基纸黏结制成的壁纸。这种壁纸展现了自然、古朴、粗犷的艺术气质。植物纤维壁纸的厚度为0.3~1.3 mm，宽一般为9.6 m，长多为5.5 m、7.32 m。（图8-13）

图8-11　织物壁纸

图8-12　纸基织物壁纸

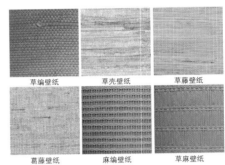

草编壁纸　　草壳壁纸　　草藤壁纸
葛藤壁纸　　麻编壁纸　　草麻壁纸

图8-13　植物纤维壁纸

图8-14　玻璃纤维印花墙布

2.玻璃纤维印花墙布

玻璃纤维印花墙布是以中碱玻璃纤维为基材，表面涂以耐磨树脂，再印上彩色图案的装饰墙布。这种墙布色彩鲜艳，具有绝缘、耐腐蚀、耐湿、防火、防水、耐高温、高强度等性能，擦洗容易。玻璃纤维印花墙布的规格通常为厚0.17~0.20 mm，宽850~900 mm。主要适用于各种室内墙面装饰，尤其适用于室内卫生间、浴室等墙面装饰。（图8-14）

3.无纺墙布

无纺墙布又称非织造布，是采用棉、麻等天然纤维和涤纶等化学纤维定向或随机排列后，通过印染、摩擦、抱合或黏合等工序制成的一种新型平面结构的墙面装饰贴布制品。这种墙布的特点是柔软、富有弹性、不产生纤维屑、不易折断老化、不退色、韧性强、耐用、有一定的透气性和防潮性，可擦洗且粘贴方便。无纺墙布在环保方面更是具备优势。涤纶无纺贴墙布及麻无纺贴墙布的规格通常为厚0.12~0.18 mm，宽850~900 mm。（图8-15）

图8-15　无纺墙布

4.棉纺装饰墙布

棉纺装饰墙布是纯棉平布经前处理、印花、涂层制作而成的纤维制品。这种墙布的特点是强度大、静电小、蠕变小、无味、无毒、吸声、花形繁多。主要适用于各种公共建筑及民用住宅内墙装饰。（图8-16）

5.化纤装饰墙布

化纤装饰墙布是以涤纶、腈纶、丙纶等化学纤维为材料，经前处理、印花而成。这种墙布花色品种繁多，无毒、无味、透气、防潮、耐磨、无分层等特点。适用于各种建筑的室内装饰。主要规格为厚0.15~0.18 mm，宽820~840 mm，每卷长50 m。

6.绸缎、丝绒、呢料装饰墙布

绸缎、丝绒、呢料等纤维制成的装饰织物常被称为高级装饰墙布。绸缎为中国传统织物，用于裱糊墙面张显华贵之美，但其施工复杂，也不易清洗，所以使用不多。丝绒

图8-16　棉纺装饰墙布

装饰墙布色彩绚丽，可营造出豪华感。呢料装饰墙布质地厚重，可给人温暖感，吸声、保暖效果极好。这些高级装饰墙布适用于宾馆等公共建筑室内装饰。（图8-17）

图8-17 丝绸墙布

二、技术性质

（1）平挺性。墙面织物平挺性主要是指反映墙面织物缩率的性能。这个性能直接影响到裱贴施工的效果。无缩率或缩率较小的墙面织物，平挺性好，不易弯曲变形，容易保持尺寸大小。同时，墙布的密度也会影响装饰效果。若织物密度过小，看似稀疏单薄，施工过程中使用的黏合剂容易渗透到织物表面，形成色斑。

（2）粘贴性。墙面织物粘贴性主要是指墙面织物粘贴后表面平整，黏结牢固，无翘起剥离现象的性能。同时要求更换墙布时，又能剥离方便，易于清除。

（3）耐污性。墙面织物耐污性主要是指墙面织物抗拒空气中灰尘、细菌、微生物侵蚀的能力。性能好的墙面织物能保持清洁，不易发霉；有些墙布经过拒水、拒油处理后，不易沾尘，去污也方便，使用寿命长。

（4）耐光性。墙面织物耐光性主要是指墙面织物经受长时间阳光照射后，抑制织物出现老化、退色、织物的牢度下降等现象的性能。耐光性好的墙面织物会延长问题出现的时间，能长久保持织物的牢度和花色的鲜艳度。

（5）吸声性。墙面织物吸声性主要是指纤维能吸收声波，衰减噪声的能力。可以通过增加织物凹凸效应来增强吸声性能。

（6）阻燃防火性。墙面织物阻燃防火性主要是指墙布根据不同的环境应做出相应的阻燃性规定。需将墙布粘贴在墙壁基材上进行试验，根据墙布的发热量、发烟系数、燃烧所产生的气体毒性情况来确定阻燃防火性的优劣。

第三节　地毯

地毯是以棉、麻、毛、丝、草等天然纤维或化学合成纤维为原料，经手工或机械工艺进行编结、栽绒或纺织而成的地面覆盖物。地毯最初仅为铺地，起御寒湿而利于坐卧的作用，在后来的发展过程中，由于民族文化的陶冶和手工技艺的发展，逐步发展成为一种高级的装饰品。既具隔热、防潮、减少噪声等功能，又有高贵、华丽、美观的装饰效果。（图8-18）

图8-18 装饰地毯

一、分类

1.根据地毯材质分类

根据材质不同，地毯主要可分为纯毛地毯、化纤地毯、混纺地毯、塑料地毯和植物纤维地毯。

（1）纯毛地毯以粗羊毛为主要原料；质地厚实、柔软舒适、弹性大、拉力强、装饰效果好，属于高档铺地装饰材料；但易腐蚀、霉变、虫蛀，且价格较贵。（图8-19）

图8-19 纯毛地毯

（2）化纤地毯以丙纶、腈纶等化学纤维为原料，经簇绒法或机织法制作面层，再以麻布为底层加工合成。其外观及触感酷似纯毛地毯，耐磨、耐温、质量轻、弹性好、脚感舒适，属于目前用量最大的中、低档地毯品种，价格便宜。（图8-20）

图8-20 化纤地毯

（3）混纺地毯以羊毛纤维与合成纤维混编而成，性能介于羊毛和化纤地毯之间。混编的合成纤维不同，其性能也不同。在羊毛纤维中加入20%的尼龙纤维，可使地毯的耐磨性提高5倍。装饰效果类似纯毛地毯，但价格较便宜。

图8-21 植物纤维地毯

（4）植物纤维地毯以植物纤维为主要原料，一般包括剑麻地毯、椰棕地毯、水草地毯和竹地毯。剑麻地毯最为常用，它是以剑麻纤维为原料，经纺纱、编织、涂胶、硫化等工序制成。耐酸碱、耐磨、无静电，质感粗糙、弹性较差。（图8-21）

（5）塑料地毯以聚氯乙烯树脂为基料，加入填料、增塑剂等多种辅助材料和添加剂，经混炼、塑化，并在地毯模具中成型。质地柔软、颜色鲜艳、经久耐用、自熄不燃、不霉烂、不虫蛀，清洗方便。（图8-22）

（6）橡胶地毯以天然或合成橡胶为原料，加入其他化工原料，经热压、硫化后在地毯模具中成型。防霉、防潮、防滑、耐腐蚀、防虫蛀、绝缘、易清洗。可用于浴室、走廊、体育场等潮湿或经常淋雨的地面铺设。各种绝缘等级的特制橡胶地毯还广泛用于配电室、计算机房等场所。

图8-22 塑料地毯

2.根据毯面加工工艺分类

根据毯面加工工艺不同，地毯主要可分为手工类地毯和机制类地毯。

（1）手工类地毯以手工编制加工而成，因编制方法不同，又可分为手工打结地毯、手工簇绒地毯、手工绳条编织地毯和手工绳条缝结地毯。手工打结地毯多采用双经双纬，通过人工打结栽绒，绒毛层与基底一起织做而成。做工精细，色彩丰富，图案多样，属于高档地毯品种。但工效低，生产成本高，价格昂贵。（图8-23）

图8-23 纯手工羊毛地毯

（2）机制地毯由机械设备加工制成，因编制工艺不同，又可分为机织地毯、簇绒地毯、针织地毯、针刺地毯和无纺地毯。

簇绒法是目前各国生产化纤地毯的主要工艺，通过带有一排往复式穿针的纺机，织出厚实的圈绒，再用刀对圈绒顶部进行横行切割。绒毛长度可以调整，一般割绒后的绒毛长度为7~10 mm。簇绒地毯弹性好，脚感舒适，并可在毯面上印染各种花纹图案。（图8-24）

图8-24 簇绒地毯

无纺地毯是无经纬编织的短毛地毯。将绒毛线用特殊的钩针刺在用合成纤维构成的网布底衬上，再在其背面涂上胶层，使之粘牢。无纺地毯按材料不同，又可分为纯毛无纺、化纤无纺、植物纤维无纺地毯等。无纺地毯生产工艺简单，成本低、价格便宜，但弹性和耐久性较差。（图8-25）

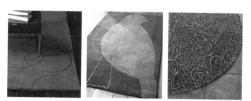

图8-25 无纺地毯

3.根据地毯幅面形状不同分类

根据幅面形状不同，地毯又可分为块状地毯和卷状地毯。

（1）块状地毯。不同材质的地毯均可成块供应，形状有方形、长方形、圆形、椭圆形等。一般规格尺寸为610 mm×610 mm~3600 mm×6170 mm，共计56种。方块花式地毯是由花色各不相同的500 mm×500 mm的方块地毯组成一箱，铺设时可组成不同图案的地毯。块状地毯铺设方便灵活，整体使用寿命长，可及时更换坏损的局部，经济、美观。（图8-26）

图8-26 块状地毯

（2）卷状地毯。不同材质的地毯也均可按整幅成卷供应，其幅宽为1~4 m，每卷长度一般为20~50 m，也可按要求加工定制。卷状地毯适合室内满铺，但局部损坏后不易更换。楼梯和走廊所用的地毯为窄幅专用地毯，幅宽有700 mm和900 mm两种，整卷长度为20 m。

二、构造

除了塑料地毯和橡胶地毯外，无论是毛、麻等天然纤维构成的地毯，还是由化学纤维构成的地毯，均由以下几个部分组成。

（1）面层指地毯的装饰面，通常以面层用料的品种作为地毯的名称。面层决定地毯的质感、脚感、耐磨性、弹性等主要性能。

（2）防松涂层指刷在初级背衬上的涂料层，其作用是增加面层纤维绒在初级背衬上的黏结强度。涂层涂料应有良好的防湿性能。

（3）初级背衬是各类地毯都具有的组成部分，其作用是固定面层纤维绒，以提高外形的稳定性和加工性。初级背衬可采用黄麻制成的平织网，也可采用聚丙烯机织布或无纺布，要求有一定的耐磨性。

（4）次级背衬通常为黄麻布，采用胶黏剂将其复合在经防松涂层处理过的初级背衬上，经过热压和烘干等工序制成。其作用是保护层面织物背面的针码，增强地毯的耐磨性和弹性。

三、技术性质

（1）耐磨性是指地毯在固定压力下，磨至背衬露出所承受的打磨次数。打磨次数越多，耐磨性越好。通常地毯纤维的质量越好、长度越长，则越耐磨。对于手工纯毛地毯，则是道数越多，越致密，耐磨性越好。

（2）弹性指地毯受压力后，其绒面层在厚度方向上压缩变形的程度，通常用动态负荷下地毯厚度的损失率来表示，该指标决定地毯的舒适程度。

（3）剥离强度是衡量地毯面层与背衬复合强度的一项性能指标，也是衡量地毯复合后的耐水性指标，通常以背衬剥离强度表示。

（4）绒毛黏合力指地毯绒毛固着在背衬上的牢固程度，通常以簇绒拔出力来表示。通常圈绒毯的拔出力应大于等于20 N，平绒毯拔出力应大于等于12 N。

（5）抗老化性主要指化纤地毯经过一段时间光照和接触空气后，化学纤维氧化和老化降解的程度。

（6）抗静电性表示地毯带电和放电的程度，抗静电性通常用表面电阻和静电压来表示。静电的大小与纤维本身导电性的强弱有关。化纤地毯使用时易产生静电，易吸尘，难清洗。因此化纤地毯生产时常掺入抗静电剂。

（7）耐燃性指化纤地毯遇火时，在一定时间内燃烧的程度。一般燃烧时间在12 min以内，燃烧的直径在179.6 mm以内的均认为合格。化纤地毯燃烧时会释放出有害气体和大量燃气，容易让人窒息。因此，生产化纤地毯时应加入一定量的阻燃剂，使织成的化纤地毯能够自熄阻燃。

（8）耐菌性指地毯作为地面覆盖物，在使用过程中，易被虫、菌所侵蚀且发生霉烂变质。凡能耐受8种常见的霉菌和5种常见的细菌的侵蚀而不长菌和霉变的均认为合格。

第四节　窗帘帷幔

窗帘帷幔是家庭和宾馆的必备用品，有着不容忽视的功能及装饰作用。窗帘帷幔可以遮光、保温、挡灰尘、隔音、营造房间的气氛，柔化室内空间生硬的线条，可为住户提供柔和、温馨、浪漫、安静的私人空间。（图8-27）

一、分类

窗帘帷幔种类繁多，大体可分为成品帘、布艺帘和窗纱三大类。

（一）成品帘

成品帘根据其外形及功能不同可分为卷帘、折帘。

图8-27　窗帘帷幔

1.卷帘

主要适用于有大面积玻璃幕墙的场所，如办公空间、餐饮空间、家居空间等。卷帘收放自如，体积小，外表美观简洁，结构牢固耐用，改造室内光线品质好。卷帘按面料分有半遮光卷帘、半透光卷帘、全遮光卷帘。按控制方式分有手动卷帘、电动卷帘、弹簧半自动卷帘。（图8-28）

2.折帘

折帘根据其功能不同可以分为百叶帘、日夜帘、百折帘、蜂房帘和垂直帘。其中百叶帘可调节光线，蜂房帘有吸音效果，日夜帘可在透光与不透光间任意调节。

（1）百叶帘的最大特点是能任意调节光线，使室内光线富有变化。百叶帘具有良好的隔热遮阳性、柔韧性、不易变形及阻挡紫外线的功能。当帘片平行放置时，光线柔和，既可适度保持隐私又可观看到窗外景色；帘片合拢时，室内室外就完全隔离了。百叶帘一般分为木百叶、铝百叶、竹百叶等。百叶帘叶片表面光滑、有韧性、抗晒、不退色、不变形。（图8-29）

图8-28　卷帘

图8-29　百叶帘

（2）日夜帘顾名思义兼具日帘与夜帘双重身份，是由两种面料组合而成的，可任意调节光线。白天时日夜帘能透光，可将强烈日光转变成柔和的光线，能有效防晒、防紫外线，从而达到保护室内家具的功效；夜间日夜帘选用全隔光的材料，既遮蔽光线又保护隐私，让人安然入睡。因此日夜帘能满足全天的光线需求。

（3）百折帘由单层的轻巧纤维布制成，轻巧、实用又美观。能上下操作，左右定位，折叠而上，并能根据实际窗形定制成圆形、半圆形、八角形、梯形等造型。由于百折帘特有的折叠造型，使得其遮阳、反光面积比其他窗帘大，因此遮光、隔音效果好。百折帘经高温高压定型定色，不会退色、变形，具有防静电效果，阻隔紫外线作用。其全透视的效果，能营造出不一样的室内氛围。（图8-30）

图8-30 百折帘

（4）蜂房帘设计独特，拉绳隐藏在中空层，外观完美，简单实用。抗紫外线能力强，防水性能和隔热功能好，可保护家居用品和保持室内温度，达到很好的节能效果。能有效地防静电，洗涤容易。

（5）垂直帘因叶片一片片垂直悬挂于上轨得名。实用、优雅、大方，富有时代感。可从不同角度调节光线，以达到室内光环境和谐，既能遮阳又能欣赏户外风光。垂直帘主要适用于办公空间及一些公共场所等。垂直帘根据其面料不同，可分为铝质帘及人造纤维帘等。其叶片防潮、防紫外线、无老化、无褶痕、手感良好，也可进行防火阻燃、防水防油污、隔音处理。（图8-31）

图8-31 垂直帘

（二）布艺帘

布艺帘是指装饰布经设计缝纫制作而成的窗帘。布艺帘具有保暖、隔音、遮挡光线和视线的功能，可营造出温馨的私密空间氛围。（图8-32）

布艺帘悬挂款式可采用双幅平开落地式垂帘，也可根据需要采用单幅或半截帘。布艺帘面料有棉、麻、真丝等天然纤维，也有涤纶等人造纤维。毛料、麻布编织的布艺帘属厚重型织物，这种材料保温、隔音、遮光效果好，优秀的垂感和肌理感易烘托室内庄重、大方、粗犷、古典等风格。棉编织而成的窗帘属柔软细腻型，面料质地柔软、手感好。其绒质效果能体现华贵、温馨感。而真丝和人造纤维帘属于薄质窗帘，丝质面料高贵、华丽、自然、飘逸。涤纶等人造纤维面料挺直、色泽艳丽、不退色、不缩水。它们便于清洗，但遮光性、保暖性、隔音效果较差，不宜单独制成窗帘，可作为窗帘的最内层。面料按工艺不同可分为印花布、染色布、色织布、提花布等。布艺帘结合现代的织造和印染工艺提升了室内环境品质，丰富了空间层次感。

图8-32 布艺帘

（三）窗纱

一般情况下，窗纱与窗帘布相配使用，易透气通风，给室内环境增添柔和、若隐若现的朦胧和浪漫感。窗纱既可以遮光又不影响采光，可避免家具和地板在强光下出现退色。窗纱的面料可分为涤纶、仿真丝、麻或混纺织物等。根据其工艺可分为印花、绣花、提花等。（图8-33）

图8-33 窗纱

二、窗帘轨道

窗帘由窗布、窗纱、辅料、轨道四部分组成。窗帘轨道用于悬挂窗帘，以便窗帘开合，是一种可增加窗帘帷幔美观的配件。窗帘轨道的质量决定了窗帘的开合顺畅程度。按形态可分为直轨、弯曲轨、伸缩轨等，适用于有窗帘箱的窗户；罗马杆（因似古罗马建筑样式而得名，是一种挂窗帘帷幔的横杆，能起装饰作用）、艺术杆适用于无窗帘箱的窗户，最有装饰功能（图8-34）。窗帘轨道有单、双或三轨道之分，当窗宽大于1200 mm时，窗帘轨道应断开，进行相应的搭接处理。明窗帘盒一般先安轨道，暗窗帘盒后安轨道，轨道应保持在一条直线上。窗帘轨道根据其材料可分为铝合金、塑钢、铁、铜等。（图8-35）

图8-34 罗马杆　　　　　　　　　图8-35 窗帘轨道

窗帘帷幔在室内布置中起着重要的作用。在选配窗帘时，应注意不同的建筑空间应搭配不一样风格的窗帘帷幔。例如，家居空间窗帘布置应体现温馨格调，商业空间应创造清新自然、典雅华丽、温情浪漫等风格，办公空间应体现庄重大方风格。窗帘帷幔的色彩、质地、图案的选择可根据室内整体性、气氛、光线、季节变化来选择。例如，夏季采用纱质淡色窗帘帷幔，冬季采用能给人温暖感的粗料或绒质深色窗帘帷幔。色彩浓重、花纹繁复的窗帘帷幔表现力强，具有豪华风格；浅色鲜艳、图案简洁的窗帘帷幔能衬托出现代感。所有的窗帘帷幔在设置时应注意与室内其他陈设，如枕套、床罩、椅垫、靠垫、沙发套、台布、壁布等的色彩、图案及质地协调搭配，不宜太扎眼或突兀。

第五节　新型织物装饰材料

图8-36 线帘使用效果图

线帘是一种新型织物装饰材料。线帘由一条条细长线排列制成，端部的收边类似窗帘。细线的质地多为人造纤维和聚酯纤维，质量轻、易清洗，使用时可视需求裁切。线帘与一般窗帘不同的是，除了用做窗帘之外，也可以用做空间隔屏，在开放式的空间中，作为客厅与餐厅间、卧房与书房间的轻隔断，既保有视觉的穿透性，又具有划分空间场域的功能。线帘没有实体隔间墙的厚重感，作为空间的隔屏，可节省空间，同时也能搭配灯光，营造出丰富的视觉效果。（图8-36）

线帘通常有以下三种安装方法：穿杆安装、魔术贴安装、挂钩安装。

（1）穿杆安装是将线帘顶部直接加工成可让罗马杆等窗帘杆穿过的圆筒，杆子直径最好小于4 cm。

（2）魔术贴安装即子母扣安装，母扣用钉子固定在墙上，子扣缝制在线帘上，装时粘上即可，清洗时撤下。

（3）挂钩安装是用四叉钩或者S钩加工，和窗帘的挂法相同，需要轨道或是罗马杆。（图8-37）

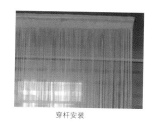  

穿杆安装　　　挂钩安装　　　魔术贴安装

图8-37　线帘的安装方法

第六节　皮革

一、皮革

（一）皮革的概念

皮革是经脱毛和鞣制等物理、化学方法加工所得到的不易腐烂的动物皮。革是由天然蛋白质纤维在三维空间紧密编织构成的，其表面有一种特殊的粒面层，具有自然的粒纹和光泽，手感舒适。（图8-38）

（二）皮革的分类

1．按动物种类分类

按照动物的种类主要分为猪皮革、牛皮革、羊皮革、马皮革、驴皮革和袋鼠皮革等，另有少量的鱼皮革、爬行类动物皮革、两栖类动物皮革、鸵鸟皮革等。其中牛皮革又分黄牛皮革、水牛皮革、牦牛皮革和犏牛皮革；羊皮革分为绵羊皮革和山羊皮革。在主要几类皮革中，黄牛皮革和绵羊皮革，其表面平细，毛眼小，内在结构细密紧实，革身丰满且具有弹性，物理性能好。

2．按用途分类

按用途可分为生活用革、国防用革、工农业用革、文化体育用品革等。

3．按制造方式分类

（1）真皮。真皮在皮革制品市场上是常见的字眼，是人们为区别合成革而对天然皮革的一种习惯叫法。在消费者的观念中，动物革是一种自然皮革，即人们常说的真皮。是由动物生皮经皮革厂鞣制加工后，制成各种特性、强度、手感、色彩、花纹的皮料，是现代真皮制品的必需材料。

真皮动物革的加工过程非常复杂，制成成品皮革需要经过几十道工序：生皮→浸水→去肉→脱脂→脱毛→浸碱→膨胀脱灰→软化→浸酸→鞣制→剖层→削匀→复鞣→中和→染色→加油→填充→干燥→整理→涂饰→成品皮革。其种类也非常多，按材料一般分羊皮革、牛皮革、马皮革、蛇皮革、猪皮革、鳄鱼皮革等，按性能又可分为二层皮革、全粒皮革，绒面革、修饰面革、贴膜革、复合革、涂饰性剖层革等。其中，牛皮、羊皮和猪皮是制革所用原料的三大皮种。（图8-39）

（2）再生皮。再生皮是将各种动物的废皮及真皮下脚料粉碎后，调配化工原料加工制作而成的。其表面加工工艺同真皮的修面皮、压花皮一样，其特点是皮张边缘较整齐、利用率高、价格便宜。但皮身一般较厚，强度较差，只适宜制作平价公文箱、拉杆袋、球杆套等定型工艺产品和平价皮带，其纵切面纤维组织均匀一致，可辨认出流质物混合纤维的凝固效果。（图8-40）

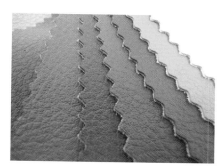

图8-38　皮革

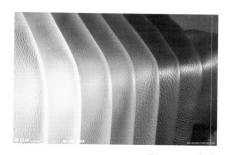

图8-39　真皮

图8-40　再生皮

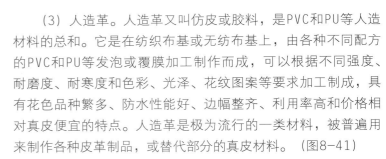

（3）人造革。人造革又叫仿皮或胶料，是PVC和PU等人造材料的总和。它是在纺织布基或无纺布基上，由各种不同配方的PVC和PU等发泡或覆膜加工制作而成，可以根据不同强度、耐磨度、耐寒度和色彩、光泽、花纹图案等要求加工制成，具有花色品种繁多、防水性能好、边幅整齐、利用率高和价格相对真皮便宜的特点。人造革是极为流行的一类材料，被普遍用来制作各种皮革制品，或替代部分的真皮材料。（图8-41）

（4）合成革。

合成革是模拟天然革的组成和结构并可作为其代用材料的塑料制品。表面主要是聚氨酯，基料是涤纶、棉、丙纶等合成纤维制成的无纺布。其正、反面都与皮革十分相似，并具有一定的透气性。合成革的特点是光泽漂亮，不易发霉和虫蛀，并且比普通人造革更接近天然革。

合成革品种繁多，合成革除具有合成纤维无纺布底基和聚氨酯微孔面层等共同特点外，因无纺布纤维品种和加工工艺各不相同。合成革表面光滑，通张厚薄、色泽和强度等均一，在防水、耐酸碱、防微生物方面优于天然皮革。（图8-42）

（三）皮革的应用

皮革可作为室内空间的软包材料，适用于墙面木作软包施工。软包是指一种在室内墙表面用柔性材料加以包装的墙面装饰方法。软包可选用的装饰材料有装饰布和皮革、人造革等，软包材料质地柔软，色彩柔和，能够柔化整体空间氛围，其纵深的立体感亦能提升家居档次。除了美化空间的作用外，更重要是的它具有吸音、隔音、防潮、防霉、抗菌、防水、防油、防尘、防污、防静电、防撞的功能。软包大多运用于高档宾馆、会所、KTV等地方，而今，一些高档的商品房、别墅和排屋等在装修的时候，也会大面积使用皮革软包。（图8-43）装饰皮革也可在表面刻印花纹，用于室内家具的装饰，提升家具的装饰档次。（图8-44、图8-45）

图8-41　人造革

图8-42　合成革

图8-43　皮革软包

图8-44　花纹装饰皮革

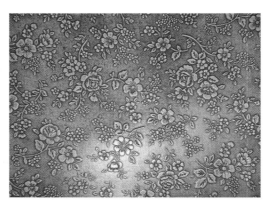

图8-45　家具装饰皮革

第七节 织物装饰材料的施工工艺

装饰织物的施工方法相对简捷，效率高，织物更新容易，装饰效果好。装饰织物施工分为装饰墙布施工（通常称为裱糊饰面工程，简称裱糊工程）、地毯施工、窗帘帷幔施工等。要取得好的施工质量，首先织物本身必须符合国家规定标准，产品要具有合格证书和性能检测报告。

一、施工工具

裱糊工程是指在室内平整光洁的墙面、顶棚面、柱体面和室内其他构件表面，用壁纸、墙布等材料裱糊的装饰工程。施工过程中使用的工具有裁纸刀、胶黏剂、不锈钢直尺、刮板、胶辊、粉线袋等。(图8-46)

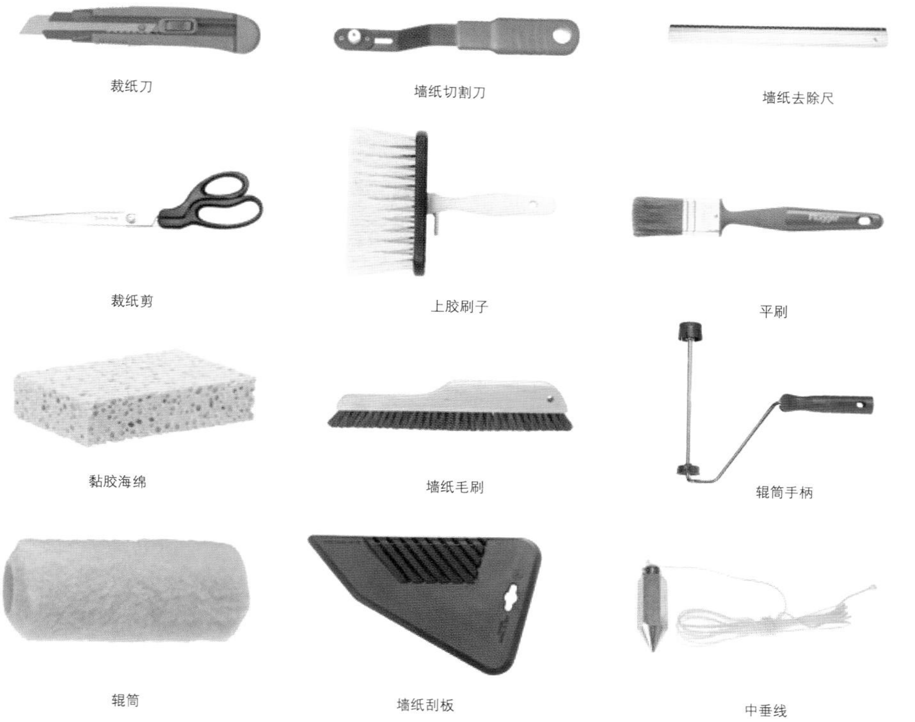

地毯铺设时主要使用的工具有裁毯刀、裁边机、地毯撑子（大撑子承头、大撑子承脚、小撑子）、扁铲、墩拐、手枪钻、割刀、剪刀、尖嘴钳、漆刷、橡胶压边辊筒、熨斗、角尺、直尺、手锤、钢钉、小钉、吸尘器、垃圾桶、盛胶容器、钢尺、合尺、弹线粉袋、小线、扫帚、胶轮轻便运料车、铁簸箕、棉丝和工具袋、拖鞋等。(图8-47)

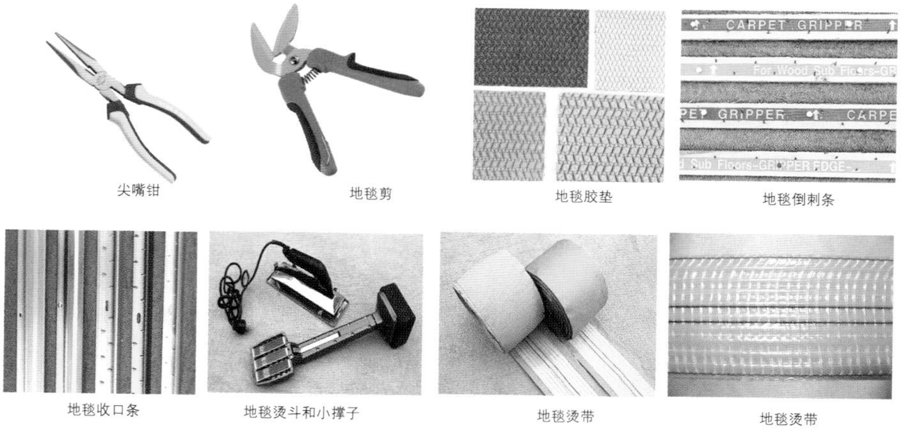

裁纸刀　　墙纸切割刀　　墙纸去除尺

裁纸剪　　上胶刷子　　平刷

黏胶海绵　　墙纸毛刷　　辊筒手柄

辊筒　　墙纸刮板　　中垂线

图8-46　裱糊工具

尖嘴钳　　地毯剪　　地毯胶垫　　地毯倒刺条

地毯收口条　　地毯烫斗和小撑子　　地毯烫带　　地毯烫带

图8-47　地毯铺设工具

二、裱糊工程

（一）施工准备

裱糊工程的现场施工环境温度不应低于10 ℃。基层要保证处理到位，符合规范要求。施工过程中室内要保证良好的通风，但要避免穿堂风及温度突然变化。

（二）施工工艺

1. 工艺流程

基层处理→第一遍满刮腻子→干燥、抹灰面、打磨→第二遍满刮腻子→干燥、抹灰面、打磨→刷防潮底漆→弹线定位→预拼→润纸（除纸基类墙布需要吸水处理外，其他材料不需此步）→刷胶黏剂→上墙裱贴，赶压胶黏剂、气泡→修缝、裁切→修整表面。

2．施工方法

（1）基层处理。清理墙面的灰尘、残浆和油渍等，凡表面有裂缝、坑洼、吊角之处，应用水泥砂浆修补平整。突出基层表面的物件应卸下或使其进入基层，如有金属类突出物应涂防锈漆。基层要求保持干燥。而木基层应刨平，确保无毛刺、戗茬，无外露钉头。对于遮盖力低的壁纸和墙布，基层表面颜色应先进行淡化处理。

（2）批腻子。基层表面缝隙处用腻子批刮，施工时要注意抹灰面密实平整，易薄不宜厚。批刮遍数要根据实际需要决定。石膏板基层嵌缝处除用腻子处理，还要用接缝带贴牢。

（3）干燥、打磨。腻子经12 h干燥后，用砂纸打磨，打磨其凸出部位。

（4）涂刷防潮底漆。涂刷防潮底漆可有效地防止墙纸、墙布受潮脱落。涂刷时应保持均匀，不宜太厚，不能有漏刷、流挂等现象。

（5）弹线定位。用粉线袋按照织物尺寸弹垂直线和水平线，以确保墙纸、墙布横平竖直、图案拼接精确。水平基线用拉水平线的方法标出，垂直基线用粉线悬挂重物的方法确保做出垂直基线，要注意的是弹出的基线不能过粗。

（6）预拼。依据弹线定位，试拼接花纹、图案，必要时对墙布进行编号，同时删除不匹配墙布。裁切多余墙布，同时要注意材料的接缝拼花及搭接要求。

（7）润纸。一些墙布遇水会发生膨胀变形，所以要对这些墙布事先作润水处理。润水指用吸水布料在墙布背面轻擦几遍，待晾干即可使用。一般，除纸基类墙布需要吸水处理外，玻璃纤维基材墙布、复合纸壁纸和纺织纤维壁纸墙布遇水无伸缩，无需润纸。

（8）刷胶黏剂。在基层表面刷107胶或其他胶黏剂，底胶要一遍成活，不能有遗漏。墙布背面不刷胶，以免污染墙布。

（9）上墙裱贴，擀压胶黏剂、气泡。裱贴时依据基线、图案先贴垂直面再贴水平面，先贴细部后贴大面，裱贴顺序为先上后下。确保不离缝，不搭接。贴后及时用刮板找平压实。如墙布与基层之间有气泡应将其擀尽，可用针刺破气泡，将气泡擀出。依据现场情况，再用医用注射针把胶黏剂打入空隙中并压平、压实。

（10）修缝、裁切。若墙布接缝处无拼花要求时，可在接缝处使两幅材料重叠10 mm，用直尺平压后再用裁纸刀顺缝裁割。若有拼花要求时，应采取两幅材料的花纹重叠搭接后，再用前方法，沿搭接宽度中部裁切，即可得到完整的花纹对接。墙面顶部的阴角线或踢脚线裱贴时，应沿顶部的阴角线或踢脚上线将多余部分裁去。墙布贴在墙柱面时，要注意阳角或阴角处不能有对接缝，应绕过阳角或阴角进行搭接，一般搭接10 mm。如遇墙面突出物时，应沿突出物边缘裁剪，并将相交的墙布压实，保证其与突出物接缝平整。

（11）修整表面。清理墙布表面的胶迹，保持材料清洁。

3．注意事项

（1）墙面要平整，高低差不超过2 mm。

（2）墙布在压实、找平时，应注意对绸缎、丝绒等装饰墙布等易划伤材料进行保护，避免用硬件压实。

（3）阴阳转角处墙布应垂直并棱角分明，禁止在阳角处搭接，其搭接宜设在侧面。阴角处搭接应保证大面材料贴于转角处或搭接在小面材料上。搭接尺度在10 mm以上。

（4）裱贴玻璃纤维墙布和无纺墙布时，背面不宜刷胶，以免胶黏剂印透表面而出现胶痕，影响美观。

4．验收

墙布表面应平整、无波纹起伏、无色泽差异、无胶痕，不能有漏贴、补贴和脱层等现象，以及翘边、气泡问题。各幅拼接横平竖直，拼花处图案要吻合，不离缝。墙布边缘应整齐，不得有毛刺。墙布与顶角线、踢脚线、护墙板压条、窗帘盒紧接处，在1 m处目测不得有明显缝隙。

三、地毯工程

（一）施工准备

1.材料

（1）地毯。纯毛地毯、混纺地毯、化纤地毯、剑麻地毯、橡胶地毯、塑料地毯等。

（2）胶黏剂。无毒、不霉、快干，对地面有足够的黏结强度、可剥离、施工方便，均可用于地毯与地面、地毯与地毯拼缝处的黏结。一般采用天然乳胶添加增稠剂、防霉剂等制成的胶黏剂。

（3）倒刺钉板条。在1200 mm×24 mm×6 mm的三合板条上钉有两排斜钉（间距为35~40 mm），还有五个高强钢钉均匀分布在全长上（钢钉间距400 mm左右，距两端各100 mm左右）。

（4）铝合金收口条。用于地毯端头露明处，起固定和收口作用。多用在外门口或其他材料的地面相接处。

（5）压条。多采用厚度为2 mm左右的铝合金材料制成，用于门框下的地面处，压住地毯的边缘，使其免于被踢起或损坏。

（6）胶带。用于地毯的接缝和地毯弹性衬垫的固定。

（7）地毯弹性衬垫。软橡胶制波形垫，放在地毯下。

2.作业条件

（1）在地毯铺设之前，室内装饰必须完毕。

（2）铺设地毯的基层，要求表面平整、光滑、洁净，如有油污，须用丙酮或松节油擦净。如基层为混凝土和水泥砂浆，应具有一定的强度，含水率不大于8%，表面平整度偏差不大于4 mm。

（3）地毯、衬垫和胶黏剂等进场后应检查核对数量、品种、规格、颜色、图案等是否符合设计要求，如符合应按其品种、规格分别存放在干燥的仓库或房间内。用前要预铺、配花、编号，待铺设时按号取用。应事先把需铺设地毯的房间、走道等四周的踢脚板安装好。踢脚板下口均应离开地面8 mm左右，以便将地毯毛边掩入踢脚板下。

（4）大面积施工前应先放出施工大样，并做样板，经质检部门鉴定合格后方可按样板要求组织施工。

（二）施工工艺

1.成卷式地毯活动铺设

1）工艺流程

弹线→地毯剪裁→接缝处理→铺设地毯。

2）施工方法

（1）弹线、剪裁。按房间尺寸大小定出地毯用量。根据房间宽度在地毯上弹出宽度尺寸线，用长尺压住地毯，用刀裁下多余部分。

（2）接缝。将地毯裁边、黏结拼缝成一片。拼缝的方法有两种：一种是将两端对齐，从背面用大针满缝，再在缝合处刷50~60 mm宽的白乳胶，贴上已裁好的麻布窄条；另一种是用塑料胶纸粘贴在对缝处，用熨斗将其烫在地毯上。

（3）铺设。将黏结拼缝好的整片地毯，直接铺于地面，不与地面黏结，用扁铲将地毯四周沿墙根修齐即可。铺设时，由房间里向门口逐渐推铺退出。

2.成卷式地毯倒刺板铺设

1）构造原理

在房间周边地面上安装带有倒刺的木卡条，将地毯背面固定在倒刺板的小钉钩上。这种方法只适用于地毯下设单独弹性胶垫的地毯固定。

2）工艺流程

钉倒刺板卡条→铺设弹性胶垫→接缝铺设地毯及固定→细部处理及清理。

3）施工方法

（1）钉倒刺板卡条。沿房间或走道四周踢脚板边缘，用高强水泥钉将倒刺板钉在基层上（板上斜钉朝向墙面），

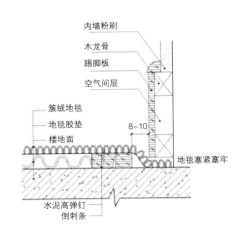

图8-48　满铺地毯的铺装做法

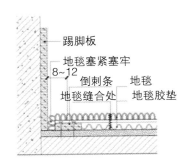

图8-49　满铺地毯的铺装做法

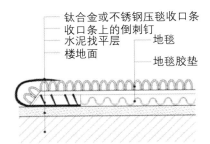

图8-50　满铺地毯接缝处

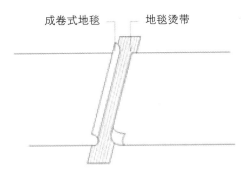

其间距约40 mm。倒刺板距离踢脚板面8~10 mm。（图8-48、图8-49）

（2）铺设弹性胶垫。胶垫应距倒刺板10 mm，采用乳胶点粘法将其粘在基层上。

（3）接缝。将地毯虚铺在胶垫上，再将地毯卷起，在拼接处缝合，缝合完毕，再在缝合处刷50~60 mm宽的白乳胶，贴上裁好的麻布窄条，也可用塑料胶条粘贴于接缝处，保护接缝处不被划破或钩起。将背面缝合好的地毯平铺好，如面层绒毛较长，再用弯针在接缝处做绒毛密实的缝合，使其表面不显拼缝。（图8-50）

（4）铺设地毯及固定。先将地毯的一条长边固定在倒刺板上，毛边掩到踢脚板下，用地毯撑子拉伸地毯，使地毯平整、服帖。然后将地毯固定在另一条倒刺板上，掩好毛边，并裁割多余的地毯。一个方向拉伸完毕，再进行另一个方向的拉伸，直至四个边都固定在倒刺板上。铺粘地毯时，先在房间一边涂刷胶黏剂后，铺放已预先裁割的地毯，然后用地毯撑子，向两边撑拉；再沿墙边刷两条胶黏剂，将地毯压平掩边。

（5）细部处理及清理。要注意门口压条的处理和门框、走道与门厅，地面与管根、暖气罩、槽盒，走道与卫生间门槛，楼梯踏步与过道平台，内门与外门，不同颜色地毯交接处和踢脚板等部位地毯的套割与固定和掩边工作，必须黏结牢固，不应有显露、后找补条等破活。地毯铺设完毕，固定收口条后，应用吸尘器清扫干净，并将毯面上脱落的绒毛等彻底清理干净。

3.成卷式地毯黏结铺设

1）工艺流程

实量、放线→裁割地毯→刮胶、凉置→铺设、辊压→清理保护。

2）施工方法

（1）实量、放线。采用黏结铺设地毯的房间，往往不安装踢脚板，地毯边缘直接与墙根交界，因此地毯下料必须十分准确。测量时，应注意墙根是否规方，否则应准确测定并记录其角度。铺设地毯的房间如需拼接，应在预定拼接位置弹出通线，并准确测量拼接线到两侧墙根的垂直距离。

（2）裁割地毯。预定拼接位置的地毯必须沿地毯经纱裁割，对于带有橡胶背衬的地毯，应从地毯正面分开绒毛，找出毯底的经、纬纱后进行裁割。起始边墙面与预定拼缝不垂直的，按实量角度裁割。

（3）刮胶。选用厂商指定或与所用地毯匹配的地毯胶黏剂，选用V形齿抹子刮胶，以保证涂胶均匀。局部刮胶的黏结方法适用于人流少的房间。首先在拼接位置的地面上刮胶，然后沿墙边、柱边刮胶；刮胶的宽度不小于15 cm。满刮胶的黏结方法适用于人多的公共场合，刮胶顺序也是先拼缝位置、后房间边缘。

胶液静停晾置时间对黏结质量至关重要，一般应在刮胶后晾置5~10 min，等胶液部分挥发再铺设地毯。晾置时间与胶黏剂品种、地面孔隙率、环境空气湿度均有关系。当胶液变得干而黏时铺设为佳。

（4）铺设。地毯铺设也应从拼缝处开始，再向两边展开；不需要拼缝的房间则从房间中部向周边铺设。铺设时用撑子把地毯从中部向墙边、柱边撑展、拉直。地毯铺平后立即用25~50 kg的毡碾压实，将地毯下面的气泡擀出。

（5）清理。黏结式地毯铺设完毕后，24 h内不允许闲杂人员进房走动，更不允许在新铺设的地毯上放置家具。

4.方块地毯铺设

1）工艺流程

弹线→铺地毯块→裁边、整理绒毛→压边。

2）施工方法

（1）弹线。找出房间的中心点弹出相互垂直的两条定位线。如房间排偶数块，则地毯块的接缝通过中心线；如排奇数块，则地毯块的中心线与地面中心线重合。

（2）铺地毯块。为了铺设美观，可采用逆光顺光交错的铺设方法。在块毯背衬的四周和中心十字线上抹胶，经过短时间凉置，按方格网粘贴在地面上，接缝严密，压平即可。墙、柱边上不足一整块的部分，按实际尺寸裁割地毯后再铺设。（图8-51）

（3）裁边、整理绒毛。地毯铺设完后，将多余的地毯裁边，并将接缝处的绒毛左右揉搓，使其互相交错。

（4）压边。在门框下的地毯，或地毯在两块不同地面材料交接接口处，应用专用铝合金压边条压边，铺后敲平地毯边。

5.楼梯地毯铺设

1）压杆固定式

（1）埋设压杆紧固件。每级踏步的阴角各设两个紧固件，以楼梯宽度的中心线对称埋设。紧固件圆孔孔壁离楼体踏面和踢面的距离相等，并小于地毯厚度。（图8-52）

（2）按每级踏步的踏面、踢面实量宽度之和裁出地毯长度，如考虑更换磨损部位，可适当预留一定长度。

（3）由上至下逐级铺设地毯。顶级地毯端部用压条钉于平台，在每级踏步的紧固件位置，将地毯上切开小口，让压杆紧固件能从中伸出，然后将金属压杆穿入紧固件圆孔，拧紧调节螺钉。

（4）需安装金属防滑条楼梯的，在地毯固定好后，用膨胀螺栓（或塑料胀管）将金属防滑条固定在踏步阳角边缘，钉距15~30 cm。

2）黏结固定式

（1）采用满刮胶黏结。

（2）自上而下用胶抹子把胶黏剂刮在楼体的踏面和踢面上，

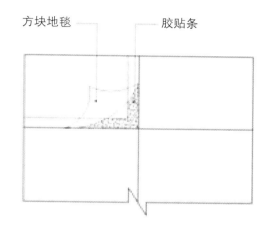

图8-51　方块地毯接缝处

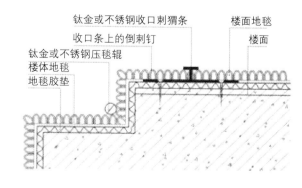

图8-52　楼梯踏步地毯的铺装做法

适当凉置后将地毯粘上，然后用扁铲擀压，使地毯平整、压实。

（3）需逐级刮胶、逐级铺设，避免大段刮完胶后再铺地毯，使安装人员无处落脚。

（4）如需安装金属防滑条，其方法同压杆固定式。

（5）铺贴后24 h内禁止人员来往踩踏。

3）卡条固定式

（1）将倒刺板钉在楼梯踏面和踢面之间阴角的两边，两条倒刺板之间留15 mm的间隙，倒刺板上的朝天钉倾向阴角。

（2）毯垫应覆盖楼体踏面，并包柱阳角，盖在踏步踢面的宽度不应小于15 mm。

（3）地毯按每级踏步踏面与踢面宽度之和加适当预留长度下料。

（4）顶级地毯端部用压条钉在平台上，然后自上而下逐级铺设。每级踏步阴角处，用扁铲将地毯绷紧后压入两条倒刺板间的缝隙内。

（5）预留长度部分，可叠钉在最下一级踏步的踢面上。

6.注意事项

（1）基层应干燥、干净、平整。

（2）地毯应一次购齐。

（3）地毯接缝时，应保证接缝的两块地毯毯绒方向相同。

（4）黏结地毯时涂胶量不宜过多，防止污染地毯。地毯沾上胶时，可用二甲苯等溶剂及时擦掉。地面涂胶应晾至不沾手后，再铺粘地毯并压紧、压平。

（5）地毯铺设遇有管道、暖气片等处时，要相应地切开地毯。

（6）地毯铺设完后，要求地毯平整服帖，图案、花纹连续，不显接缝，不易滑动，墙边、门口处固定牢靠，毯面无脏污和损伤。

四、皮革的施工工艺

（一）材料要求

（1）软包墙面木框、龙骨、底板、面板等木材的树种、规格、等级、含水率和防腐处理必须符合设计图样要求。

（2）软包面料及内衬材料及边框的材质、颜色、图案、燃烧性能等级应符合设计要求及国家现行标准的有关规定，具有防火检测报告。普通布料需进行两次防火处理，并检测合格。

（3）龙骨一般用白松烘干料，含水率不大于12%，厚度应根据设计要求，不得有腐朽、节疤、劈裂、扭曲等疵病，并预先经防腐处理。龙骨、衬板、边框应安装牢固，无翘曲，拼缝应平直。

（4）外饰面用的压条分格框料和木贴脸等面料，一般采用工厂经烘干加工的半成品料，含水率不大于12%。选用优质五夹板，如基层情况特殊或有特殊要求者，亦可选用九夹板。

（5）胶黏剂一般采用立时得，不同部位采用不同胶黏剂。

（二）施工前提

（1）混凝土和墙面抹灰完成，基层已按设计要求埋入木砖或木筋，水泥砂浆找平层已抹完并刷冷底子油。

（2）水电及设备、顶墙上预留预埋件已完成。

（3）房间的吊顶分项工程基本完成，并符合设计要求。

（4）房间里的地面分项工程基本完成，并符合设计要求。

（5）对施工人员进行技术交底时，应强调技术措施和质量要求。

（6）调整基层并进行检查，要求基层平整、牢固，垂直度、平整度均符合细木制作验收规范。

（三）工艺流程

基层或底板处理→吊直、套方、找规矩、弹线→计算用料、截面料粘贴面料→安装贴脸或装饰边线、刷镶边油漆→修整软包墙面。

（四）操作工艺

（1）基层或底板处理。在结构墙上预埋木砖抹水泥砂浆找平层。如果是直接铺贴，则应先将底板拼缝用油腻子嵌平实，满刮腻子1~2遍，待腻子干燥后，用砂纸磨平，粘贴前基层表面满刷一道清油。

（2）吊直、套方、找规矩、弹线。根据设计图纸要求，把该房间需要软包墙面的装饰尺寸、造型等通过吊直、套方、找规矩、弹线等工序，把实际尺寸与造型落实到墙面上。

（3）计算用料，套裁填充料和面料。首先根据设计图纸的要求，确定软包墙面的具体做法。

（4）粘贴面料。如采取直接铺贴法施工时，应待墙面细木装修基本完成时，边框油漆达到交活条件，方可粘贴面料。

（5）安装贴脸或装饰边线。根据设计选定和加工好的贴脸或装饰边线，按设计要求把油漆刷好（达到交活条件），便可进行装饰板安装工作。首先经过试拼，达到设计要求的效果后，便可与基层固定和安装贴脸或装饰边线，最后涂刷镶边油漆，成活。

（6）修整软包墙面。除尘清理，粘保护膜和处理胶痕。（图8-53）

图8-53　皮革软包

（五）施工工艺

1.基层处理

人造革软包，要求基层牢固，构造合理。如果是将它直接装设于建筑墙体及柱体表面，为防止墙体柱体的潮气使其基面板底翘曲变形而影响装饰质量，要求基层做抹灰和防潮处理。通常的做法是，采用1∶3的水泥砂浆抹灰做至20 mm厚。然后刷涂冷底子油一道并做一毡二油防潮层。

2.木龙骨及墙板安装

在建筑墙柱面做皮革或人造革装饰时，应采用墙筋木龙骨，墙筋龙骨一般为（20~50）mm×（40~50）mm截面的木方条，钉于墙、柱体的预埋木砖或预埋的木楔上，木砖或木楔的间距与墙筋的排布尺寸一致，一般为400~600 mm间距，按设计图样的要求进行分格或平面造型形式进行划分。常见形式为450~450 mm见方划分。固定好墙筋之后，即铺钉夹板作基面板；然后以人造革包填塞材料覆于基面板之上，采用钉将其固定于墙筋位置；最后以电化铝帽头钉按分格或其他形式的划分尺寸进行钉固。也可同时采用压条，压条的材料可用不锈钢、铜或木条，既方便施工，又可使其立面造型丰富。

3.面层固定

皮革和人造革饰面的铺钉方法，主要有成卷铺装和分块固定两种形式。此外尚有压条法、平铺泡钉压角法等，由设计而定。

（1）成卷铺装法由于人造革材料可成卷供应，当较大面积施工时，可进行成卷铺装。但需注意人造革卷材的幅面宽度应大于横向木筋中距50~80 mm，并保证基面五夹板的接缝须置于墙筋上。

（2）分块固定这种做法是先将皮革或人造革与夹板按设计要求的分格，划块进行预裁，然后一并固定于木筋上。安装时，以五夹板压住皮革或人造革面层，压边20~30 mm，用圆钉钉于木筋上，然后将皮革或人造革与木夹板之间填入衬垫材料进而包覆固定。须注意的操作要点是：首先，须保证五夹板的接缝位于墙筋中线；其次，五夹板的另一端不压皮革或人造革而是直接钉于木筋上；再就是，皮革或人造革剪裁时必须大于装饰分格划块尺寸，并足以在下一个墙筋上剩余20~30 mm的料头。如此，第二块五夹板又可包覆第二片革面压于其上进而固定，照此类推完成整个软包面。这种做法多用于酒吧台、服务台等部位的装饰。

（六）质量要求主控项目

（1）软包的面料、内衬材料及边框的材质、颜色、图案、燃烧性能等级和木材的含水率应符合设计要求及国家现行标准的有关规定。

（2）软包工程的安装位置及构造做法应符合设计要求。

（3）软包工程的龙骨、衬板、边框应安装牢固，无翘曲，拼缝应平直。

（4）单块软包面料不应有接缝，四周应绷压严密。

五、常见施工缺陷及预防措施

（一）裱糊工程

1.裱糊不垂直

相邻两张壁纸不垂直，墙纸本身的花饰与纸边不平行，造成花饰不垂直。

1）原因

（1）裱糊第一张壁纸时未用垂线，依次偏离，有花饰的壁纸问题更明显。

（2）墙纸本身的花饰与纸边不平行，未经处理就进行粘贴。

（3）墙面基层阴阳角抹灰垂直偏差较大，影响墙纸裱糊的接缝和花饰的垂直。

（4）接缝的墙纸对花不准确。

2）措施

（1）墙纸裱贴前，在贴纸的墙面上找垂线并弹上粉线，第一张墙纸裱贴时紧靠此线边缘，检查无偏差时再贴第二张。

（2）采用接缝法裱贴花饰墙纸时，应检查墙纸边是否裁切平整。

（3）采用搭缝裱贴第二张花饰墙纸时，可将两张墙纸纸边的花饰重叠，对花准确后，在拼缝处用钢直尺将墙纸重叠处压实，由上而下裁割到底。

（4）裱贴前，基层的阴阳角必须垂直、平整、无凹凸。

（5）裱贴时，应及时用中垂线在接缝处检查垂直度，纠正偏差。

2.翘边

墙纸边脱胶而卷翘起来。

1）原因

（1）基层有灰尘、油污等，基层干燥或潮湿，使胶液与基层黏结不牢。

（2）胶黏剂黏性小，一张墙纸粘贴在另一张墙纸的塑料面上。

（3）在阳角处，包过阳角的墙纸少于2 cm。

2）措施

（1）基层必须平整，表面的灰尘、油污等必须清除干净，含水率不超过20%。

（2）根据墙纸的不同质地选择不同类型的胶黏剂。因胶黏剂黏性小而起翘的，应换用黏性大的胶黏剂。

（3）严禁在阳角处甩缝，墙纸包过阳角不小于2cm，包角墙纸必须使用黏结性较大的胶黏剂。应压实不能有空鼓和气泡，上下必须垂直，不得倾斜，有花饰的墙纸更应该注意花纹与阳角的直线关系。

3.起泡

壁纸表面出现小块凸起，用手按压时，有弹性和基层附着不实的感觉，敲击时有鼓音。

1）原因

（1）裱贴墙纸时，擀压不当，往返挤压胶液次数过多，使胶液干结失去黏结作用，或擀压力量太小，多余的胶液未能挤出，存留在墙纸里不能干结，形成胶囊状；或未将墙纸内部的空气擀出而形成气泡。

（2）涂刷胶液薄厚不均或漏刷。

（3）基层潮湿，含水率高于8%或表面的灰尘、油污未清除干净。

（4）石膏板基层的表面纸基起泡或脱落。

（5）白灰基层或其他基层较松软、强度低、裂纹空鼓或有孔洞、凹陷处未用腻子刮平、填补坚实。

2）措施

（1）严格按壁纸裱糊工艺操作，必须用刮板由里向外将气泡和多余的胶液擀出。

（2）裱糊壁纸的基层必须干燥，有孔洞或凹陷处应用腻子补平；油污、灰尘应清除干净；石膏板表面纸基起泡、脱落时，必须铲除干净，重新修补好纸基。

（3）避免漏刷胶液或胶液涂刷薄厚不均匀。

（4）由于基层含有潮气或空气造成的空鼓，应用刀子割开墙纸，将潮气或空气放出，待基层完全干燥或把空鼓内空气排出后，用医用注射针将胶液打入空鼓内压实；若墙纸内部含有胶液过多时，可使用医用注射针将胶液从墙纸内吸出再压实。

（二）地毯工程

1.压边黏结产生松动及发霉

由于地毯及胶黏剂材质有问题，使用前应加强对材料的检查。

2.地毯表面不平、打皱、鼓包

由于在地毯铺设工序中，未认真按操作规程进行合缝、拉伸和固定，应加强技术交底和施工过程中的监督和指导。

3.拼缝不平、不实

由于地毯与其他材质地面的收口或交接处等细部处理和清理不细致所致。因此在施工时要注意上述部位的基层本身是否平整，应认真把面层和垫层接缝处缝合好，使其严密、紧凑、结实，并满刷胶黏剂粘牢固。

4.地毯被泡湿

暖气片、空调回水和立管根部以及卫生间等处应设有防水坎等，防止因渗漏而泡湿成品地毯。

参考文献

[1] 安素琴.建筑装饰材料[M].北京：中国建筑工业出版社，2000.

[2] 王勇.室内装饰材料与应用[M].北京：中国电力出版社，2007.

[3] 张小华.建筑装饰工程材料、构造与造价[M].长沙：湖南科学技术出版社，2006.

[4] 齐亚南.现代建筑装修工程常用材料与工程施工[M].北京：清华大学出版社，2006.

[5] 李继业.建筑装饰材料[M].北京：科学出版社，2007.

[6] 周长亮.室内装修材料与构造[M].武汉：华中科技大学出版社，2007.

[7] 何平.装饰施工[M].南京：东南大学出版社，2002.

[8] 张秋梅.室内装饰材料与装修施工[M].长沙：湖南大学出版社，2006.

[9] 上海建筑材料（集团）总公司质量管理办公室.住宅建筑装饰工程技术手册[M].北京：中国
建筑工业出版社，1999.

[10] 中国室内装饰协会、上海市室内装饰行业协会.室内装饰材料实用教程[M].上海：上海科学
技术出版社，2006.